电子对抗与评估

Electronic Warfare and Its Evaluation

冯德军　刘进　赵锋　艾小锋　肖顺平　编著

国防科技大学出版社

· 长沙 ·

图书在版编目（CIP）数据

电子对抗与评估/冯德军等编著 . —长沙：国防科技大学出版社，2018.4
（2023.3 重印）
ISBN 978 - 7 - 5673 - 0506 - 9

Ⅰ. ①电…　Ⅱ. ①冯…　Ⅲ. ①电子对抗—教材　Ⅳ. ①TN97

中国版本图书馆 CIP 数据核字（2017）第 236188 号

国防科技大学出版社出版发行
电话：（0731）87028022　邮政编码：410073
责任编辑：邹思思　责任校对：周 蓉
新华书店总店北京发行所经销
国防科技大学印刷厂印装

*

开本：710 × 1000　1/16　印张：18.5　字数：342 千字
2018 年 4 月第 1 版 2023 年 3 月第 3 次印刷　印数：1501 - 3000 册
ISBN 978 - 7 - 5673 - 0506 - 9
定价：52.00 元

前　言

    制电磁权是指在一定的时空范围内争夺对电磁频谱的控制权，它和制空、制海权一样，是现代信息化战争的核心高地，是决定战争胜负的关键因素。制电磁权的主动权是靠电子对抗来实现的，电子对抗是一种以专用电子设备、仪器和武器系统降低或破坏敌方电子设备的工作效能，同时保护己方电子设备的正常发挥的技术手段。在信息化战争条件下，电子对抗技术的作用更加凸显，发展更为迅速，呈现出全空域、全频段、高强度的特点，已成为军事信息领域的前沿技术和军事强国争夺的热点领域。

    随着电子对抗技术的发展，电子对抗装备和指挥方式也在不断更新，了解电子对抗的基本原理，掌握信息化条件下电子对抗装备的特点和作战指挥方式，已成为新型军事人才必须掌握的专业技能。为了适应未来战争的需求，新型军事指挥人员、装备使用和保障人员必须学习电子对抗的相关专业知识。

    本书较系统地阐述了电子对抗的技术和指挥，全书共分八个章节和一个附录。第一章为概述，介绍了电子对抗的地位作用、主要内容、分类方式以及复杂电磁环境与电子对抗的关系；第二章为雷达对抗，主要介绍雷达对抗的基本知识和典型装备；第三章为通信对抗，主要介绍通信对抗的基本知识和典型装备；第四章为光电对抗，主要介绍光电对抗的基本知识和典型装备；第五章为电子对抗的战术与指挥，主要介绍电子对抗战术与指挥的主要原则和指挥内容、方式实施；第六章为典型战场中的电子对抗，包括陆战、海战、空战中的电子对抗，并介绍了海湾战争和叙利亚战争中的电子对抗作战行动；第七章为电子对抗评估，介绍了电子对抗评估的方法和准则，并对雷达、通信、光电对抗的评估体系作了较详细的说明；第八章以雷达对抗为例，介绍了一个电子对抗评估的典型案例。附录为实验，通过雷达对抗案例教学，使学员掌握电子对抗评估流程和实现步骤。

本书由冯德军、刘进、赵锋、艾小锋、肖顺平共同编著。第一、五、六章由冯德军、肖顺平负责编写；第二、三章由刘进负责编写；第四、七章由赵锋负责编写；第八章和附录由艾小锋负责编写。本书撰写过程中得到了西安电子科技大学付小宁教授的大力支持，硕士研究生张然和刘蕾为本书的资料整理和编辑也做了大量工作，在此表示感谢。

本书可作为本科生相关专业教材使用，由于内容丰富，在实际教学中，教师可根据教学大纲进行内容选择。

由于编者水平有限，书中难免有不足之处，敬请专家和读者指正。

编 者
2017 年 10 月

目　录

第一章
概述

第一节　电子对抗——现代战争的制高点

电子对抗是敌我双方在电磁频谱领域的斗争，它随着军用无线电电子装备（通信、导航、雷达、敌我识别、计算机、制导武器等）在战场上逐渐使用，在相互对抗的斗争中发展起来。在我国 2001 年版的国家军用标准中，电子对抗是这样定义的：它是指使用电磁能、定向能、水声能等的技术手段，确定、扰乱、削弱、破坏、摧毁敌方电子信息系统、电子设备等，保护己方电子信息系统、电子设备的正常使用而采取的各种战术技术措施和行动。国外亦称电子战、电子斗争、无线电电子斗争等。

在不同的国家和地区，对电子对抗（电子战）的定义侧重点略有差别。例如，美国国防部的定义是：电子战是一种军事行动，它包括利用电磁能来确定、削弱或阻止敌方使用电磁频谱和保护己方使用电磁频谱的行动。北约的定义是：电子对抗是电子学军事运用的一个分支，它包括为阻止和减少敌方有效地利用电磁辐射确保自己有效的利用电磁辐射所采取的各种行动。俄罗斯的定义是：对敌方电子系统实施侦察、攻击，以及对己方军事设备、系统进行电子防护的综合措施。尽管措辞各有不同，但各国的定义实质是相同的：电子对抗双方通过在电磁领域的军事斗争来夺取电磁频谱的有效使用权。电子对抗作为现代战争不可缺少的作战力量，可以以多种不同的方式运用于战略、战役和战术行动中，在现代战争中发挥着决定性的作用。我们从几个典型的战例说起。

1986 年，美国针对利比亚先后策划了两场战争，即旨在"生理消灭"利比亚领导人卡扎菲的斩首行动——"草原烈火"以及"黄金峡谷"。对阵双方力量悬殊、强弱分明，完全不在一个层次。在这两场战争中，美国都是以电子战为先导的。美军的军用飞机在到达袭击目标之前，先用电子战飞机实施电子压制，使利比亚的雷达迷盲、通信中断、导弹难以瞄准目标，然后再向利比亚的各个要害目标采用精确制导武器发起猛烈的攻击。美军充分展示了电子对抗所带来的巨大军事效益，击沉、击伤利比亚多艘舰船，摧毁利比亚导弹基地雷达，炸掉卡扎菲的住所，而自己几乎没有损失。

1982年6月9日的贝卡谷地战争是电子战的经典战例。以色列首先出动"猛犬"式和"侦察兵"式无人驾驶飞机，侦察叙军的贝卡谷地。引诱叙利亚的雷达开机，获得雷达情报，并且通过空中照相摸清了叙利亚导弹基地的部署情况。诱骗战术得手以后，以色列开始了攻击。他们首先用电子干扰飞机对叙利亚防空部队的指挥系统实施了强烈的电子干扰，使叙军的通信联络中断，指挥失灵。接着，以色列用反辐射导弹摧毁了叙军的雷达，在预警机的引导和电子战飞机的掩护下，各类精确制导武器冲向预定目标，叙利亚苦心经营10年、耗资2亿美元建立起来的19个苏制"萨姆-6"防空导弹阵地、228枚导弹，在短短6分钟之内面目全非，付诸一炬。叙军不甘失败，第二天向谷地增派了7个导弹连和52架飞机，由于以军掌握了绝对的电子对抗优势，叙军所有的飞机和导弹只能像没头的苍蝇一阵乱窜，而以军则似猎杀火鸡一般地捕杀叙军的飞机，7个导弹连和52架飞机再次全军覆没，战争的结果令全世界瞠目结舌。

海湾战争是战争史上使用电子对抗装备最多、手段最完善、影响最深刻的一场局部战争。由于有强大的、一体化的电子进攻力量的掩护，多国部队在历时42天的海湾战争中共出动飞机109 868架次，仅损失飞机45架，损失率约为0.041%，这是前所未有的创纪录水平。而由于在电子对抗方面完全处于下风，伊拉克的雷达无法开机、飞机不能起飞、导弹不能发射，它的大量装备变成了一堆废铁，形同虚设。海湾战争向人们充分展示了电子对抗在战争中的突出作用，进一步确立了电子对抗在现代战争中的重要地位。

现代战争中，指挥控制及武器系统对电子设备高度依赖，破坏对方电子系统，就可降低对方的整体作战能力，减弱其武器系统威力；采取措施使己方电子设备正常工作，就能保证己方作战能力的正常发挥，从而对战斗力起到倍增作用。中东战争期间，埃及首次使用"萨姆-6"导弹攻击以色列飞机时，以军无电子对抗措施，平均5枚导弹击落其一架飞机，后来以军通过侦察和残骸分析，获取了"萨姆-6"制导雷达的频率和工作方式，有针对性地安装了干扰设备，结果，埃及平均50枚导弹才击落其一架飞机。据美军统计，带自卫电子对抗设备的轰炸机，生存率可达70%~95%，反之则不超过25%；带电子对抗设备的作战飞机，出击时的生存率为97%，反之则不超过70%；水面舰艇不装电子对抗设备被导弹击中概率，约为加装电子对抗设备的20倍。国外军事专家认为，电子对抗是军事弱国对付军事强国的有效手段，"具有完善的电子对抗能力的国家，在其领土周围筑起一道强大、灵活、高效的电磁屏障，这是一道无论哪个国家都不能贸然入侵的肉眼看不见的万里长城"。

总之，电子对抗是一种特殊的作战手段，是陆、海、空、天后的第五维战场，它贯穿于各类进攻作战和防御作战的各个战斗环节，深刻影响着战争的进程和结局，是现代作战的关键能力之一。在未来的信息战争中，电子对抗也将是其重要支柱，是夺取信息优势的主要作战手段，未来战场的主动权将掌握在拥有电磁优势的一方。

第二节　电子对抗的主要内容

电子对抗的基本内容主要包括电子对抗侦察、电子进攻、电子防御、隐身与反隐身四个方面。

一、电子对抗侦察

电子对抗侦察指使用电子技术手段，对敌方电子信息系统和电子设备的电磁信号进行搜索、截获、测量、分析、识别，以获取其技术参数、功能、类型、位置、用途以及相关武器和平台的类别等情报信息所采取的各种战术技术措施和行动。电子对抗侦察是获取战略、战术电磁情报和战斗情报的重要手段，是实施电子进攻和电子防御的基础和前提，并为指挥员提供战场态势分析所需的情报支援。电子对抗侦察包含电子对抗情报侦察和电子对抗支援侦察两种类型。

电子对抗情报侦察是指使用电子对抗侦察设备进行长期监测和定期核查敌方辐射的电磁（或水声）信号，经分析和处理，确定辐射源的技术特征参数、性能，判别其类型、位置、配属的相关武器及变化规律等，为对敌斗争和电子对抗决策提供军事情报的电子对抗侦察。电子对抗情报侦察既可应用于战争时期，也可应用于和平时期。

电子对抗支援侦察是指在作战准备和作战过程中，使用电子对抗侦察设备搜索、截获敌方电磁（或水声）辐射信号，实时确定特征参数、方向或位置，判明辐射源的性能、威胁程度等，为实施电子进攻、电子防御和战场机动、规避等战术运用提供实时情报的电子对抗侦察。电子对抗支援侦察主要用于获取战场电子情报和态势，为立即采取行动的战术目的服务，包括威胁告警和测向定位等手段。威胁告警包含雷达告警和光电告警，用于实时收集、测量、处理对作战平台有直接威胁的雷达制导武器和光电制导武器辐射的信号，并向战斗人员发出威胁警报，以便采取对抗措施。测向定位用于确定军事威胁辐射源的位置，用于支援电子干扰的角度引导和反辐射攻击引导。

实施电子对抗侦察常用的侦察平台和设备有电子侦察卫星、电子侦察机、电子侦察船、地面电子侦察站、投掷式电子侦察设备、电子告警设备等。

电子对抗侦察的特点是：侦察距离远、范围广、获取信息多；情报及时、准确；组织实施隐蔽、保密；可昼夜实施，受气象影响小；无论平时和战时都可不间断进行。其不足是当敌方电子设备不工作或实施静默时，无法获取情报。

二、电子进攻

电子进攻是指使用电磁能、定向能、声能等技术手段，扰乱、削弱、破坏、摧毁敌方电子信息系统、电子设备及相关武器系统或人员作战效能的各种战术技术措施和行动。电子进攻是为影响敌方的主动攻击行动，主要包括电子干扰、反辐射摧毁、定向能攻击、计算机病毒干扰等手段，用于阻止敌方有效利用电磁频谱，使敌方不能有效获取、传输和利用电磁信息，影响、延缓或破坏其指挥决策过程和精确制导武器的运用。

电子干扰是电子进攻的主要方式，是指利用辐射、散射、吸收电磁波（或声能）能量，来削弱或阻碍敌方电子设备使用效能的战术技术措施。电子干扰和电子欺骗是常用的、行之有效的电子对抗措施，通过有意识地发射、转发或反射特定性能的电磁波，扰乱、欺骗和压制敌方军事电子信息系统和武器控制系统，使其不能正常工作。电子干扰是一种软杀伤手段，它主要通过电磁波的作用来扰乱或破坏敌电子设备的正常效能发挥，并不是摧毁敌方的电子系统。当然，敌方在受到干扰时，可以采取各种反干扰措施。因此，电子干扰的效果不但取决于所采用的各种干扰手段的技术特性和战术使用方法，而且还取决于敌方电子系统所采用的反干扰措施。所以，电子干扰与反电子干扰的斗争不仅激烈且永无止境。

图 1.1 是美军先进的电子攻击机 EA–18G，它具备压制和欺骗等软杀伤

图 1.1　美军 EA - 18G "咆哮者" 电子攻击机

手段。但现代电子进攻并不局限于此，还包括高能激光、高功率微波、粒子束等定向能攻击，以及利用反辐射武器对敌方设备的硬摧毁。反辐射摧毁是指运用反辐射武器摧毁敌方电磁辐射源的作战行动。对敌方的电磁辐射源实施火力摧毁是最彻底的电子进攻手段，称为电子对抗硬杀伤。所摧毁的目标主要包括敌方的雷达、无线电发信台、光电辐射源、有源干扰平台等。反辐射武器是指利用敌方电磁辐射信号作为制导信息，跟踪和摧毁该辐射源的一种武器。目前所使用的反辐射武器主要有反辐射导弹、反辐射攻击机、反辐射无人机、精确定位攻击系统等。在作战中，除使用反辐射武器摧毁敌方电磁辐射源目标外，还常用航空、地面和舰载常规火力摧毁敌方电子设备和设施，在未来战争中，还将使用定向能武器摧毁敌方的电子目标。

三、电子防御

电子防御是指使用电子或其他技术手段，在敌方或己方实施电子对抗侦察及电子进攻时，保护己方电子信息系统、电子设备及相关武器系统或人员的作战效能的各种战术技术措施和行动。电子防御所针对的对象主要是敌方的电子对抗侦察手段和电子干扰、反辐射导弹、隐身、定向能武器等电子进攻手段，以及我方各类大功率辐射设备产生的干扰。其手段主要包括电磁辐射控制、电磁加固、电子对抗频率兼容、反隐身以及电子装备的反侦察、反干扰、反欺骗、抗反辐射武器攻击等。需要注意的是，电子防御不仅包括防护敌方电子对抗活动对己方装备、人员的影响，而且包括防护己方电子战活动对己方装备、人员的影响。

电磁辐射控制是为了保护好己方的作战频率，尽量减少己方电子设备的开机电磁辐射时间，降低不必要的电磁辐射，降低无意的电磁泄漏，从而降低被敌方侦察、干扰和破坏所造成的影响。

电磁加固是采用电磁屏蔽、大功率保护等措施来防止高能微波脉冲、高能激光信号等耦合至军用电子设备内部，产生干扰或烧毁高灵敏的器件，以防止或削弱超级干扰机、高能微波武器、高能激光武器对电子装备工作的影响。

电子对抗频率兼容是协调己方电子设备和电子对抗设备的工作频率，以防止己方电子对抗设备干扰己方的其他电子设备，并防止不同电子设备之间的相互干扰。电子防御不仅取决于在战时激烈冲突战场上的防护措施和行动，还依赖于平时长期不懈的防护工作。如果平时造成电子信息装备电磁特征情报的泄露，战时就将使避免电子干扰和反辐射武器摧毁面临更大的困难。战时电子防御的任务是综合运用多种手段和措施，反敌电子侦察、电子干扰，抗反辐射武器摧毁和定向能武器破坏，保障电子信息系统、设备正常发挥效能，为作战胜利创造条件。平时电子防御的任务是合理使用电子信息系统、设备，防敌电子侦察，避免有害干扰，保障电子信息系统、设备正常发挥效能。

电子装备的反侦察、反干扰、反欺骗、抗反辐射武器攻击等防护措施，多数与其防护的雷达、通信等电子设备自身的技术体制和实现技术密切相关，是设备的一个组成部分，其电子防御能力体现在设备的整体性能之中，一般不作为单独的防御手段使用。

四、隐身与反隐身

隐身技术是指减少目标的种种被探测特征，使敌探测设备难以发现或使其探测能力降低的综合技术。它是无源干扰的一种特殊形式，按技术领域分为雷达隐身技术、红外隐身技术、可见光隐身技术和声波隐身技术等。隐身技术是近几十年来受到各国普遍重视的一种电子对抗新技术，并首先应用于航空器。随着各类隐身兵器的使用以及反隐身技术的突破，隐身与反隐身的斗争已成为电子对抗的重要内容，随着新材料技术的进展，基于新材料的隐身技术已经成为目前国内外研究的前沿热点之一。图1.2为美军的隐形飞机和快艇。

图 1.2　美军的隐身战斗轰炸机和隐形快艇

第三节　电子对抗的分类

电子对抗是由综合的、交叉的多学科所构成的军事科学体系，作为一个学科领域，它包括两个方面：电子对抗军事理论和电子对抗工程技术。从战场行动主体的层面可分为陆军、海军、空军和火箭军电子对抗；从作战空间上可分为地面、海上、空中和外层空间电子对抗。应用更为普遍的是按电子设备和工作频谱范围划分，按电子设备的类型和用途可分为雷达对抗、无线电通信对抗、光电对抗、水声对抗、引信对抗、导航对抗、敌我识别对抗等。

雷达对抗的核心内容是雷达干扰与雷达抗干扰。雷达干扰是指利用雷达干扰设备或器材，通过辐射、转发、反射或吸收电磁能量，削弱或破坏敌方雷达探测和跟踪能力的战术技术措施。雷达干扰是电子进攻的主要手段之一。雷达干扰主要有两种途径，即有源干扰和无源干扰。有源干扰是指使用雷达干扰设备，辐射或转发干扰电磁波，削弱或破坏雷达的正常工作能力。无源干扰是指本身不辐射电磁信号，而是通过器材反射、散射或吸收敌方雷达辐射的电磁波，从而阻碍雷达对真目标的探测、跟踪或使雷达产生错误。在实际应用中，也常把有源干扰和无源干扰结合起来运用，形成复合干扰。

根据雷达干扰的效果，通常可分为压制干扰和欺骗干扰。压制干扰也称遮盖干扰，它是利用强烈的干扰信号遮盖或淹没回波信号，或者使雷达信号处理器饱和，从而阻止敌方雷达获取目标信息。利用雷达有源干扰设备或无源干扰器材都可以产生压制性干扰。应用最广的压制性干扰是噪声干扰，它对各种技术体制的雷达均有明显的干扰效果。欺骗干扰是模拟目标的回波特性，使雷达得到虚假的目标信息，做出错误判断或增大雷达自动跟踪系统的误差。按欺骗干扰的效果又进一步可分为速度欺骗干扰、角度欺骗干扰和距离欺骗干扰。

与雷达干扰类似，通信干扰是指利用通信干扰设备发射专门的干扰信号，破坏或扰乱敌方无线电通信设备正常工作能力的一种电子干扰。通信干扰一般都采用有源产生的方式，可分为压制式干扰和欺骗式干扰两类。压制式干扰是使敌方通信设备收到的有用信息模糊不清或被完全掩盖，以至通信中断。根据干扰信号的频谱宽度，压制式干扰还可以分为瞄准式干扰、阻塞式干扰和扫频式干扰。欺骗式干扰是在敌方使用的通信信道上，模仿敌方的通信方式、语音等信号特征，冒充其通信网内的电台，发送伪造的虚假消息，从而造成敌接收方判断失误。欺骗式干扰就是模拟敌方无线电通信的特点，以一定的方式或行为，冒充敌方无线电通信网中某一台站，与该网内其他台站进行通信联络，既可骗取敌方的作战命令、指示或情况报告等重要信息，使其行动企图暴露，也可借机向敌方传递各种欺骗性信息，造成其行动和判断的错误。

光电干扰，是指利用辐射、散射、吸收特定的光波能量或改变目标的光学特性，破坏或削弱敌方光电设备及光电制导系统正常工作能力的一种电子干扰。光电干扰的种类很多，一般可分为有源光电干扰和无源光电干扰两大类。有源光电干扰通过发射激光或红外辐射，使敌方光电设备的传感器饱和甚至烧毁，或者因接收到假信号而导致光电系统误操作，按干扰机理可分为红外干扰机、红外诱饵和激光干扰机等。无源光电干扰利用某些特制器材反射、散射或吸收光波，改变被保护目标的电磁波反射、辐射特性，降低与背景的电磁波辐射差异，达到"隐真示假"的目的，使敌光电探测系统探测不到目标，光电制导武器无法跟踪目标。无源光电干扰包括烟幕干扰、光电隐身和光电伪装等多种形式。以应用最广泛的光电伪装为例，它包括迷彩伪装和遮障伪装。迷彩伪装是利用颜料或涂料来改变目标或背景的颜色；遮障伪装是用一定物质将被保护目标遮挡起来，以阻断或削弱目标反射的可见光和辐射的红外线，可有效破坏光电探测器对目标的发现和识别。图 1.3 为地面和水面目标伪装效果。

水声干扰，是指利用水声干扰设备发射或转发某种声波信号，或用某种器材对敌方声探测信号进行散射、吸收、破坏或削弱敌方声呐和声制导兵器对目标的探测和跟踪能力的一种电子干扰。水声干扰主要包括两大类，一是通过发射干扰信号或施放逼真假目标，诱使声呐制导设备跟踪失败，以实现保护真实

图 1.3　地面和水面目标伪装

目标的目的；另一类则是通过在真实目标和声呐制导设备之间制造类似于"烟幕"的干扰，以阻碍制导设备探测并使其丢失目标，从而实现对真实目标的保护。

引信干扰，是指利用辐射、转发、反射或吸收电磁波（或声波），破坏或削弱敌方近炸引信装置正常引爆能力的一种电子干扰。包括无线电引信干扰、红外引信干扰、激光引信干扰、声引信干扰等。由于同一武器装备上引信的工作方式与制导方式息息相关，因此，对于引信的干扰与对制导系统的干扰十分相似，即通过施放干扰，使引信设备探测失灵，从而达到使引信不能按照预定策略对战斗部实施起爆的效果。引信干扰可分为无源干扰和有源干扰两大类：无源干扰通过施放假目标"欺骗"引信，使其在接近"假目标"时错误引爆；有源干扰则是利用虚假信号，使引信在战斗部杀伤力范围之外提前或延后引爆。

第四节　电子对抗与复杂战场环境

战场环境，是指战场及其周围对作战活动有影响的各种情况和条件的统称，包括地形、气象、水文等自然条件，人文、民族、交通、建筑物、生产和社会等人文条件，国防工业建筑、作战设施建设和作战物资储备等战场建设情况，以及战场信息、网络和电磁状况等。因此，战场环境是作战空间中对战争态势有影响的各类客观因素的集合。在信息化战争中，当前一个显著发展的趋势就是战场电磁环境日趋复杂。地理和气候条件、无意的民用用频干扰、有意的电子干扰都是导致战场电磁环境复杂化的重要原因，由此可见，战场环境的范畴是非常宽广的，要素也十分众多。如图1.4所示，战场的云、雨、雾、日照等气象现象以及山地、海洋、丘陵等地形环境构成了复杂的气候及地形地物环境，加上多种人为的电磁信号，综合形成了十分复杂的战场电磁环境，对各种用频装备，包括战场感知、指挥控制、寻的制导等武器系统的效能发挥具有显著影响和制约作用。

图1.4　复杂的地理与气象条件

例如，各种自然辐射源，如太阳等，会产生各种波段的电磁辐射，可以直接进入相应频段的电子信息装备，产生干扰和复杂背景。复杂气象环境使得自由空间的物理特性发生变化，对能量的衰减增大，影响雷达或光学等探测设备的作用距离；空间的云团可以生成较多的虚假目标。复杂地形地物环境影响成像设备的图像匹配性能，也可产生较强的杂波干扰，影响雷达对目标的跟踪性能。

除自然要素外，人为非有意干扰也是战场环境的重要组成要素。人为非有意干扰包括民用设备工作时伴随产生的电磁干扰和广播电台发射机、卫星导航系统和民用通信系统等产生的电磁干扰。民用电子、电气设备产生的各种电磁辐射信号一般包括通信信号、广播电视信号、民用电波信号、导航信号、电子电器设备杂波，如图1.5所示。

通信信号包括短波通信信号、超短波通信信号、移动通信信号、微波接力通信信号和卫星通信信号。广播电视信号包括短波调幅广播信号、调频广播信号、模拟电视广播信号和卫星广播电视信号。民用电波信号包括空中交通管制电波脉冲信号和船用导航电波脉冲信号，导航信号包括航空无线电脉冲导航新

图 1.5　各种民用通信设备

标和塔康 TACAN 导航信号，民用电子、电气设备杂波包括发电设备、发动机等用电设备工作时伴随产生的电磁辐射等。

　　但对战场环境有主要贡献的还是各类军事电子设备。电子对抗是一种激烈的电磁对抗活动，几乎每一种运用电磁频谱的电子信息装备应用到军事战场上，与之对应的电子对抗技术就会诞生。电磁波的应用与反应用正是在此消彼长的激烈对抗中由初级向高级、由单一向系统、由简单向复杂发展。仅就电子干扰的电磁活动特征来看，它在频域上覆盖范围宽，在时域上持续时间长，在能域上进入系统的功率强，而且电磁信号样式多样复杂、不可预见性强。因此电子对抗导致的战场电磁环境表现得最激烈、最复杂、对抗性最强，同时对电子系统的影响也最直接，后果最严重。所以电子对抗是导致电磁环境复杂化的核心因素，是复杂电磁环境中首先需要关注的。

　　目前的技术条件下，在 $1000km^2$ 范围内，用于战术指挥控制的通信辐射源仅在 $0\sim500MHz$ 的频段内就超过 500 个；在一个陆军集团军内，通信信号种类多达几十种，无线电台有上万部之多。此外，电磁信号种类繁多，仅以雷达信号为例，就有脉冲、连续波、多频、捷变频、重频参差、线性调频、相位编码、相参脉冲串等多种类型。以一架战斗机为例，在实战中可能面临的复杂战场电磁环境（飞机距地面 300m 以上高度飞行时）周围约有 $300\sim400$ 部雷达以 $600\sim700$ 个不同频率的波束对其进行搜索，同时可能还有 $30\sim40$ 部雷达以 $40\sim50$ 个波束对其进行跟踪或扇形扫描搜索。随着电子干扰装备的发展，多手段、全方位、大纵深、多层次的电子干扰是当前的技术发展方向，并且呈现全空域、全时域、全频域、高强度的特征。从频域上看，先进的电子对抗装备覆盖 $2M\sim36.5GHz$ 的频率范围，基本涵盖了主要的通信和雷达用频段，光电对抗设备也涵盖了各个主要的红外、紫外、激光侦察和制导系统用频段；从空域上看，各类干扰设备高密度配备使用，一个由 B –52 和 EA –6B 组成的干扰编队所携带的电子干扰机和消极干扰投放器就有 400 部以上；从能量域上看，不但功率高，而且功率管理技术成熟，美军现役的电子干扰吊舱能够有效干扰 160km 外的雷达和其他电子设施，未来的防区外电子干扰系统将进一步延伸作用距离。图 1.6 为机载光电对抗系统释放干扰情形。

图 1.6　机载光电对抗系统释放干扰

　　战场电磁环境具有时空分布特性，也具有相对性和可控性。现代战争中灵活的电子进攻可使对手的电磁环境复杂化，影响对手电子信息系统的有效工作，如果不能采取有效的电子防御措施，将在作战行动中陷于被动。换言之，防守方积极的电子攻击也可造成对手局部电磁环境的复杂化，降低其信息保障和作战指挥能力，进而降低敌电子进攻效能，促使电磁环境恶化程度的转化。因此，积极的电子对抗也是应对和驾驭复杂电磁环境的重要手段。

第五节　信息时代的电子对抗

　　当今世界开始步入信息时代，在世界新技术革命浪潮中，随着微电子技术、计算机技术等一系列高新技术的发展及其在军事领域的广泛应用，特别是新技术、新的军事学说和军队编制体制方面变化的结合带来的战场信息、探测、精确打击方面的重大变革，战争的方式方法发生着革命性变化，已酿成新的"军事革命"，并已成为世人关注的焦点。

　　信息战是信息时代的必然产物。从本质上说，信息战与电子对抗都是为了破坏对方信息获取、信息传递、信息处理和信息利用。只有通过实施电子对抗夺取电磁优势进而掌握信息优势，才可能达成信息战的总目标。因为信息化的战场是一个充满电磁波的战场，信息化武器的火力攻击是由电磁频谱控制的，军队的指挥控制系统高度电子化，70%的情报信息依赖于电子设备获得。电磁波成为连接信息作战空间的主要媒介，信息的获取、传递、利用和控制都离不开电磁频谱，从而决定了电子对抗在信息战中极为重要的地位。电子战场是信息战场的重要组成部分，电子战系统本身就是信息系统，也是信息化武器，所以说电子对抗行动是重要的信息对抗行动。

　　信息时代的战争依托的是由传感器网格、信息网格和交战网格综合集成的军事网格，在这个军事网格支持下的作战行动，也可称为新概念智能化作战。传感器网格，是由分布在陆、海、空、天各种侦察平台的各类传感器和各种武器平台上的嵌入式侦察传感器以及情报中心等信息数据网络设备构成，依托于信息系统的动态组合，为指挥中心提供透明和始终不间断的战场态势信息。信息网格由分布在陆、海、空、天各种连接传感器网格和交战网格的指挥控制通信设备构成，指挥中心根据传感器网格提供的战场态势信息，指挥交战网格相关武器装备，实施软杀伤或硬摧毁作战行动。图1.7为战场装备信息互通示意图。

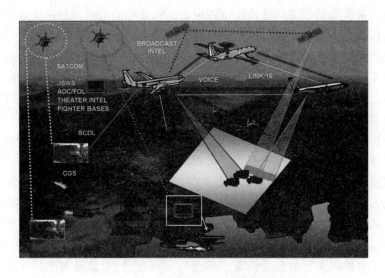

图 1.7　通过数据链实现装备互联互通

交战网格，由分布在陆、海、空、天的各类火力打击武器与电子战、网络战等软杀伤武器等组成，依托信息网格，实现传感器网格与交战网格的互联互通，在指挥中心的指挥下，由分布在陆、海、空、天的各类火力打击武器与电子战、网络战等软杀伤武器来实施对目标的攻击。

信息化战争的主要作战行动是"侦察预警—指挥控制—打击防护—效果评估"，这四项行动融为一体，完成一个作战周期。侦察预警，是为获取军事斗争所需情报和防备敌方突然袭击，综合运用战场感知和报知等多种手段所进行的战场情报获取、威胁预先告警等活动。侦察预警在整个作战周期中处于源头的位置，是指挥中心进行指挥决策、控制部队作战行动的前提和基础。指挥控制，是指挥中心依托指挥信息系统，对交战系统进行调控的过程。指挥控制在作战周期中处于关键环节和主导地位，是在完成一个作战周期时起到核心作用的过程。打击防护，是在侦察预警、指挥控制的基础上，将作战决策和作战计划变成实际行动的过程。打击防护在作战周期中处于决策落实环节，是达成作战目标的行动。效果评估，是利用各种评估手段对打击目标、决策方案、打击效果做出评价，为之后的作战行动提供科学依据。效果评估在作战周期中处于特殊环节，既是对本作战周期的评估，也是对后续作战周期的侦察，是承前启后的作战行动。

例如，攻击陆上目标时，传感器网格将陆上、海上、空中、太空的各类专用侦察设备获取的敌情信息传给指挥中心，指挥中心经过判断决策，把所要打击的目标诸元传送到交战网格，交战网格选择离其最近的作战力量和手段对目标实施攻击。攻击太空目标时，在军事网格的支持下，利用太空、陆基、海基、空基等武器平台，对敌航天器进行攻击行动，其手段主要有卫星"自杀"性攻击、航天器捕获攻击、太空雷攻击、太空基地武器攻击、空基武器攻击、陆基武器攻击等。未来战争是智能化的电磁频谱管理，它是集信号监测、定位、分析和频率分配、实时指配、动态调整为一体的智能系统，可根据作战需要，在整个作战地域实施全频段、全方位的智能管控。

信息时代的电子对抗有以下几个特点：第一，电子作战主要"消灭"的不是敌方的人员，而是各种信息系统和装备，使其侦察无能，信息中断，雷达迷盲，武器失控，指挥瘫痪，战争能力丧失，整个战争机器如同一堆废铜烂铁；第二，电子作战所使用的武器不是飞机、坦克和大炮等有形的硬杀伤型武器，而主要使用无形的软杀伤型"弹药"，所攻击的对象是各个层次的信息感知、传递或指挥控制系统，它们是战争机器的关键系统、关节点和大脑；第三，电子对抗作战是一种人员和物质损失小、战争附带性毁伤也很小、作战效费比很高的作战样式。

电子作战是信息战争的一种基本作战样式，而且在信息战争中具有特别突出的作用。电子作战是信息战争一个极其重要的有机组成部分，是实现信息战争战略有力保证之一。信息时代的战争，实质上就是敌对双方为争夺信息的获取权、控制权和使用权而展开的对抗。今天，为了应对未来信息战的挑战，我们必须学习、了解、掌握战场复杂电磁环境的发展变化，掌握电子对抗与评估的基本知识，为夺取未来战争的"制高点"做好充分准备。

思考题

（1）什么是电子对抗？电子对抗包括哪些具体内容？

（2）电子对抗是如何分类的？有哪些主要类别？

（3）什么是复杂战场环境？电子对抗与复杂战场环境是什么关系？

（4）试图寻找一个现代电子对抗的典型战例，举例说明电子对抗在现代战争中的作用。

第二章
雷达对抗

　　雷达对抗是以雷达为主要作战对象，通过电子侦察获取敌方雷达、携带雷达的武器平台和雷达制导武器系统的技术参数及军事部署情报，并利用电子干扰、电子欺骗和电子攻击等软硬杀伤手段，削弱、破坏敌方雷达的作战效能而进行的电子斗争。

　　雷达对抗是取得军事优势的重要手段和保证，它是破坏对手信息获取的重要手段。在各种现代武器系统中，雷达是信息获取和精确制导领域中最重要的装备，特别是现代战争中，在广大的作战地域内，能及时、准确、全面地获取各种目标信息，雷达的作用是不可取代的。破坏了敌方雷达的正常工作，也就破坏了其整个武器系统的重要信息来源，武器装备就可能成为"聋子""瞎子"，这对于我方取得军事优势是十分重要的。

　　雷达对抗也是每一种武器系统和军事目标生存与发展必不可少的自卫武器。在现代战场上，对每一种武器系统和军事目标的直接威胁，主要来自于精确打击武器，而精确打击武器的性能是依靠一系列电子设备保障的，其中，雷达是最为核心的传感器之一。例如，越南战争中，美军综合采用了多种雷达对抗措施，曾一度使地空导弹的杀伤概率降到2%，防空火炮的杀伤概率降到0.5%以下。海湾战争中，美军出动数千架次的F-117A隐形轰炸机，执行防空火力最强地区的轰炸任务，在强大的电子干扰掩护下，竟无一损失，这充分说明了雷达对抗的重要作用。可以预见，随着信息技术的发展，雷达对抗在现代战争中的地位将日益重要。

第一节　雷达侦察系统

一、雷达侦察概述

雷达侦察的基本任务是：发现带有雷达的目标；测定雷达的参数，确定雷达的类型和属性；引导雷达干扰机等。

（一）发现带有雷达的目标

发现雷达目标是雷达侦察首要而艰难的一项任务。只有首先发现雷达，然后才能测定其有关参数。侦察机要想发现雷达的存在，必须同时满足以下三个主要条件以及极化的影响。

1. 方向上对准

雷达是定向发射的，雷达侦察机也是定向搜索的，方向很难对在一起，如图2.1所示。只有在雷达侦察机天线对准对方雷达而对方雷达天线同时又指向雷达侦察机方向，即两个波束相遇时，雷达侦察机才有可能发现雷达。

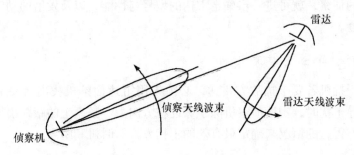

图 2.1　对雷达的空间搜索

2. 频率上对准

侦察机与雷达在方向上对准的同时，还必须在频率上也对准。但对于雷达侦察机来说，不仅雷达频率是个未知数，而且雷达频段也是从 30 兆赫到近 1000 千兆赫的极大范围。因此，我们可以设想，在侦察天线与雷达天线于方向上所能对准的几个毫秒至几十毫秒这么极其短暂的时间里，侦察机的频率要在宽达数万兆赫的频段里对准雷达频率，犹如大海捞针，十分困难。

3. 信号强度足以被接收

到达雷达侦察接收机输入端的信号功率，必须大于该接收机输入端所需要的最小功率，以保证接收的信号经放大处理后，能在显示器上显示出目标。

4. 无线电波极化对信号接收的影响

在无线电波的传播过程中，通常是以电磁波的电场方向规定为无线电波的极化方向，可分为水平极化、垂直极化、圆极化和椭圆极化等。无线电波的极化对信号接收的影响甚大，如水平极化的天线不能接收垂直极化的电波，而垂直极化的天线同样也不能接收水平极化的电波，它们只能接收与其相对应的极化电波。当天线和信号的极化相同时，称为极化匹配，这时天线才能接收信号。根据电场分解理论，水平或垂直极化电波可分解为旋转方向相反的圆极化波。因此，圆极化的接收天线就可以接收各种极化的电波。

（二）测定雷达的参数，确定雷达的类型和属性

雷达参数包括：雷达的工作频率、信号波形、信号调制参数、信号的极化和信号的强度等。雷达信号调制参数又包括脉冲重复频率、脉冲宽度、信号频谱、天线波束宽度、扫描周期、扫描方式、天线方向图的形式等。通过对这些雷达参数的侦察，就可进一步确定雷达的型号与性能，以及发射的动向和对我威胁的程度。

（三）引导雷达干扰机

雷达干扰机若要干扰敌方雷达，必须先用雷达侦察机找出所要干扰的对象。在引导干扰时，雷达侦察机除了保证在方向上、频率上的跟踪引导外，还要根据敌方雷达的情况来确定最有效的干扰方式、时机和距离。

二、雷达侦察频率测量

雷达侦察系统的使命在于确定敌方雷达的存在与否，并测量其各种特征参数。在雷达的各种特征参数中，频域参数是最重要的参数之一，它反映了雷达的功能和用途，雷达的频率捷变范围和谱宽是度量雷达抗干扰能力的重要指标。在现代电磁环境下，为了有效干扰，必须首先对信号进行分选和威胁识别，雷达的频率信息是信号分选和威胁识别的重要参数之一。雷达的频域参数

包括载波频率、频谱和多普勒频率等。首先介绍现代测频技术的分类。

现代测频技术分类如图2.2所示，从图中可以看出，其中一类测频技术是直接在频域进行的，叫频域取样法，包括搜索频率窗和毗邻频率窗。搜索频率窗为搜索测频，是通过接收机的频带扫描，连续对频域进行采样，是一种顺序测频。毗邻频率窗为非搜索测频，较好地解决了截获频率和频率分辨率之间的矛盾，但为了获得足够高的频率分辨率，必须增加信道路数。另一类测频技术不是直接在频域进行的，叫变换法，其中包括相关器/卷积器和傅里叶变换，这类接收机主要包括用 Chirp 变换处理机构成的压缩接收机，以及运用声光互作用原理，由空间傅里叶变换处理机构成的声光接收机。

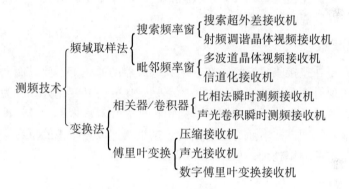

图2.2　现代测频技术分类

在时域利用相关器或卷积器也可以构成测频接收机，由于能够单脉冲测频，故称为瞬时测频接收机。随着超高速大规模集成电路的发展，数字式接收机已经成为可能，它通过对射频信号的直接或者间接采样，将模拟信号转变为数字信号，实现信号的存储和再现，能够充分利用数字信号处理的优点，尽可能多地提取信号的信息。

这里主要讨论较为成熟的几种频率测量方法，包括外差式测频、比相法瞬时测频和信道化接收机测频。

（一）外差式测频

搜索式超外差接收机的测频原理如图2.3所示，从图中可以看出，这种测频接收机的信号流程主要为：高频放大器→微波混频搜索→中频滤波器→检波→视频信号放大。

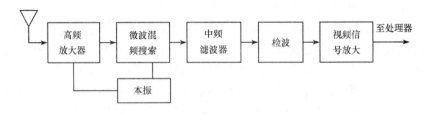

图2.3 搜索式超外差接收机原理图

1. 高频放大器

高频放大器在搜索式超外差接收机中所起的作用是放大天线所接收的信号能量，便于以后混频和滤波的处理。

2. 混频器

搜索式超外差接收机的特点在于中频滤波器的通频带不变，而通过本振频率搜索来实现射频频域的搜索。本振频率是变化的，其变化方式分为连续搜索和步进搜索两种，在连续搜索中又分为单程搜索和双程搜索。虽然搜索方式不同，但其信号处理方法本质都是相同的。这里对连续搜索中的单程搜索预选器给出其瞬时本振频率处理，如图2.4所示。

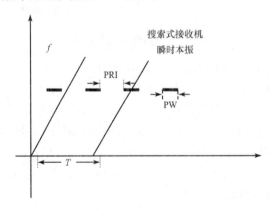

图2.4 连续单程搜索的瞬时本振频率

瞬时本振频率为：

$$f_L(t) = f_l + \frac{f_h - f_l}{T} \mathrm{mod}(t, T) + N \tag{2.1}$$

式中：f_l 表示测频接收机的本振频率下限；

f_h 表示测频接收机的本振频率上限；

T 表示测频接收机本振搜索周期；

t 为观测时间；

mod 表示取余运算；

N 为由于本振不稳定而造成的频域误差。

测频接收机截获的频率为 f_s 的射频信号与本振 f_L 混频后的中频信号频率，即

$$f_M = f_s - f_L$$

3. 中频滤波器

一般而言，超外差测频接收机中频滤波器具有以 f_M 为中心的通频带：

$$f_{band}(t) = \{f_M(t) - B/2, f_M(t) + B/2\} \tag{2.2}$$

其中，B 表示滤波器带宽。

4. 检波和处理机测频模型

信号经过中放后输出为 $G_m S_{out}(t)$，G_m 表示中放增益。然后信号经过时频检波，此时有一个判决门限 P_{gate}，将超过此门限的信号进行整形得到输出的波形为：

$$\begin{cases} A, & G_m S_{out}(t) \geqslant P_{gate} \\ 0, & G_m S_{out}(t) < P_{gate} \end{cases} \tag{2.3}$$

将式（2.3）所输出的波形通过取脉冲前沿可得到信号到达时间 t，通过计时器可得到信号脉宽 PW，计算载频的公式为：

$$f = f_L(t) + f_M \tag{2.4}$$

（二）比相法瞬时测频

瞬时测频接收机可以泛指任何采用测频用时极短的测频体制的接收机，但目前在工程上没有特别声明，仅仅指采用比相法的快速测频接收机。如没有特别说明，这里所说的瞬时测频接收机均指比相法的快速测频接收机。

1. 基本原理

瞬时测频接收机的测频过程是：首先将接收机截获信号的频率信息转换成相位差，由于相位差不便于测量，一般将再转换成幅度值。最后，在转换单元之后用处理单元通过对信号幅度的测量获取信号的频率值。其基本组成框架如图 2.5 所示。

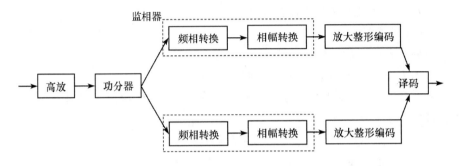

图2.5 瞬时测频接收机基本组成框图

2. 频相转换

频相转换器用于把频率信息转换成相位（差）信息，尽管它是瞬时测频接收机的"心脏"，但是它的基本模型却相当简单。把一个信号分成两路，分别经过长度不同的两段传输线，所生成的两个信号之间会有一定的相位差。不妨假定功分器是同相的，两段传输线的长度分别为 l_1 和 l_2，那么这两个信号之间的相位差就是由这两段传输线之间的长度差引起的，即

$$\Delta\varphi = \frac{2\pi}{\lambda}(l_2 - l_1) = \frac{2\pi\Delta l}{c} \cdot f \tag{2.5}$$

式中：c 表示光速；

f 表示信号频率。

3. 相幅转换和编码

相幅转换和编码是一个鉴相和通过鉴相结果判明信号载频的过程。两个高频信号在叠加时，其合成信号的幅度与信号的相位差有关，鉴相器就是利用这一原理鉴相的。为了消除信号本身幅度的影响，需要同时获得这两个信号的和与差，最常用的器件是3dB定向耦合器。设耦合器的两个输入用复数分别表示为 $A_1\angle\theta_1$ 和 $A_2\angle\theta_2$，把它们加到定向耦合器两个相互隔离的输入端后，定向耦合器的另两个端口的输出将分别为：

$$\begin{cases} C_1 = \dfrac{\sqrt{2}}{2}\Big[A_1\angle\theta_1 + A_2\angle\big(\theta_2 - \dfrac{\pi}{2}\big)\Big] \\ C_2 = \dfrac{\sqrt{2}}{2}\Big[A_1\angle\big(\theta_1 - \dfrac{\pi}{2}\big) + A_2\angle\theta_2\Big] \end{cases} \tag{2.6}$$

如果将上述输出通过平方律检波器，略去与原理和性能无关的常数项，这两个输出将分别为：

$$\begin{cases} D_1 = A_1^2 + A_2^2 - 2A_1A_2\sin\left(\theta_1 - \theta_2\right) \\ D_2 = A_1^2 + A_2^2 + 2A_1A_2\sin\left(\theta_1 - \theta_2\right) \end{cases} \tag{2.7}$$

它们的差表示如下：

$$D_s = A\sin\left(\theta_1 - \theta_2\right) \tag{2.8}$$

从上可以看出，这里将相位差转换成了相应的正弦函数。类似地，如果在前面的分路器中增加90°的相位差，那么将得到相位差的余弦函数，即

$$D_c = A\cos\left(\theta_1 - \theta_2\right) \tag{2.9}$$

结合式（2.8）和式（2.9）就可以消除幅度的影响，得到相位差信息，即

$$\varphi = \theta_1 - \theta_2 = \arctan\frac{D_s}{D_c} \tag{2.10}$$

在完成相幅转换后就要通过编码电路，其 2bit 量化时的情况可用图 2.6 表示。

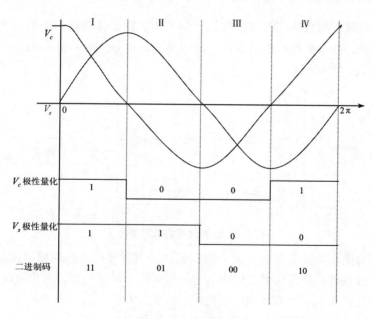

图 2.6　极性量化编码

极性量化编码器产生的测频误差通常是由于量化产生的，编码时的相位分辨率对频率分辨率有决定性的作用，所以将着重对编码的量化问题进行说明。

设极性量化器采用 n 比特量化，则该量化器的角度分辨率为 $2\pi/2^n$，所以

最终确定的相位差角度值应当是相位差所在的分辨单元的中心角度值。其转换
公式为：

$$\varphi' = \mathrm{mod}\left(\varphi, \frac{2\pi}{2^n}\right) \cdot \frac{2\pi}{2^n} + \frac{\pi}{2^n} \tag{2.11}$$

式中：φ 表示量化器输入相位差；

φ' 表示经量化器量化后的相位差；

n 为量化比特数。

可以确定，最终的测频结果为量化输出相位差所对应的频率值：

$$f = \frac{\varphi' c}{2\pi\Delta l} \tag{2.12}$$

式中：c 表示光速；

Δl 为频相转换时两延迟线长度差。

（三）信道化接收机测频

信道化接收机也叫多波道接收机，它采用多路晶体视频接收机并行运用，
解决了单路晶体视频接收机灵敏度、测频精度和频率分辨率都不高的问题，其
原理如图 2.7 所示。

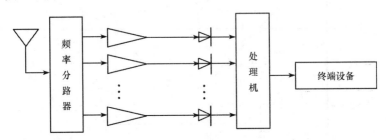

图 2.7　信道化接收机原理图

频率分路器的路数越多，则分频段越窄，频率分辨力和测频精度就越高。
信道化接收机有三种常用形式：纯信道化接收机、频带折叠信道化接收机和时
分制信道化接收机。下面对纯信道化接收机进行介绍。

纯信道化接收机的简化方框图如图 2.8 所示。

假设对侦察频段 $f_1 \sim f_2$ 共进行了 n 次分频，每次分频路数为 m_i。设第 i 次
分路时，第 j 路的本振频率为 f_{Lij}，第 i 次变频后的中频中心频率为 f_{Ii}，中频带
宽为 Δf_{ri}，$i = 1, 2, \cdots, n$。为方便起见，令

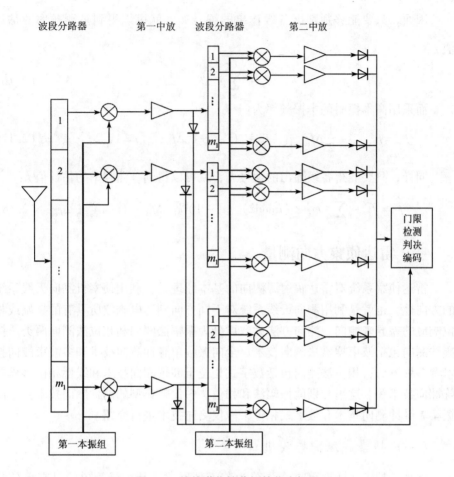

图 2.8 纯信道化接收机简化方框图

$$f_{I0} = \frac{f_1 + f_2}{2}, \qquad \Delta f_{r0} = f_2 - f_1 \tag{2.13}$$

则各级参数的选择如下：

$$\begin{cases} f_{Ii} > \dfrac{\Delta f_r\ (i-1)}{2} \\[3mm] \Delta f_{ri} = \dfrac{\Delta f_r\ (i-1)}{m_i}, \quad i = 1,\ 2,\ \cdots,\ n \end{cases} \tag{2.14}$$

而采用低本振时的本振频率为：

$$f_{Lij} = f_{I(i-1)} - \frac{1}{2}\Delta f_{r(i-1)} - f_{Ii} + \left(j - \frac{1}{2}\right)\Delta f_{ri}, \quad j = 1,\ 2,\ \cdots,\ m_i \tag{2.15}$$

因而，只要能够判别出各级输出的编号 k_i，就可以得到被测频率的估计值 $\hat{f}$：

$$\hat{f} = f_1 + \sum_{i=1}^{n} k_i \Delta f_{ri} - \Delta f_{rn} \tag{2.16}$$

而采用高本振时的本振频率为：

$$f_{Lij} = f_{I(i-1)} - \frac{1}{2} \Delta f_{r(i-1)} + f_{Ii} + \left(j - \frac{1}{2}\right) \Delta f_{ri}, \quad j = 1, 2, \cdots, m_i \tag{2.17}$$

同样，只要测得各级输出的编号 k_i，就可以得到被测频率的估计值 $\hat{f}$：

$$\hat{f} = f_1 + \sum_{i=1}^{n} \left[m_i \times (i \bmod 2) + (-1)^i k_i \right] \Delta f_{ri} - (-1)^i \frac{1}{2} \Delta f_{rn} \tag{2.18}$$

三、雷达侦察方向测量

雷达侦察系统对雷达辐射源测向的基本原理是，利用侦察机测向天线系统的方向性，也就是利用测向天线系统对不同方向到达电磁波所具有的振幅或相位响应的差异来测向。测向方法大致可分为振幅法测向和相位法测向两类。振幅法测向包括波束搜索法测向技术、全向振幅单脉冲测向技术和多波束测向技术等多种方法；相位法测向包括数字式相位干涉仪测向技术和线性相位多模圆阵测向技术等。这里分别就振幅法和相位法中比较典型的两种测向技术：全向振幅单脉冲测向技术和数字式相位干涉仪测向技术进行介绍。

（一）搜索式测向接收机

常规的搜索式测向可进一步分为若干种形式，其中最简单的是有无信号法。一个带方向性的天线接一个接收机，加上读取天线方向图指向的单元，就构成了这个体制的测向设备。只要有信号被截获，就把这时的天线指向当作被截获信号的方位。显然，即使没有其他任何工程误差，有无信号法本身在方法上也将可能产生半个主瓣宽度的测向误差。

另一种方法是最大信号法。即假设信号本身的强度是稳定的，那么所接收的信号幅度将被侦察天线的方向图调制，把信号幅度最大时的天线指向当成信号方位，其方法误差将是天线方向图机械和电轴歪头的误差。

根据与这种比较输出幅度来测量到达角的原理，演化出了最小信号法和中心法等多种方法。但不论哪种方法，其测向误差均认为等于天线主瓣波束宽度和常系数的乘积。通常最大信号法的常系数为 1/5，最小信号法的常系数为主瓣波束宽度的 1/10。因此，测向输出 θ_m：

$$\theta_m = \theta_s + \left[-k\theta_{ml},\ k\theta_{ml}\right] \tag{2.19}$$

式中：θ_s 为信号真实到达方向；

　　　　θ_{ml} 为天线主瓣 3dB 波束宽度；

　　　　k 为测向误差因子。

（二）全向振幅单脉冲测向

如果在接收系统中设置若干个通道，它们具有不同的天线位置、特性、指向等，那么不同的天线和信道所接收的信号将是信号到达方位角的函数，对它们的处理将可能给出信号的方位。全向振幅单脉冲测向的原理就是利用不同指向的天线得到与方位角有一一对应函数关系的信号幅度响应，通过对多天线系统接收信号幅度的处理，就可以测量出信号的方位。从以上原理可以看出，全向振幅单脉冲测向是一个将方位信息转化为幅度值，再通过测量幅度得到方向信息的过程。因此，在分析全向振幅单脉冲测向技术时，可将它分为方向－幅度变换和幅度－方向变换两部分。

1. 方向－幅度变换

设信号的强度用 A 表示，方位角为 θ，系统共有 n 个通道，不同天线和信道对信号的接收增益表现在幅度上为因子 $P_i(\theta)$，由此可以获得由一组幅度 $AP_i(\theta)$ 组成的矢量，它与 θ 一一对应。为了消除信号幅度 A 对测角结果的影响，必须通过某种类似于除法的运算将它抵消，因此，假设系统对通道输出信号进行了对数运算处理，使幅度信息变成：

$$\log\left[A \cdot P_i(\theta)\right] = \log[A] + \log\left[P_i(\theta)\right] \tag{2.20}$$

再通过相减，消去 $\log[A]$，获得 $(n-1)$ 个与信号绝对强度无关的量 $F_i(\theta)$。所有比幅法的处理都可以归纳为提取 $F_i(\theta)$ 和用它计算方位角 θ，以两信道比幅的系统为例。两个天线和信道对信号的响应完全相同，但两个天线的指向不同，为了便于分析，将它们记为 α 和 $-\alpha$。在这样的系统中，仅获取到一个 $F(\theta)$：

$$\begin{aligned}
F(\theta) &= \log\left[P_1(\theta)\right] - \log\left[P_2(\theta)\right] \\
&= k_1 - k_2 + \log\left[G(\theta-\alpha)\right] - \log\left[G(\theta+\alpha)\right]
\end{aligned} \tag{2.21}$$

其中：k_1、k_2 表示信道增益；

　　　　$G(\theta)$ 表示信号方向图函数。

一般来说，$F(\theta)$ 在一定的角度范围内会是对 θ 的单调函数，即幅度与方向产生了一一对应关系。

在测向过程中，不同天线所连接的通道其特性是相同的，即 $k_1 = k_2$，设接收天线为高斯型波束天线，其天线的输出可表示为：

$$G(\theta) = \exp \left[-k\theta^2 \right] \tag{2.22}$$

其中：$k = 2.776/\theta_B^2$；

θ_B 为 3dB 波束带宽。

由上式 $G(\theta) = \exp \left[-k\theta^2 \right]$ 可得出两个天线所接收信号的输出，分别为：

$$A_1 = k_1 \exp \left[-k \left(\theta + \alpha \right)^2 \right]$$
$$A_2 = k_2 \exp \left[-k \left(\theta - \alpha \right)^2 \right] \tag{2.23}$$

将上式中的信号输出幅度值分别用分贝表示，也就是分别取对数，其结果如下：

$$A_1 = 10\log k_1 + 4.34k \left(\theta + \alpha \right)^2$$
$$A_2 = 10\log k_2 + 4.34k \left(\theta - \alpha \right)^2 \tag{2.24}$$

如果在做式的对数运算之前，先将两天线输出信号幅度进行比较，则对数输出变为：

$$R_{dB} = 10\log \left(\frac{k_1}{k_2} \right) + 17.36k\alpha\theta \tag{2.25}$$

当 $k_1 = k_2$ 时，便得到了输出幅度分贝值与信号到达方位角的单调函数：

$$R_{dB} = 17.36k\alpha\theta \tag{2.26}$$

上面所说的是理想化的情况，方位角与接收机的幅度输出成简单的线性关系。从式（2.26）中可以看出，对于相同的角度增量，k 和 α 越大，由幅度误差所引起的方位角误差就越小。其物理含义是，k 越大，表示天线的幅度方向图越尖锐，α 越大，表示两个比幅天线的安放角相差越大。可惜的是，上面的分析是以天线主瓣作为分析对象得出的结论。实际上，如果天线幅度方向图过于尖锐，或者两个比幅天线的安放角相差过大，不但不会使测角误差变小，反而会使信号进入天线旁瓣区，产生测角错误。所以测角精度的提高，主要依靠的是系统幅度处理误差的控制，这主要包括在宽频带和不同温度工作条件下两个信道的幅度一致性，以及脉冲信号工作条件下对信号幅度提取的准确性。这部分内容将会在后面幅度－方向变换中进行分析。

工程上，全向振幅单脉冲测向技术一般采用 N 个方向图函数 $G(\theta)$ 相同的天线，均匀布设在 360° 方位内。这里只考虑典型的四个天线的情况，更多天线的测向原理与此相同。天线方向图如图 2.9 所示。

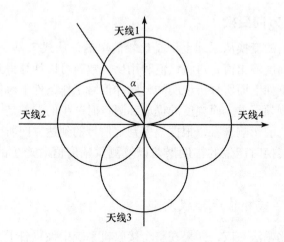

图 2.9　四天线方向图

如果某一信号入射角为 α（设逆时针旋转为正方向），则取出幅度响应最大的两个天线输出，从图 2.9 中可以看出，幅度响应最大的应是天线 1 和天线 2。设其天线方向图函数为 $G(\theta)$，则天线 1 和天线 2 的幅度响应分别为：

$$\begin{cases} S_1 = AG(\alpha) \\ S_2 = AG(90 - \alpha) \end{cases} \tag{2.27}$$

不同的天线其方向图函数不同，在针对某一侦察机测向接收机仿真时，要尽量选择和实际天线方向图近似的函数。但是，不论具体的天线方向图函数是什么，其仿真的本质是相同的。仿真中选择高斯型天线作为测向天线，则天线 1 和天线 2 的幅度响应分别为：

$$A_1 = k_1 \exp\left[-k\alpha^2 \right]$$
$$A_2 = k_2 \exp\left[-k\left(90° - \alpha\right)^2 \right] \tag{2.28}$$

将这两个幅度响应通过式（2.21）到式（2.28）的变换，就可以得到其与输入角度相对应的幅度值（将角度用弧度表示）：

$$F(\alpha) = k\left(\pi\alpha - \left(\frac{\pi}{2}\right)^2 \right) \cdot 4.34 \tag{2.29}$$

但实际上在方向 - 幅度变换过程中不可能有如此理想的转换。由于天线方向图和通道不可能做到完全一致，强信号在天线旁瓣产生的幅度响应的影响，天线及接收通道等部件受噪声影响等原因，均会使输出的幅度值产生误差，一般工程条件下，典型的系统幅度误差为 1～3dB。

2. 幅度－方向变换

幅度到方向的变换从原理上讲是比较简单的，从式 2.29 可以看出，只要知道比幅后的幅度输出值，再将该值利用反函数就可以计算得到输入信号的到达角。但实际正如上面所分析说明的，脉冲信号工作条件下对信号幅度提取的不准确会造成测频误差，而幅度的提取和测量时产生的误差是一个随机量。从最后对测向造成的影响来看，根据幅度判定信号的到达方向所引入的误差，与由方向到幅度转换时产生的幅度误差以及测量幅度值时产生的测幅误差是一样的。

（三）数字式相位干涉仪测向

同前面的比幅法对应，如果在整个接收机系统中设置若干个通道，它们具有不同的天线，包括天线的位置、特性、指向等，而且系统的相位差响应与方位角是一个一一对应的函数，则通过对信号相位差的处理就可以测量信号方位，这就是比相法的机理。信号之间的相位差与信号本身到达侦察系统时的强度无关，因此比相法不必消除信号的幅度。与比幅法类似，可以将其分析分为到达角－相位差转换和相位差－到达角测量两个部分。

1. 到达角－相位差转换

设系统共有 n 个通道，对于具有某一频率的信号，任意规定某个相位值为相位零点，则如果接收方位角为 θ，则对此信号不同天线和信道输出的信号相位分别为 $P_i(\theta)$。最终，总可以获得一组相位差 $D_i(\theta)$，它的数量为（$n-1$），彼此独立，那么这（$n-1$）个相位差构成的矢量可能与 θ 一一对应。

系统内不同信道输出之间的相位差主要由三个因素构成。首先，是天线本身的作用。天线是具有相位方向图的，在实际工程中，它一般不是全方位恒定的，不同的天线相位方向图有较大的差别。但是，在系统中如果采用了相同的天线，并且它们的指向一致，天线的相位方向图将互相抵消，那么实际上对相位差几乎没有影响。其次，是信道不一致引入的相位误差。实际的多个信号之间肯定存在一定的相位不平衡，从天线下来的信号，在经过了接收机的信道后，将增加新的相位差。最后，也是最重要的，是由天线的摆放位置引入的相位差。它是信号方位角的函数，是测向的根据。为了理解比相法的机理，假设先略去天线本身引入的相位增量和信道相位不平衡引入的相位增量，那么被接收的信号在系统内不同信道输出之间的相位差，将是由信号在空间传播时先后到达系统内不同天线的波程差所引起。如图 2.10 所示，用一个平面图形进行原理解释。

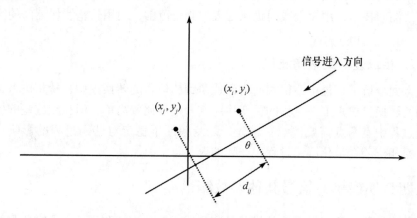

图2.10　比相法的天线位置和相位差的产生

设系统有 n 个天线，它们的位置坐标分别是 (x_i, y_i)，信号的方位角为 θ，在这一维方向上，天线位置的投影坐标将为：

$$\omega_i = x_i \cos\theta + y_i \sin\theta \tag{2.30}$$

则对于其中序号为 i 和 j 的一对天线，它们的距离差为：

$$d_{ij} = (x_i - x_j)\cos\theta + (y_i - y_j)\sin\theta \tag{2.31}$$

对于频率为 f 的信号，由此引入的相位差（也就是前面抽象的 $D_i(\theta)$）为：

$$\varphi_{ij} = \frac{2\pi}{\lambda} d_{ij} \tag{2.32}$$

由上可知，相位差一般是与方位角 θ 的三角函数有关的表达式。它是个非线性函数，而且其中总是有信号频率及天线位置间隔的影响。如果对方位角 θ 微分，结果就是：对于给定的角增量，所获得的相位差变化量将正比于信号频率和天线的间隔。反过来看，对于工程确定的相位差测量误差，引起的测向误差将在一定意义上反比于信号频率和天线间隔。因此，一般在宽频带工作时，系统的测向精度不是一个常数，而且只要拉大天线的间距，测向的误差就可以在原来的基础上进一步减少。这是比相法测向的重要优点，因为它原则上可以让系统的测向精度达到设计希望达到的指标。

可惜的是，作为相位差的物理量，工程可观察的仅仅只是它小于 2π 的一个尾数。也就是说，在比相法中，工程上可测到的并不是上面方程式中真实的相位差 D，而只是它的尾数。这样一来，对 D 的测量就带有模糊性。如果缩短天线间距限定 D 的变动范围小于 2π，虽然会没有这种模糊性，但上面所提到的比相法的重要优点也就不复存在了。为了消除这种模糊性，工程上一般采用多基线测向技术，用短天线间距保证大的测角范围，而用长基线保证高的测角精度。

2. 相位差 - 到达角测量

上面分析了相位干涉仪测向中到达角到相位差的转换模型，从相位差到到达角的转换自然是上一过程的反变换。这一过程比较简单，但在相位差的提取测量过程中有两点需要注意：首先，是测频的不稳定对这一过程的影响；其次，是相位差在量化测量过程中产生的误差。

四、侦察机对信号其他参数测量

侦察接收机除了对雷达信号载频和到达方位角进行测量外，还需要测量脉冲的到达时间、脉冲宽度和脉冲幅度等参数。

（一）脉冲到达时间 TOA 测量

雷达侦察系统中的 TOA 检测电路通常设置在视频输出端，位于方位或者频率的滤波处理单元之后，以便充分利用侦察机在方位或频率上的信号分选作用和同时到达信号测量能力，来降低在时域上多信号重合的概率，减小信号流密度。在实际工程实现时，以 Δt 为时间间隔，判断视频信号和检测门限的差值，如果此时信号门限较高，差值为负，则产生标记值为 0，如果视频信号超过比较门限，差值为正，则计数标记值为 1，标记值由 0 到 1 的跳变所代表的时间就是信号的到达时间。在仿真中将这一测量电路放置在测频电路的视频输出之后，通过一个检测门限来判断信号到达时间。检测门限由接收机参数决定，当视频信号超过检测门限时，再由计数脉冲表明信号到达时间。设视频信号大于接收机门限时间为 T，其输出为：

$$TOA = \mathrm{mod}\ (T,\ \Delta t)\ |A \geqslant U \tag{2.33}$$

式中：$\mathrm{mod}\ (T,\ \Delta t)$ 为求模量化函数；

Δt 为时间计数器的计数脉冲周期；

A 为视频信号幅度；

U 为检测门限。

（二）脉冲宽度 PW 测量

通常信号的 PW 和信号的到达时间测量是同时完成的。在实际工程实现时，与 TOA 检测原理完全相同的方法测得信号的结束时间 TOE。同样地，在仿真时利用信号到达时间的测量的仿真方法，通过测频的视频输出信号与检测门限的比较获得信号的结束时间 TOE，则相应的 PW 值为：

$$PW = TOE - TOA \tag{2.34}$$

（三）脉冲幅度测量

信号幅度的测量，在工程上是将视频信号幅度值进行 A/D 变换后获得的。利用检测到的信号 TOA、PW 值，可以得到信号脉冲的中心时刻，将该时刻的信号幅度 PA 进行 A/D 变换后就得到信号的值。设信号的 A/D 变换量化单元为 ΔV，则测量的脉冲幅度值为：

$$A = \text{mod}\ (A_0,\ \Delta V) \tag{2.35}$$

五、雷达侦察信号处理

（一）信号分选

现代 EW 接收系统必须工作在日益密集信号环境中。因此，对被截获的大量混杂信号必须以分批、有效的方法做出某种分选，这样才能得到信号的相关序列，即一定程度上再现原始的信号。然而把某个信号从特定辐射源中分离出来的任务可能是难以完成的，因为不同信号间的参数界限可能重叠，而且某些因素如测量误差，也可以使所测得的信号特性变得不精确或"模糊"，为此信号分选是一个复杂的过程。现在的侦察接收机信号处理系统主要是运用多参数来对信号进行分选，即首先用频率、到达角或脉宽等参数对信号进行粗分选，然后再用 PRI（脉冲重复周期）进行精分选。

1. 信号分选参数

信号分选是利用信号参数的相关性实现的，表征辐射源（雷达）的特征参数有：

（1）频域参数

频域参数包括载频频率、频谱、频率变化规律及变化范围等。

（2）空域参数

空域参数包括信号的到达方向（方位角、仰角）等。

（3）时域参数

时域参数包括脉冲到达时间、脉冲宽度、脉冲重复周期（或重复频率）及其变化规律、变化范围。

（4）脉冲的幅度参数

幅度参数包括雷达天线调制参数、天线扫描周期及扫描规律等参数。

通常用于信号参数分选的参数有：

（1）到达角（DOA）

到达角包括方位角和俯仰角。目前到达角仍然是用于信号处理的一个重要参数。因为辐射源（雷达）有可能逐个地改变其他参数，但要逐个脉冲地改变到达角，必须使其搭载平台以很高的速度移动才能办到，而这一点现在是无法实现的。也就是说，不论辐射源的参数如何变化，其到达角在短时间内（例如一秒内）是基本不变的。然而由于辐射源的分布密集和侦察机的测角精度的影响，采用到达角单一参数去交错并不能把所有交迭脉冲分离成各个雷达的脉冲列。

（2）射频（RF）

射频频率也是用于信号分选的一个重要参数，侦察机的雷达频率覆盖范围达到 $0.5 \sim 20\mathrm{GHz}$，包含了绝大多数防空雷达的工作频率。根据雷达在频域上的分布特点，目前固定载频的雷达仍占大多数，因此利用 RF 来分选还是非常有效的。提高测频精度是可靠分选的保证。当今瞬时频率测量技术（IFM）已经达到了相当高的水平，一般 IFM 接收机的测频精度达到了 25MHz，有的接收机的测频精度可达到 1MHz，甚至 0.1MHz。但是随着声表面波技术的进步，越来越多的射频捷变雷达投入使用，使得传统的信号分选方法难以满足需求，这有待于信号处理水平的进一步提高。

（3）到达时间（TOA）

到达时间是一个很重要的分选参数，在二十世纪五六十年代，由于电磁环境中的信号不太密集，并且常规雷达信号占大多数，因此早期的信号分选方法大都采用到达时间这个单一参数进行处理，但是在今天，随着环境中的信号流量的不断增加，特殊雷达信号的出现（例如重频抖动、滑变和参差等），光靠TOA 来进行处理已经不能适应作战要求了。

到达时间的测量一般是接收机系统以某一脉冲为时间基准，测量后续脉冲相对于此脉冲的时间间隔值。从到达时间可以推导出雷达的重频间隔，从而可知道雷达的脉冲重复频率，一般雷达信号的 PRF 的大致范围为几百赫兹至几千赫兹。

（4）脉冲宽度（PW）

由于多径效应可能使脉冲包络严重失真，而且很多雷达的脉宽相同或相近，致使脉宽这一参数被认为是一个不可靠的分选参数。近年来，在脉宽的测量方面，采取了一些新的技术，如在检波后直接比较出脉冲宽度（PW），就可以避免视放的失真，采用浮动电平测量脉宽，避免了幅度的影响，使脉宽测量的精度得到提高，因此在分选某些特殊信号时，采用脉宽作为辅助分选参数也有一定的价值。通常雷达信号的脉宽（PW）取值范围为 $0.1 \sim 200\mu s$，测量精度为 50ns。

（5）脉冲幅度（PA）

这里所说的脉冲幅度是指到达信号的功率电平，根据脉幅可以估计辐射源的远近。脉幅在某些侦察接收机中可用作扫描分析，因为有些雷达其脉冲重频、载频和脉宽等参数都相同，但它们的扫描方式不一样，要分选这些雷达信号必须做扫描分析。通常雷达的脉冲幅度取值范围是 $0.5 \sim 4.5V$。

以上是信号分选所用的五个参数。在现代信号分选技术中通常是综合利用五个参数来达到实时、准确地分选信号的目的。

2. 信号粗分选

信号分选是利用信号参数的相关性来实现的。由于能用作信号分选的参数有五个，因此，可根据对侦察系统的不同要求选择几个特征参数的不同组合来进行信号分选，具体的分选模式有以下几种：

（1）PRI 时域单参数分选。

（2）PRI 加 PW 时域多参数分选。

（3）PRI、PW 加 RF 多参数综合分选。

（4）PRI、PW 加 DOA 多参数综合分选。

（5）PRI、PW 加 DOA、RF 多参数综合分选。

在各种信号分选模式中，PRI 分选是各种分选方法中都需要具有的分选程序，因此，其他参数的分选都可以看作预分选，PRI 分选是最终的分选。

信号经过预处理后被稀释，然后主处理机对各信号单元内的脉冲列采用脉冲重复周期（PRI）这个参数进行精分选。最后对所有分选完成后的信号再进行特殊信号（如频率捷变等）的分选。

3. 信号精分选

（1）PRI 变换的类型

对于常规雷达信号而言，脉冲重复频率（PRF）是信号分选与识别的一个重要参数。因为它是最能体现雷达特征的参数，即使是相同型号的雷达，其重频也存在细微的差别。

随着信号环境的密集化及信号形式的多样化，用简单的方法已不能对 PRI 进行分析。因为环境中的各种辐射源的脉冲相互交叠在一起，在接收机输出端构成了在时间轴上交错的随机信号流。辐射源的增多是复杂信号环境的一个构成特点，另一个特点就是出现了许多复杂的信号。就 PRI 这一参数而言，为了分辨距离模糊和速度模糊或者为了对抗侦察干扰的目的，而采用了各种不同形式的 PRI。常用的 PRI 类型有：

①固定（或恒定）的 PRI

如果雷达 PRI 的最大变化量不大于其平均值的 1%，就认为它具有恒定的 PRI 值。这种 PRI 类型常用于搜索雷达和跟踪雷达及用于动目标指示的脉冲多普勒系统中。另外，脉冲抖动雷达，其 PRI 的变化一般小于 3%，也可以归入固定 PRI 类型。

②跳变的 PRI

跳变的 PRI 指人为的随机跳变或有规律的调制，是一种雷达电子抗干扰措施（ECCM）。PRI 跳变用于给侦察系统造成分析 PRI 的困难或降低某些干扰类型的效果。这种类型的 PRI 变化值较大，可高达平均 PRI 的 30%。

③转换并驻留的 PRI

一些雷达中选用几个或多个不同的 PRI 值，并快速地在这些 PRI 值之间转换，其目的主要在于分辨距离或速度上的模糊，或者用来消除雷达的距离盲区或速度盲区。

④参差 PRI

PRI 的参差是指一部雷达发射的脉冲序列中选用了两个或多个 PRI 值。这种脉冲列的重复周期称为帧周期。帧周期之内的各个小间隔可以称为子周期。参差脉冲列用参差的重数以及各子周期的数值来描述。

⑤滑变 PRI

滑变 PRI 用于探测高度不变而雷达使用仰角扫描方式跟踪目标的系统。大仰角时探测距离近，使用短 PRI；小仰角时探测距离远，使用长 PRI，这样可以消除雷达的距离模糊。当雷达在仰角范围内扫描时，PRI 值也跟随仰角的变化单调增加或减小。这种变化的最大 PRI 通常是最小 PRI 的 5~6 倍。

⑥排定 PRI

排定 PRI 在计算机控制的电子扫描雷达中使用。这种雷达通常是三坐标雷达，即在三维空间交替执行扫描和跟踪功能，PRI 的变化由控制程序确定。排定的 PRI 变化有许多模式，用以适应目标的不同情况。

⑦周期变化的 PRI

PRI 的周期调制是一种比滑变 PRI 的变化范围更窄的近似正弦调制的 PRI。它可以用来避免雷达目标盲区或用于分辨距离模糊。

（2）分选方法

①常规的重频分选方法

对交迭脉冲信号的重频分选是指以脉冲重复周期 PRI 为分选参数，通过软件程序对经过预处理后的交错脉冲流去交错，分选出各辐射源的脉冲列。经预分选处理后的，按各个脉冲的到达时间 TOA 的先后顺序排列组成时间序列。因此，在重频分选中分选的参数只有各个脉冲的到达时间，通常在预分选后的辐射源数目不超过四个。如果以 A_1 脉冲为基准脉冲，以 A_1、A_2 之间的时间间隔 $PRI = TOA_2 - TOA_1$ 为假想脉冲列的 PRI 来不断地设置预置窗口，就可成功地选出脉冲列 A 的各个脉冲。将成功的脉冲列自总脉冲流中扣除，则剩下的脉冲流就得到稀释，从而有利于以后各脉冲列的分选。但如果不是以 A_1、A_2 的间隔来分选，而是首先以 A_1、B_1 的间隔进行分选窗口的预置，这样不断地预置下去，也不会分选出有意义的脉冲列。同样，以 A_1、C_1 和 A_1、B_2 的间隔进行分选窗口的预置，也都不会分选出正确的脉冲列来。还可看出，如果扣除脉冲列 A 之后的待选脉冲流，以 B_1 为基准脉冲，以 B_1、C_1 的间隔进行分选窗口的预置，也不会得出成功的分选。只有以 B_1、B_2 的间隔进行窗口预置，才能再次得到成功的分选，如图 2.11 所示。

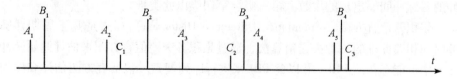

图 2.11　分选示意图

②统计直方图法

统计直方图是指对接收的有关 PDW 参数进行统计分析，求出各参数出现的频次，设定检测门限，当相关参数的频数超过检测门限时，认为对应的脉冲序列可能构成雷达信号。

TOA 的直方图提取算法的实现过程通常是：截取一段侦收到的雷达脉冲序列（已按到达时间先后进行排序），在一定时间容差范围内逐个测量脉冲与脉冲之间的时间间隔差，以脉冲间隔数值作为横坐标，以每一脉冲间隔值出现的频数作为纵坐标，绘制脉冲间隔统计分布直方图。对于 N 个采样的连续脉冲，可计算出的脉冲间隔值的数量是：

$$S_N = \frac{N(N-1)}{2} \tag{2.36}$$

PRI 统计直方图分析处理的主要步骤是：

a. 以直方图中出现次数最多的脉冲间隔作为基本骨架重复周期。如果直方图中有多个峰值，且峰值所在脉冲间隔值成倍数关系，则取其中倍数最小的作为真实雷达的 PRI。

b. 从侦察序列中提取已确定的 PRI 脉冲列。

c. 估算已确定 PRI 序列的 PRI 变化规律统计特征。

d. 对剩余脉冲列再作直方图分析，直到分选不出新的有规律的脉冲序列为止。

e. 扩大脉冲间隔容差，再作 PRI 直方图分析，直到大于可能 PRI 抖动范围为止。

f. 对同方位不同载频的剩余脉冲序列按到达时间排序，再作 PRI 直方图分析。

③累计差值直方图（CDIF）

设一次采样的脉冲数为 S_N，采样时间为 S_T，直方图的横坐标为脉冲间隔 T，纵坐标为脉冲数 H。第一级脉冲间隔直方图就是在一定时间容差范围内统计相邻脉冲的脉冲间隔出现次数。第二级脉冲间隔直方图就是统计相间一个脉冲的两脉冲间隔出现的次数。第三级、第四级以此类推。

累积差值直方图（Cumulative Difference Histogram）算法是基于周期性脉冲时间相关原理的一种去交错算法，通过累积各级差值直方图来估计原始脉冲序列中可能存在的 PRI，并以此 PRI 来进行序列搜索。包括直方图估计和序列搜索两个步骤，分选的参数仅限于 TOA。

CDIF 算法的步骤为：

第一，计算 TOA 差值，形成第一级差值直方图。

第二，确定门限。由于直方图的峰值与两脉冲之间的间隔成反比，而观察时间一定时，观察出现的脉冲数量则越多，因而门限值与输入脉冲的采样时间成正比，与脉冲间隔 τ 成反比。设直方图的自变量为 τ，假定采样时间为 S_T，则 CDIF 最优的门限为：

$$\eta_{opt} = \frac{a \times S_T}{\tau} \tag{2.37}$$

其中：a 是可调系数。

第三，从最小的脉冲间隔起，将第一级差异直方图中的每个间隔的直方图值以及二倍间隔的直方图值与门限相比较，假如两个直方图值都超过门限，则以该间隔作为 PRI 进行序列检索。假如序列检索成功，PRI 序列将从采样脉冲列中扣除，并且对于剩余脉冲列，从第一级差值直方图起形成新的 CDIF，这个过程会一直重复下去直到没有足够的脉冲形成脉冲序列；假如序列检索不成功，则以本级 CDIF 的下一个符合条件的脉冲间隔值作为 PRI 进行序列搜索；假如本级直方图中没有符合条件的脉冲间隔值，则计算下一级的 CDIF 值。CDIF 算法较常规重频分选方法具有对干扰脉冲和脉冲丢失不敏感的特点。

CDIF 算法需要将直方图中的每个间隔 PRI 的直方图值以及二倍间隔的直方图值与门限比较，若两个直方图值都超过门限，才能进行序列检索。这是针对二次谐波存在的情形，即存在足够数目的相邻间隔为 PRI 的三个脉冲序列而并不只是存在足够数目的间隔为 PRI 的两个脉冲序列的情形而设计的。但是，解决这一问题，不一定非得在 CDIF 算法中解决，在序列检索中用三脉冲搜索的方法检测和分选同样可以解决这个问题。也就是说，假如不考虑谐波存在的话，就不需要对各级直方图进行积累，这就是采用序列差值直方图（SDIF）算法的主要原因。

门限的设定是所有的直方图检测中的关键问题。如果 CDIF 的检测门限（反比于脉冲间隔）不是最佳的，在大量脉冲丢失时，谐波被检测出来了，而真 PRI 反而没有检测出来，在序列搜索中就可能分离出虚假序列。

由于雷达发射机电路的不稳定造成的 PRI 随机抖动，可能会在 CDIF 算法中产生严重的错误。因为直方图的 PRI 的峰值减小（假定收到的脉冲总数是固定的），低于门限，致使无法进行序列搜索。即使峰值超过门限，在序列检索中还需要很大的容差来获得相应的脉冲序列，这就使得其他雷达信号有可能错误地被分选至 PRI 序列中。

④序列差值直方图（SDIF）

序列差值直方图（Sequential Difference Histogram）算法源于累积差值直方图算法，同样由 PRI 的估计和序列检索两部分组成。所不同的是 SDIF 算法针对 CDIF 算法的缺点做出了一些改进。

在 SDIF 中，仅有当前的差值存在，所以 SDIF 要比 CDIF 清晰得多。为了提取出真 PRI 序列，形成第一级和第二级差值直方图并与门限相比较就足够了，没有必要将两倍脉冲间隔的直方图值与门限相比较，因而计算时间节省了将近一半。

CDIF 算法的其他缺点可以采用如下的改进方法来消除：在计算第一级 SDIF 时，若只有一个 SDIF 值超过门限，则把该值当作可能的 PRI 进行序列检索，若在多个辐射源出现时，第一级 SDIF 有几个超过门限的 PRI 值，并且都不同于实际的 PRI 值，此时不是序列检索，而应该计算下一级的 SDIF。在实际情况下，PRI 的随机抖动总是存在的，表现在 SDIF 中为在实际的 PRI 值附近产生超过门限的 SDIF 值。若 PRI 的抖动小于容差，则序列检索在 PRI 的中心值进行。

当大量脉冲丢失时，真 PRI 谐波的 SDIF 峰值在直方图中变得比较突出了，有可能超过门限。假如真 PRI 的 SDIF 峰值超过门限，也就不成问题，因为 PRI 分析和序列搜索都是从超过门限的最小脉冲间隔开始的。但是假如真 PRI 的 SDIF 峰值未超过门限，它的谐波将被用在序列搜索中，于是分离出不正确的脉冲列。因此，SDIF 算法采用了子谐波检验的方法来消除这一弊端。

子谐波的检验过程如下：先找出直方图的最大值对应的脉冲间隔（PRI），若它低于门限，则检验超过门限的峰值对应的脉冲间隔，若此脉冲间隔刚好是 PRI 的整数倍，则确定此脉冲间隔值为 PRI 的子谐波，以 PRI 进行序列搜索；否则，从超过门限的最小脉冲间隔值起进行序列搜索。

SDIF 算法的步骤如下：

a. 计算相邻两脉冲的 TOA 差，构成第一级差异直方图，计算门限。

b. 进行子谐波检验。若只有一个 SDIF 值超过门限，则把该值当作可能的 PRI 进行序列检索；若在多个辐射源出现时，第一级 SDIF 有几个超过门限的 PRI 值，并且都不同于实际的 PRI 值，此时不是序列检索，而应该计算下一级的 SDIF；若本级的 SDIF 值没有超过门限，则计算下一级的 SDIF。

c. 对可能的 PRI 进行序列检索。若能成功地分离出相应的序列，则从采样脉冲列中扣除，并对剩余脉冲列从第一级形成新的 SDIF；若序列检索不能成功地分离出相应的序列，则计算下一级的 SDIF，设立新门限，重复上述过程。对于不是第一级的 SDIF，在经过子谐波检验后，如果不止一个峰值超过门限，则从超过门限的峰值所对应的最小脉冲间隔起进行序列检索。

d. 对 PRI 分析，完成参差鉴别。

（二）信号识别

信号识别就是将分选所得的信源技术参数与存储在辐射源参数文件中的事先通过电子情报侦察获得的各种雷达特征参数进行容差比较，形成判决，从而确定雷达的型号，并能进一步得到更详细的战术技术参数，同时还可以给出威胁告警及识别可信度。

信号识别方法主要有模板匹配法和模糊匹配法两种。

1. 模板匹配法

在模式识别中，一个最原始、最基本的方法就是模板匹配法，它是一种统计识别方法。最简单和直观的分类方法是直接以各类训练样本点的集合所构成的区域表示各类决策区，并以点间距离作为样本相似性量度的主要依据，即认为空间中两点距离越近，表示实际上两样本越相似。

关于距离，已经定义了很多种，这里列举出若干种满足以上距离条件的函数：

Minkowsky 距离

$$d(X,Y) = \Big[\sum_{i=1}^{n} |x_i - y_i|^{\lambda} \Big]^{1/\lambda} \qquad (2.38)$$

Manhattan 距离

$$d(X,Y) = \sum_{i=1}^{n} |x_i - y_i| \qquad (2.39)$$

"City Block" 距离

$$d(X,Y) = \sum_{i=1}^{n} w_i |x_i - y_i| \qquad (2.40)$$

Euclidean 距离

$$d(X,Y) = \Big[\sum_{i=1}^{n} |x_i - y_i|^{2} \Big]^{1/2} \qquad (2.41)$$

Camberra 距离

$$d(X,Y) = \sum_{i=1}^{n} w_i \frac{|x_i - y_i|}{|x_i + y_i|} \qquad (2.42)$$

还有一种修正的"City Block"距离，它可以将归一化和计算距离这两种计算步骤结合起来：

$$d(X,Y) = \sum_{i=1}^{n} w_i \frac{|x_i - y_i|}{x_i} \qquad (2.43)$$

其中：$d(X, Y)$ 表示待匹配测量模板数据与样本模板数据之间的距离；

x_i 表示由传感器测量得到的测量模板数据；

y_i 表示知识库中的样本模板数据；

w_i 表示第 i 个特征参数在识别整体中所占的权值。

在知识库样本模板数据中的参数不止一个的情况下，将测得的数据与每一个可能都进行匹配，选取其中最小的距离作为该参数的距离。

2. 模糊匹配法

随着科学技术的发展，现代战争的电磁信号环境日益复杂。雷达辐射源往往具有多个工作模式，且不同雷达的模式相互交叠，而且由于军事领域中保密的需要，所以很难获得各雷达辐射源完整的先验概率和条件概率的信息，由各种渠道获得的各辐射源特征参数以及由此形成的数据库存在着不完整和不确定性，特别是模糊性。为此，可将模糊模式识别的理论用于雷达信号的识别，其识别的方法大致分为直接方法和间接方法两类。

直接方法按最大隶属度原则归类：设 A_1，A_2，$\cdots$，A_n 是论域 U 上的几个模糊子集，u_0 是 U 的一固定元素，若 $\mu_{A_i}(u_0) = \max [\mu_{A_1}(u_0), \mu_{A_2}(u_0), \cdots, \mu_{A_n}(u_0)]$，其中 $\mu_{A_i}(u_0)$ 为隶属函数，则认为 u_0 相对隶属于模糊子集 A_i。

间接方法则按择近原则归类：设 A_1，A_2，$\cdots$，A_n 是论域 U 上的几个模糊子集，B 也是论域 U 上的一个模糊子集，若 B 与 A_j 的距离最小或贴近度最大，则认为 B 相对属于 A_j。

（1）隶属函数的确定

对于射频调制方式、重频调制方式、信号调制方式、频率变化方式这些数字离散型变量，其隶属函数的定义如下：

$$d_{ij} = \begin{cases} 1, & \text{当调制方式匹配时} \\ 0, & \text{当调制方式不匹配时} \end{cases} \tag{2.44}$$

而对于工作频率、重复频率、脉冲宽度、信号调制度这类连续模拟型参数，由于各部具体雷达的特征参量的值总是在各自对应的某一平均值附近摆动，使得雷达在实现上存在偏差，出现模糊性，在侦察接收雷达信号时，必然存在着测量误差，使得雷达参量的值没有明确的边界，其特征函数可以在 $[0, 1]$ 区间上连续取值，所以存在几种隶属函数的取值法（以载频为例）：

梯形曲线隶属函数

$$\mu\ (u)\ =\begin{cases}(f_{\max}+16\sigma-u)\ /15\sigma, & f_{\max}+\sigma<u<f_{\max}+16\sigma\\ 1, & f_{\min}-\sigma<u<f_{\max}+\sigma\\ [u-\ (f_{\min}-16\sigma)\ ]\ /15\sigma, & f_{\min}-16\sigma<u<f_{\min}-\sigma\\ 0, & else\end{cases} \quad (2.45)$$

其中：σ 为传感器对频率的测量误差的均方值；

$f_{\min}$、$f_{\max}$ 分别为某类雷达的工作频率的低端和高端。

高斯型隶属函数

$$\mu\ (u)\ =\begin{cases}\exp\ \left[\ -\dfrac{(u-f_{\max})^2}{2\sigma^2}\right], & u>f_{\max}\\ 1, & f_{\min}<u<f_{\max}\\ \exp\ \left[\ -\dfrac{(u-f_{\min})^2}{2\sigma^2}\right], & u<f_{\min}\end{cases} \quad (2.46)$$

柯西型隶属函数

$$\mu\ (u)\ =\begin{cases}1/\ \left[\ 1+\dfrac{(u-f_{\max})^2}{\sigma^2}\right], & u>f_{\max}\\ 1, & f_{\min}<u<f_{\max}\\ 1/\ \left[\ 1+\dfrac{(u-f_{\min})^2}{\sigma^2}\right], & u<f_{\min}\end{cases} \quad (2.47)$$

（2）最大隶属度法

在求得辐射源数据单元各个参数的模糊隶属度之后，根据辐射源各参数在表征雷达和测量精度上的不同，确定其权重，则辐射源数据单元的隶属度可以定义为：

$$d\ =\ \sum w_i\mu(u_i) \quad (2.48)$$

其中：w_i 为权重且 $\sum\limits_{i=1}^{k} w_i\ =\ 1$。

比较待识别雷达对所有已知雷达的隶属度，取最大值。如果最大值大于给定门限，即认为待识别雷达与最大值对应的已知雷达同属一类；否则就判为未知的新型雷达。

（3）格贴近度法

贴近度常用来表征两个模糊集的近似程度。贴近度越大，两模糊集越接近。格贴近度定义：设 A，B 是论域 U 上两个模糊集，以 $A\cdot B$，$A\otimes B$，$(A$，

B）分别表示 A 和 B 的内积、外积和格贴近度，则：

$$A \cdot B = \bigvee \left[\mu_A(x) \wedge \mu_B(x) \right]$$
$$A \otimes B = \bigwedge \left[\mu_A(x) \vee \mu_B(x) \right]$$
$$(A, B) = (A \cdot B) \wedge (1 - A \otimes B) \tag{2.49}$$

其中：$\vee$，$\wedge$ 分别表示取最大，取最小。

根据隶属函数的不同，当选取高斯型隶属函数时，有：

$$(A, B)(u) = \begin{cases} \exp \left[-\dfrac{1}{2} \dfrac{(u - f_{max})^2}{\sigma_A^2 + \sigma_B^2} \right], & u > f_{max} \\ 1, & f_{min} < u < f_{max} \\ \exp \left[-\dfrac{1}{2} \dfrac{(u - f_{min})^2}{\sigma_A^2 + \sigma_B^2} \right], & u < f_{min} \end{cases} \tag{2.50}$$

当选取柯西型隶属函数时，有：

$$\mu(u) = \begin{cases} \dfrac{(\sigma_A + \sigma_B)^2}{(\sigma_A + \sigma_B)^2 + (u - f_{max})^2}, & u > f_{max} \\ 1, & f_{min} < u < f_{max} \\ \dfrac{(\sigma_A + \sigma_B)^2}{(\sigma_A + \sigma_B)^2 + (u - f_{min})^2}, & u < f_{min} \end{cases} \tag{2.51}$$

同样，根据辐射源各参数在表征雷达和测量精度上的不同，确定其权重，则辐射源数据单元的贴近度可以定义为：

$$d = \sum w_i(A, B)(u_i) \tag{2.52}$$

其中：w_i 为权重且 $\sum_{i=1}^{k} w_i = 1$。

比较待识别雷达对所有已知雷达的贴近度，取最大值。如果最大值大于给定门限，即认为待识别雷达与最大值对应的已知雷达同属一类；否则就判为未知的新型雷达。

（三）威胁评估

在侦察机完成对威胁雷达信号的分选和识别后，需要根据辐射源类型不同判断出该辐射源威胁大小，并给出不同等级的威胁告警。

威胁雷达通常包括下列操作方式：

（1）搜索。指威胁雷达试图确定潜在的目标。

（2）截获。指威胁雷达通过截获检测潜在的目标，跟踪（或锁定）目标。

（3）跟踪。指在准备发射武器和引导武器接近目标时，威胁雷达不断更新跟踪信息。

（4）制导。指敌方给飞行中的武器发送引导命令。

显然，对于不同的操作方式，雷达的威胁程度不同，搜索的威胁程度最小，由上至下威胁程度逐渐增加。可以通过雷达数据库的先验知识获取雷达威胁等级，也可以通过雷达信号参数判断辐射源属于何种用途雷达，在对一些参数进行变化规律分析后可以给出一些判断威胁等级的参考信息。

对于实际的侦察系统，侦察机不同，其威胁评估的判别方法也不同，无论判断方法如何变化，其实质是建立一个威胁判断函数，将侦察获取的雷达信息作为输入参数，输出为所有侦察截获雷达的威胁排序结果。无论判断函数如何变化，函数建立的基本准则是相同的。例如，搜索雷达比制导雷达威胁等级要低，辐射源运动平台朝我方接近威胁等级增高等。由于仿真系统需要满足对不同侦察设备的适应性，因此在仿真时必须根据威胁等级的判断准则来建立仿真模型。

通常远距离探测雷达威胁较低，探测距离越近威胁越大，而雷达探测距离越远频率越低，脉宽越宽，脉冲重复周期越大。另外，根据同一雷达 PA 变化规律，可以判断雷达工作状态，如果 PA 有规律的变化，则表明雷达可能处在跟踪状态，如果 PA 没有起伏或起伏很小，则可能处于跟踪状态。综上所述，在辐射源威胁大小的评判中，主要考虑的参数有四个：脉冲重复频率、幅度、脉冲宽度、载频。

在仿真时，用辐射源各参数分别计算威胁因子，最后将各因子加权得到最终威胁大小。在对所有雷达进行威胁大小判断后，对辐射源按威胁大小排序。

辐射源脉冲重频在一定范围内（通常为 0.1kHz 以内），威胁程度很小，几乎可认为等于零。超过该门限后，脉冲重频越高，威胁越大。设该门限为 G_1，则该威胁因子大小为：

$$\mu(B_1) = \begin{cases} 0, & 0 < B_1 < G_1 \\ 1 - e^{-(B_1 - G_1)}, & B_1 > G_1 \end{cases} \quad (2.53)$$

其中：B_1 为辐射源脉冲重频；

$\mu(B_1)$ 为根据脉冲重频计算的威胁因子。

幅度参数 B_2 因为天线扫描等因素变化较大，可以根据最大幅度值变化来判断脉冲幅度变化情况。其威胁因子为：

$$\mu\ (B_2)\ =\begin{cases}1, & 增大 \\ 0.6, & 不变 \\ 0.3, & 减小\end{cases} \tag{2.54}$$

脉宽越小,威胁越大。因此,脉冲宽度参数 B_3 的威胁因子计算函数为:

$$\mu\ (B_3)\ =\frac{1}{1+B_3^2} \tag{2.55}$$

雷达辐射源在不同的频段范围内威胁程度不同。根据侦察机判断准则设定不同的判断门限,最高频段威胁程度最高。假设某侦察机载频判断门限为 G_1, G_2, G_3, G_4, 其中, G_1, G_4 为测频上下限。载频参数 B_4 的威胁因子计算函数为:

$$\mu\ (B_4)\ =\begin{cases}1, & G_3 < B_4 < G_4 \\ 0.6, & G_2 < B_4 < G_3 \\ 0.3, & G_1 < B_4 < G_2\end{cases} \tag{2.56}$$

最终的辐射源目标威胁大小为 $w=\sum_{i=1}^{4}\alpha_i\mu(B_i)$,其加权因子 α_i 根据侦察机性能预先设定。

第二节 雷达干扰系统

一、雷达干扰概述

在现代战争中,雷达已成为不可缺少的电子装备,它的重要作用促使人们寻找各种办法来对付它。例如第三次中东战争中,以色列空军在发动突然袭击之前,由于对埃及的无线电通信和雷达系统实施全面压制性干扰,使埃及空军指挥失灵,飞机未能起飞还击,二十多个防空导弹连无法应战。这样,以色列取得了制空权,炸毁了埃及的大部分防空导弹阵地和机场,为作战胜利奠定了基础。

目前,对付雷达的主要方法有三种:干扰、反侦察和火力摧毁。

容易受到干扰是雷达的一个致命弱点。雷达靠发射和接收无线电波工作,雷达的接收机应该只接收自己发射出去并被目标反射回来的回波信号,对于其他外界的无线电波信号，它应该不予接收。但事实上是做不到这一点的。凡是频率和雷达发射机的频率一样的信号，不管这些信号来自什么地方，雷达都会把它接收进来。这些外来信号，会干扰雷达的正常工作，如果是杂波干扰，在雷达平面显示器上会形成辉亮的扇面，呈现白茫茫一片；在距离显示器上则出现纷乱的信号波形，如同茅草丛生。这时的目标回波被淹没在干扰的背景之中，干扰强度越大，这种情况就越严重。

（一）雷达干扰的任务

雷达干扰的任务主要有以下三个方面：一是干扰敌方警戒雷达，破坏它对目标的探测，使它得不到正确的情报；二是干扰敌方武器系统中的跟踪雷达，使其武器系统失控，降低命中率；三是在防空系统中干扰敌方的轰炸瞄准雷达，掩护己方重要军事目标。

（二）雷达干扰的种类

根据产生干扰的途径或干扰来源的不同，雷达干扰可分为：有意的还是无意的干扰和有源的还是无源的干扰。有意的有源干扰称为积极干扰，是由专门干扰发射机施放的干扰。有意的无源干扰称为消极干扰，是利用特制的器材（如干扰丝、角反射器、吸收层等）人为地改变雷达目标回波特性和电波的传播性能对雷达造成的干扰。雷达干扰的分类如图 2.12 所示。

对雷达的有意干扰，也称电子干扰，这是电子对抗研究的重点。但对雷达来说，经常而又大量存在的还是各种无意干扰。因此要求雷达必须具有良好的抗地物、海浪等杂波干扰性能。

在雷达干扰中，不论是积极干扰还是消极干扰，就其作用性质而言，都可分为压制性干扰（又称遮盖性干扰）和欺骗性干扰（又称模拟性干扰）。压制性干扰是指用强大干扰信号压制对方雷达对正常回波信号的接收与显示，使雷达所收到的信号模糊不清，降低信号特征的测量精度，或完全被干扰信号掩没。欺骗性干扰是指施放和目标回波十分相似的干扰信号，或对目标的距离、方位、速度的自动跟踪进行欺骗，使其部分有用信息丢失，虚警率增大。由于欺骗性干扰往往不易被察觉，因此具有特殊的干扰效果。

按干扰与有用频谱间的关系，压制性干扰可分为瞄准式干扰、阻塞式干扰和扫频式干扰。

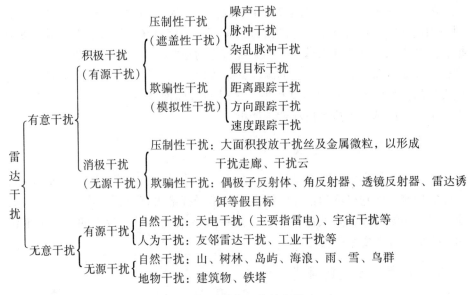

图2.12 雷达干扰的分类

瞄准式干扰就是针对敌方雷达的某一工作频率而实施的干扰。干扰的频谱宽度要与被压制的雷达工作信号频谱宽度相当（等于或超出0.5～1倍）。它的优点是干扰能量集中，干扰强度大，效果好，可采用小功率干扰机，但它对引导设备要求较高，需要花费一定的引导时间。另外，在同一时间里只能对一个频段上的雷达进行干扰，干扰频带较窄。

阻塞式干扰就是能同时干扰工作于同一频带内不同频率的雷达。干扰的频谱宽度要大大超过每一个有用信号占有的频带。它的优点是无须精确引导干扰机的频率就能同时干扰多部雷达，而且干扰速度快，引导设备十分简单，漏情概率少。但干扰能量在宽频带内分布，只有部分能量起到作用，所以功率利用率低。若要得到足够的功率频谱密度（以瓦/兆周为单位），就要加大发射功率，导致干扰设备的功耗、重量和体积增加。若干扰功率不足，干扰效果就不好，为了克服这个弱点，可采用窄带阻塞式干扰和分段阻塞式干扰。

窄带阻塞式干扰又称瞄准阻塞式干扰。它是瞄准工作频率相近的几部雷达在较窄的频带内所进行的干扰，它的干扰带宽介于瞄准式和阻塞式之间。

分段阻塞式干扰也称梳形阻塞式干扰。它是用多部干扰发射机分别调谐在不同的雷达频带上，形成对某一频段的阻塞性干扰。

扫频式干扰是为提高在宽频带范围内的干扰效果而采用的一种方法，实质上也是一种瞄准式干扰，但它又起到阻塞式干扰的作用。其方法是由窄带干扰机在整个干扰频段内作快速扫频而产生的，使该波段上的雷达都受到较强的干扰。由于这种方法可顺序地集中干扰功率，能达到足够高的功率密度，因此在正确选择调谐速度和频谱密度的情况下，使雷达接收机在干扰机扫频期间来不及恢复灵敏度，最后将造成显示器上的画面闪动，无法观察和跟踪目标。

　　根据干扰方式的不同，积极干扰又可分为非调制波干扰和调制波干扰两大类，如图 2.13 所示。

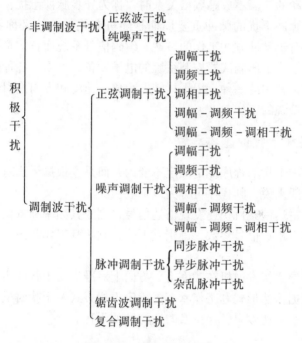

图 2.13　干扰方式分类

　　正弦波干扰也称连续波干扰、载波干扰，它和正弦调制干扰都属于比较简单的干扰方式，在电子战发展的初期得到广泛运用，但目前的干扰机已经很少采用了。

　　噪声干扰是一种幅度、频率、相位按随机起伏规律无规则变化的电磁波信号，因此又称杂波干扰或起伏干扰。噪声干扰包括纯噪声干扰和各种噪声调制干扰，由于它们对各种雷达和雷达的各工作系统都产生明显的干扰效果，所以是最重要的一种干扰方式。纯噪声干扰是直接将噪声放大并发射出去以干扰雷达。早期的干扰机就采用这种干扰方式，目前仍有使用价值。噪声调制干扰包括调幅、调频、调相、调幅－调频、调幅－调频－调相等干扰方式，由于它们能得到较高的干扰功率，并能实现对各个波段的干扰，因此是应用最广的干扰方式。

脉冲干扰是一种非调制或已调制的高频脉冲串。对脉冲进行幅度、重复频率、脉冲宽度或其中几个参数的调制，可提高它们的干扰效果。通过对假脉冲的幅度和宽度的适当选择，可使其与真信号难以区分。当脉冲的重复周期为被干扰的雷达脉冲重复周期的整数倍（或相等）时，称为同步脉冲干扰，它在显示器上是不动的。当不成整数倍关系时，称为异步脉冲干扰，在显示器上是移动的。杂乱脉冲干扰的脉冲重复周期是随机变化的，故又称不规则脉冲干扰。脉冲干扰对于脉冲方式工作的雷达、编码信号系统而言，是一种基本而有效的干扰方式。为了压制武器控制系统的电子设备，可采用各种回答式脉冲干扰。拖引干扰是其中的一种，用干扰转发距离、速度和方向拖引信号的方法来破坏自动跟踪系统的工作。

（三）实施干扰的基本程序

对雷达实施干扰的程序不是固定不变的，而是应根据干扰对象和战术的变化而变化。一般来说，其程序可分为以下五步：

第一，用雷达侦察机快速发现雷达信号，测定其频率和方位。

第二，测定雷达信号参数，确定其形式，判明其工作状态，决定干扰的主要对象。

第三，引导干扰发射机在频率上、方向上对准需要干扰的雷达。

第四，根据雷达形式和工作状态，确定干扰方式及干扰时机。

第五，检查干扰效果，保持及时而持续的干扰。

二、压制性干扰

（一）射频噪声干扰

射频噪声直放干扰信号可以看作是一个窄带高斯随机过程，并可以写成下面的形式：

$$J_A(t) = U_j(t) \cos[\omega_j t + \varphi(t)] \tag{2.57}$$

其中：$U_j(t)$ 为包络函数，服从瑞利分布；

$\varphi(t)$ 为相位函数，服从 $[0, 2\pi]$ 均匀分布，且与 $U_j(t)$ 相互独立。

（二）噪声调幅干扰

噪声调幅干扰信号可写成：

$$J_C(t) = [U_0 + U_C(t)] \cdot \cos(\omega_j t + \varphi_C) \tag{2.58}$$

其中：U_0 为载波幅度；

　　　$U_C(t)$ 为零均值、在区间 $[-U_0, +\infty)$ 分布的广义平稳随机过程，是调制噪声信号；

　　　φ_C 为初相。

（三）噪声调频干扰

噪声调频干扰发射信号可写成：

$$J_B(t) = U_j \cdot \cos(\omega_j t + 2\pi K_{FM} \int_0^t u(l) \cdot dl + \varphi_j) \tag{2.59}$$

其中：U_j 为包络幅度常数；

　　　$u(t)$ 为调制噪声，是一个零均值、广义平稳的随机过程；

　　　φ_j 为服从 $[0, 2\pi]$ 均匀分布，并与 $u(t)$ 相互独立的随机变量；

　　　ω_j 为噪声调频信号的中心频率；

　　　K_{FM} 为调频斜率。

（四）噪声调幅 – 调频干扰

噪声调幅调频波兼具有调幅和调频两方面的影响。设调制信号为 $U(t)$，则已调波的表示式为：

$$u(t) = [U_0 + U(t)]\cos[\omega_0 t + K_{FM} \int_0^t u(t) dt] \tag{2.60}$$

这时，已调波在载波振荡 U_0 的基础上随着调制电压的规律做幅度的起伏变化，同时其频率也随着调制电压而变化。这种噪声调制干扰由于兼有噪声调幅和噪声调频的影响，使干扰信号的随机性更强，对雷达信号的遮盖性能更好。

实现噪声调幅调频可以用两个相互独立的噪声源，一个专门用来调幅，一个专门用来调频，也可以由一个噪声源实现调幅调频。现实中的噪声干扰机多用后者，由一个噪声源进行噪声调制。

噪声调幅调频信号由于调制信号是随机的噪声，已调波的幅度和频率也都是随机变化的，所以对于阻塞式干扰，有效频偏远大于调制噪声的频谱宽度。

噪声调幅调频波的频谱不再是对载波频率对称的正态分布了，这种不对称性是由于噪声调幅作用的结果。

雷达接收机的频率选择特性对噪声调幅调频干扰的干扰效果起着主要影响。由于干扰信号具有调频的特点，其频率是变化的，这就存在一个干扰信号能不能进入接收机的问题，所以从干扰信号来看，调频成分对干扰效果的影响就是显著的了。

当噪声调幅调频干扰的频移小于接收机带宽，调幅调频波的频率变化全部落入接收机带宽，干扰始终能进入接收机时，则中放输出就是一个连续的调幅调频波，经过检波取下干扰的调幅包络的起伏噪声，即可实现干扰。显然，在这种情况下，调幅起主要作用，其调幅程度越大，干扰的效果越好。

当干扰的有效频偏大于接收机带宽时，则干扰信号的频率扫过接收机带宽只有落入带宽内的时间里才能进入接收机，故中放输出为宽度、间隔和波形，均作随机变化的脉冲列。显然，在这种情况下，调频起主要作用，而调幅成分起着次要作用。

如果噪声调幅调频干扰的频移很大，并且调频互导很大，此时由于干扰频率扫过接收机带宽的速度很快，干扰信号进入接收机的时间很短，则中放输出为脉冲宽度很短的随机脉冲列。这样的信号，其起伏功率就很低，在很窄的脉冲上调幅成分的影响也就更小了，而且由于频率变化快，接收机呈现动态响应，通过接收机的信号幅度也随之降低了。这些都导致了干扰效果的降低。因此，对于调幅调频干扰，合理选择其信号参数是非常重要的问题。

三、欺骗性干扰

（一）距离多假目标干扰

距离多假目标干扰是对脉冲雷达距离测量信息进行欺骗，并通过存储的雷达发射信号进行时延调制和放大转发来实现。

设 R 为真目标的视在距离，经雷达接收机输出的目标回波脉冲包络时延为 $t_r = \dfrac{2R}{c}$，R_f 为假目标的视在距离，则雷达接收机输出的干扰目标回波包络时延为 $t_f = \dfrac{2R_f}{c}$，当其满足 $|R_f - R| > \Delta R$（ΔR 为雷达距离分辨单元）时，便形成距离假目标。t_f 由两部分组成：

$$t_f = t_{f0} + \Delta t_f, \qquad t_{f0} = \frac{2R_J}{c} \tag{2.61}$$

其中：t_{f0} 是由雷达与干扰机之间距离 R_J 引起的电波传输时延；

Δt_f 是干扰机收到雷达信号后的转发时延。

在一般情况下，干扰机无法确定 R_J，所以 t_{f0} 是未知的，主要控制迟延 Δt_f，这就要求干扰机与被保护的目标之间具有良好的空间配合关系，将假目标的距离设置在合适的位置。因此，假目标干扰多用于目标的自卫干扰，以便于同自身目标配合。

以上分析给出了假目标信号参数的确定方法，根据这些参数，模拟多个距离上与真目标不同的回波散射信号，就可以得到多假目标干扰的回波信号模型。

下面给出多假目标干扰机侦察以及转发干扰信号时的能量。根据侦察方程，多假目标干扰机的侦察接收功率为：

$$P = \frac{P_t \lambda^2 G_t G_{Jr}}{(4\pi R)^2 L_R} \tag{2.62}$$

根据干扰方程，雷达接收到的第 k 个假目标的干扰功率 P_{JRk} 为：

$$P_{JRk} = \frac{P_{JTk} G_J G_{RJ} \lambda^2}{(4\pi R)^2 L_J} \tag{2.63}$$

合成的多假目标干扰信号为 $S_n(t) = \sum\limits_{k-1}^{K} S_{nk}(t)$，其中：

$$S_{nk}(t) = \sqrt{2P_{JTk}} \left(\frac{t - t_d - t_k - t_k}{\tau} \right) \exp\left[j2\pi f_d (t - t_d - t_k - t_m) + j\pi K (t - t_d - t_k - t_m)^2 + \phi \right]$$

$$0 \leqslant t \leqslant T_0 \tag{2.64}$$

其中：P_t 为雷达发射功率；

G_t 为雷达天线增益；

G_{Jr} 为干扰机天线增益（指向雷达处）；

L_R 为雷达综合损耗；

λ 为雷达工作波长；

R 为干扰机距雷达距离；

P_{JTk} 为第 k 个假目标的发射功率；

t_k 为第 k 个假目标的时间间隔；

G_J 为干扰机天线增益；

G_{RJ} 为雷达天线增益（指向干扰机处）；

L_J 为干扰机综合损耗；

R 为干扰机到雷达的距离；

P_{min} 为干扰机侦察灵敏度；

t_m 为干扰装置反应时间；

T_L 为干扰信号持续时间；

K 为假目标个数；

t_d：$t_d = \dfrac{2R}{c}$ 为目标回波时延；

$f_d = \dfrac{2V}{\lambda}$（$V$ 为目标径向速度）为目标回波的多普勒频移。

（二）距离波门拖引干扰

距离波门拖引干扰（RGPO）是对脉冲雷达进行距离欺骗的另一种主要手段，其假目标距离函数 $R_f(t)$ 可用下式来表述：

$$R_f(t) = \begin{cases} R, & 0 \leqslant t \leqslant t_1, \ 停拖期 \\ R + v \cdot (t - t_1) \ 或 \ R + a \cdot (t - t_1)^2, & t_1 \leqslant t \leqslant t_2, \ 拖引期 \\ 干扰关闭, & t_2 \leqslant t \leqslant t_j, \ 关闭期 \end{cases}$$

$$(2.65)$$

在自卫干扰条件下，R 也就是目标的所在距离。将上式转换成干扰机对收到的雷达照射信号进行转发时延 Δt_f，则距离波门拖引干扰的转发时延 Δt_f 为：

$$\Delta t_f(t) = \begin{cases} 0, & 0 \leqslant t \leqslant t_1 \\ \dfrac{2v}{c}(t - t_1) \ 或 \dfrac{2a}{c}(t - t_1)^2, & t_1 \leqslant t \leqslant t_2 \\ 干扰关闭, & t_2 \leqslant t \leqslant t_j \end{cases} \quad (2.66)$$

最大拖引距离 R_{max}（或最大转发时延）为：

$$R_{max} = \begin{cases} v(t_2 - t_1), & 匀速拖引 \\ a(t_2 - t_1)^2, & 匀加速拖引 \end{cases} \quad (2.67)$$

距离波门拖引干扰的具体工作过程：在停拖时间段 $[0, t_1]$ 内，假目标与真目标出现的空间和时间近似重合，雷达很容易检测和捕获，由于假目标能量高于真目标，雷达测距重心偏向假目标，这样转入拖引期后，假目标从距离上逐渐偏离真目标，雷达的距离跟踪波门中心也随着假目标的偏移而偏移真目标，之后，假目标突然"消失"，雷达跟踪突然中断。

停拖时间段的时间长度对应雷达检测和捕获目标所需的时间，拖引时间段长度取决于最大拖引距离，关闭时间长度取决于雷达跟踪中断后的滞留和调整时间。

（三）速度波门拖引干扰

速度波门拖引干扰用于对雷达测速跟踪系统的干扰，目的是给雷达造成一个虚假或错误的速度信息。这里主要针对的是对脉冲雷达的测速干扰。

速度波门拖引干扰的基本原理是：首先转发与目标回波具有相同多普勒频率 f_d 的干扰信号，且干扰信号的能量大于目标回波，使雷达的速度跟踪电路能够捕获目标与干扰的多普勒频率 f_d。AGC 电路按照干扰信号的能量控制雷达接收机的增益，此段时间称为停拖期，然后使干扰信号的多普勒频率 f_{d_J} 逐渐与目标回波的多普勒频率 f_d 分离，分离的速度 v_f（Hz/s）不大于雷达可跟踪目标的最大加速度 a，即

$$v_f \leqslant \frac{2a}{\lambda} \tag{2.68}$$

由于干扰能量大于目标回波，将使雷达速度跟踪电路锁定在干扰的多普勒频率 f_{d_J} 上造成速度信息的错误。此段时间称为拖引期，时间长度（$t_2 - t_1$）按照 f_{d_J} 与 f_d 的最大频差 δf_{max} 计算：

$$t_2 - t_1 = \frac{\delta f_{max}}{v_f} \tag{2.69}$$

当 f_{d_J} 与 f_d 的频差 $\delta f = f_{d_J} - f_d$ 达到 δf_{max} 后，关闭干扰机。由于被跟踪的信号突然消失，且消失的时间大于雷达速度跟踪电路的等待时间和 AGC 电路的恢复时间，速度跟踪电路将重新转入搜索状态。速度波门拖引干扰信号多普勒频率 f_{d_J} 的变化过程如下：

$$f_{d_J}(t) = \begin{cases} f_d, & 0 \leqslant t \leqslant t_1 \\ f_d + v_f(t - t_1), & t_1 \leqslant t \leqslant t_2 \\ 干扰关闭, & t_2 \leqslant t \leqslant t_J \end{cases} \tag{2.70}$$

（四）距离–速度波门联合拖引干扰

目标的径向速度 v_r 是距离 R 对时间的导数，也是多普勒频移的函数：

$$v_r = \frac{\partial R}{\partial t} = \frac{\lambda f_d}{2} \tag{2.71}$$

对于只有距离或速度检测、跟踪能力的雷达，单独采用距离或速度欺骗就

可以有效地对雷达进行欺骗。但是，对于具有距离－速度两维信息同时检测、跟踪能力的雷达，只在对其某一维信息进行欺骗或者对其两维信息欺骗的参数不一致时，才很可能被雷达识别出假目标，从而达不到预定的干扰效果。

距离－速度波门联合拖引干扰主要用于干扰具有距离－速度两维信息同时检测、跟踪能力的雷达（如脉冲多普勒雷达），在进行距离波门拖引干扰的同时，也进行速度波门欺骗干扰，在匀速拖距和匀加速拖距时的距离时延和多普勒频移的调制函数分别如下：

匀速拖距

$$\Delta t_{rJ}(t) = \begin{cases} 0, & 0 \leqslant t \leqslant t_1 \\ v(t-t_1), & t_1 \leqslant t \leqslant t_2 \\ \text{干扰关闭}, & t_2 \leqslant t \leqslant t_J \end{cases} \tag{2.72}$$

$$f_{dJ}(t) = \begin{cases} 0, & 0 \leqslant t \leqslant t_1 \\ -2v/\lambda, & t_1 \leqslant t \leqslant t_2 \\ \text{干扰关闭}, & t_2 \leqslant t \leqslant t_J \end{cases}$$

匀加速拖距

$$\Delta t_{rJ}(t) = \begin{cases} 0, & 0 \leqslant t \leqslant t_1 \\ a(t-t_1)^2/2, & t_1 \leqslant t \leqslant t_2 \\ \text{干扰关闭}, & t_2 \leqslant t \leqslant t_J \end{cases} \tag{2.73}$$

$$f_{dJ}(t) = \begin{cases} 0, & 0 \leqslant t \leqslant t_1 \\ -2a(t-t_1)/\lambda, & t_1 \leqslant t \leqslant t_2 \\ \text{干扰关闭}, & t_2 \leqslant t \leqslant t_J \end{cases}$$

第三节　典型雷达对抗装备

雷达对抗装备的主要任务是获取敌方雷达的战术和技术情报，采取相应的措施，阻碍雷达的正常工作，减低雷达的工作效能。

雷达对抗装备具备的主要性能有：

①在密集信号环境中，能迅速截获辐射源，进行分析、威胁识别、估价电

磁环境和告警。

②能选择最佳措施，实施对抗。在变化的电磁环境中，能根据情况确定对策，例如，作战初期，用有源干扰和无源干扰破坏敌方雷达对己方目标的监视和截获。当敌导弹跟踪己方目标时，能破坏雷达的跟踪，使导弹偏离目标。

③能与其他系统配合使用。雷达对抗系统是战术进攻和防御武器系统的重要组成部分。它通过计算机与通信对抗系统、光电对抗系统相配合，组成综合的电子对抗系统。雷达对抗系统能通过通信线路与通信、导航等其他电子系统和武器系统相配合，在作战指挥系统的指挥下，协同作战。

④具有功率管理能力。在作战中，对目标的攻击可能是多批次的，且来自多个方向，为了有效地利用干扰功率，对抗系统必须对干扰功率进行管理和适时分配，根据威胁信号的轻重缓急，在适当的时间、适当的方位和准确的频率上，使用干扰功率和最佳干扰技术，以对付不同方向上或同一方向上的多个威胁。

⑤具有系统自检能力，能及时发现和排除故障，缩短修复时间。

一、机载雷达对抗装备

机载有源雷达干扰系统是一类典型的雷达对抗装备。机载有源雷达干扰系统从功能上可以分为：①电子支援干扰系统；②电子自卫干扰系统。其中，电子支援干扰系统装在专用电子战飞机上，用于对敌方防御系统的雷达实施大功率噪声式干扰，以掩护己方的兵器进行突防；电子自卫干扰系统则是机载电子战装备发展的重点，几乎全部先进的作战飞机均装备有这种系统的设备。而机载电子干扰吊舱是因某些飞机内部没有留空间而只能将电子自卫干扰的设备外挂在吊舱上或者机身的其他部位，既不影响飞机对武器和燃料的携带，同时还根据各种飞机的性能和作战要求，很方便地更换不同用途的电子自卫干扰系统的模块化设备。

一套先进的机载电子干扰吊舱应具备系统的自主工作能力，对信号自动接收、处理和发射等功能；采用先进的信号处理技术，具有重编程序的能力；既可实施噪声压制干扰，也可以进行欺骗性干扰；与导弹逼近告警接收机和电子战支援接收机协调工作后，其自检能力很强，工作相当可靠；系统采用模块化设计，结构紧凑，易于更换。美国的机载电子干扰吊舱型号较多，主要有：AN/ALQ－99干扰系统、AN/ALQ－101电子干扰吊舱、AN/ALQ－108干扰吊舱、AN/ALQ－119电子干扰系统、AN/ALQ－131电子干扰吊舱、AN/ALQ－164欺骗式干扰吊舱、AN/ALQ－167电子干扰系统和AN/ALQ－184干扰机等。其中 ALQ - 101、ALQ - 108、ALQ - 131，除本国装备外还对其他国家出口，ALQ - 119 经改进后的型号为 ALQ - 184V。接下来将具体介绍 ALQ - 99、ALQ - 167 和 ALQ - 184 这三种型号干扰吊舱的组成、用途、干扰频段及现状。

（一） AN/ALQ - 99 电子干扰系统

机载 AN/ALQ - 99 电子干扰系统是美国海军 EA - 6B "徘徊者" 电子干扰飞机上装备的一种大型先进的机载战术噪声干扰系统（见图 2.14），该系统由5 个外挂吊舱组成，每个干扰吊舱内装有 2 部超大功率干扰发射机，1 部跟踪接收机及其配套的天线，1 部用于供电的冲压涡轮发电机。机内 ALQ - 99 的其他设备包括数字计算机和显示器以及由 2 名操作员开动的控制设备等。

图 2.14　挂载 AN/ALQ - 99 的 EA - 6B "徘徊者" 电子干扰飞机

根据干扰的要求，机上 5 个外挂吊舱可以单独使用或更换其他组件以覆盖所需的指定频段，也可将 5 个外挂吊舱组合一体使用，使飞机能覆盖相同的频段或者不同的频段，而 ALQ - 99 系统吊舱的干扰能力根据作战要求而定。

机内 IBM4 型通用数字计算机用于完成战术干扰系统的数据处理和导航等功能，并利用计算机调整发射波束的指向，做到干扰辐射限制在给定 30° 的方位扇区内；计算机与显示系统连接后可同时显示干扰波束和干扰区域。

EA - 6B 飞机上装备的 ALQ - 99 干扰吊舱可以根据战区环境和作战要求，选择瞄准式干扰、双频干扰、扫频干扰和噪声干扰等多种干扰方式，其中，自动方式是 ALQ - 99 可供选择的三种干扰工作方式之一，此时，由计算机来完成信号分选，并引导干扰系统来对付敌方威胁。在这种干扰方式下，两名操作员各自负责监视的频段，负责识别威胁，并操作干扰系统来对付敌方的威胁。

改进型机载 AN/ALQ - 99E 系统采用了先进的软件技术，用于装备有扩展能力的增强型 EA - 6B 飞机；最新型的机载 AN/ALQ - 99F 系统具有更强的干扰作战能力，用于装备具有多种干扰作战能力的特强型 EA - 6B 飞机。

因此，装备 ALQ - 99F 型干扰系统吊舱的电子战 EA - 6B 飞机，在 1999 年以美国为首的北约对前南联盟的狂轰滥炸中，携带了反辐射导弹 HARM，直接对雷达实施攻击。EA - 6B 飞机不仅能干扰攻击雷达和通信，还可干扰如毫米波等更宽的频谱，因此，在空袭中每次出动的 EA - 6B 飞机数量是"沙漠之狐"行动的 2 倍，每次任务持续飞行 6h（通常为 2 ~ 3h），作战出勤率达88%。EA - 6B 飞机作战时均按环形航线穿梭于北约攻击飞机中，用高灵敏接收机探测、识别敌方雷达站并对其定位；利用强功率干扰源使敌方雷达无法探测跟踪北约的飞机；对未能及时关机的雷达立即发射 HARM 反辐射导弹予以摧毁。

EA - 6B 电子战飞机在对己方的战斗机进行保护时，可以对 518 平方千米空域范围进行覆盖式干扰，或对敌方飞机进行压制式干扰。这种干扰在战斗中和战斗后均可以始终如一地进行，并且干扰极为有效。

波音 EA - 18G "咆哮者"电子攻击机是在美国海军 F/A - 18E/F "超级大黄蜂"战斗机的基础之上发展研制而成，如图 2.15 所示。EA - 18G 不仅拥有新一代电子对抗设备，同时还保留了 F/A - 18E/F 全部武器系统和优异的机动性能，先进的设计使得其无论在航空母舰的飞行甲板上还是在陆地上都能较好地执行机载电子攻击任务。

凭借诺斯罗普·格鲁门公司为其设计的 ALQ - 218V（2）战术接收机和新的 ALQ - 99 战术电子干扰吊舱，可以高效地执行对面空导弹雷达系统的压制任务。以往的电子干扰往往采用覆盖某频段的梳状波，但敌方雷达仅仅工作在若干特定频率，这样的干扰方式将能量分散在较宽的频带上，就如同对电磁频谱的"地毯式轰炸"，付出功率代价太大。具有跳频能力的抗干扰系统出现之后，传统干扰方式无法有效应对每秒钟发射频率都要跳动数次的电台和雷达，干扰效果遂大打折扣。与以往这些拦阻式干扰不同，EA - 18G 可以通过分析干扰对象的跳频图谱自动追踪其发射频率，采用上述技术的 EA - 18G，可以有效干扰 160 千米外的雷达和其他电子设施，超过了任何现役防空火力的打击范围。

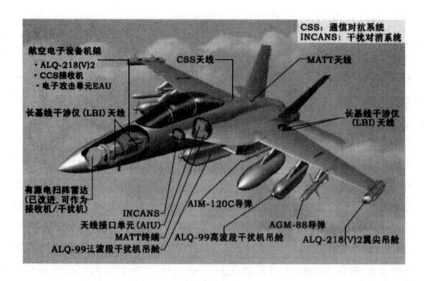

图 2.15　挂载 ALQ - 99 的 EA - 18G

（二）AN/ALQ - 167V 电子干扰系统

美国机载 AN/ALQ - 167V 是一种模块化的噪声与欺骗式干扰系统，目前有四种不同的吊舱，即采用噪声干扰的 D 波段吊舱、噪声干扰的 E/F 波段吊舱、噪声和欺骗干扰的 G/H/I 波段吊舱以及采用噪声和欺骗干扰的 J 波段吊舱等。其中高频波段吊舱是响应式的，可以有效地产生假脉冲多普勒回波，I 波段的有效辐射功率为 4kW，而 G 波段的有效辐射功率只有 2kW。

AN/ALQ - 167V 系统是一种全自主式的系统，具有干扰雷达制导火控武器的功能，系统的干扰功能具备人工或自动两种工作方式，采用单一的晶体视频接收机，或者晶体视频和超外差接收机的双接收机系统。

AN/ALQ - 167V 系统的干扰信号通过多级高频行波管放大后，可以在 0.25 ~ 40GHz 频率范围内分别提供高脉冲功率和连续波功率等干扰信号，以连续不断地覆盖飞机的前、后方并采用微处理器进行威胁识别、电子干扰方式控制及系统的总体控制等。其中，噪声式干扰包括：连续瞄准式干扰、间歇瞄准式干扰、扫频幅度调制干扰、连续阻塞式干扰、间歇阻塞式噪声干扰、频扫幅度调制和频扫噪声干扰以及快速瞄准式干扰等。欺骗式干扰包括：多频率转发器及其扫频幅度调制干扰、速度门欺骗干扰、速度门欺骗与转发器扫频幅度调制相结合的干扰、线性调频门欺骗干扰、窄带转发器噪声干扰以及随机多普勒与噪声多普勒干扰等。

（三）AN/ALQ-184 电子干扰吊舱

AN/ALQ-184 电子干扰吊舱是为对付地空导弹、雷达制导火控系统和机载拦截武器提供有效干扰手段而进行设计的。AN/ALQ-184 是 AN/ALQ-119V 的改进型，目前，AN/ALQ-184 又发展了 AN/ALQ-184J 和 AN/ALQ-184V 系统两个系列，其中 ALQ-184 在 ALQ-119V 基础上大大提高了电子干扰功率和系统的可靠性，大幅度降低了系统的反应时间，并采用数字式微处理器的可编程操作速率有效地提高了系统的作战灵活性。

AN/ALQ-184V 干扰吊舱的关键技术是采用了罗特曼透镜多波束天线系统、中功率小型行波管、晶体视频接收机和信号处理器，并在干扰吊舱的前后两端各装有一套相同的干扰机，每套干扰机均配有八只行波管，用作功率发射机，由罗特曼透镜天线完成空间功率合成，控制天线辐射元的相位，快速改变干扰波束的指向，并同时形成多个波束以干扰多个目标，若敌方雷达的反干扰能力很强，则集中干扰一部雷达的信号。

目前，AN/ALQ-184V 干扰吊舱的有效干扰频率范围可以覆盖 1~18GHz，干扰带宽则能达到 1GHz。每套干扰机的有效辐射功率是前一代 AN/ALQ-119 干扰吊舱的 10 倍，并采用冗余设计，如损坏一只行波管不会影响 ALQ-184V 干扰吊舱的有效干扰性能。

如果采用应答和噪声干扰技术，则从压控振荡器提取信号，此信号先由信号产生器调制，然后通过开关和行波管放大器送至校正天线阵。由于天线、射频开关、信道器和测向接收机的小型模块化大大缩短了收发天线阵的间距，因此，也有效降低了转发环路的时间延迟，提高了 AN/ALQ-184V 干扰吊舱的系统性能。

综上所述，AN/ALQ-184V 干扰吊舱具有以下优点和特征：

（1）在瞬时射频信号处理方面，对目标的干扰方位、俯仰角度范围以及干扰频段可以展宽。

（2）可以对被接收到的敌目标信号进行测向，其测向方式与干扰吊舱的工作频段无关。

（3）发现目标时，可以选择有效辐射功率进行干扰，以对付敌方的多个辐射源威胁。

（4）干扰发射功率的占空比为 100%。

（5）干扰吊舱采用了最先进的电子干扰技术和手段，能最有效地对付敌方的辐射源。

（6）对敌目标干扰时可以快速更换或者重新定向，并自动地响应敌方的辐射源。

（7）作战时，被接收到的敌目标信号与干扰吊舱内数据库的信号数据进行比较后，一旦确认来袭目标为威胁目标，AN/ALQ-184V 系统将根据预先编制的程序自动而正确地作出反应，并实时地启动发射机，对威胁目标辐射源进行有效干扰。若同时出现两个以上威胁目标的辐射源，则启动吊舱内前后两端的相同发射机进行前向和后向干扰覆盖，同时发射 AIM-120 空空导弹对威胁目标实施攻击。

（8）射频驱动信号先通过固态放大器放大后输送到波束开关、各套发射机组件和罗特曼透镜多波束天线系统。其中，放大器和相应的波束开关是标准模块组件，发射开关和行波管构成发射机组合件，天线系统由天线阵列元组成。每套发射机单独提供中/高频段干扰信号发射，发射开关选择所需发射的角度，罗特曼透镜则提供准确的相位。

（9）信号转发方式可选择多种欺骗干扰和多种重复频率噪声干扰方式。

二、舰载雷达对抗装备

舰载雷达对抗装备用于对付舰舰和空舰导弹的制导和末制导雷达，以及机载、舰载火控雷达。在舰艇防御中，对付舰舰导弹和空舰导弹的末制导雷达比较复杂，因为从发现末制导雷达工作到导弹击中目标之间时间很短。在对抗导弹末制导雷达时，通常采取的措施有：①无源干扰和有源干扰结合。当发现已被导弹跟踪，在导弹接近时发射箔条云，同时舰艇进行机动回避，此时导弹被引导至箔条方向。这适用于小型舰艇。中型、大型舰艇机动性能差，需在导弹未跟踪目标之前发射干扰物，使其在末制导雷达测角的宽度中，并离舰艇一定距离处展开。当导弹业已跟踪目标时，则采用箔条与干扰机协调工作的办法，即有源干扰机先干扰，同时，舰艇机动回避，当箔条展开后，有源干扰机关机，将导弹引向箔条假目标。②有源干扰与速射炮相配合。发现导弹后，指挥系统对有限的反应时间合理分配；从发现导弹到有源干扰机开机前，由火控雷达获得目标参数；有源干扰机实施干扰，同时由指挥仪解算目标运动要素，待干扰结束后，再核对目标参数。

由于受视距的限制，舰艇上的雷达对抗支援设备不能及早发现掠海面飞行的舰舰导弹和空舰导弹，增加了防御的困难。当利用舰载直升飞机或其他飞行器执行雷达对抗支援任务时，其机动性和高度扩大了雷达对抗支援设备的警戒范围，能提前截获辐射源，并进行分析、威胁识别和及时告警。通过数据传输系统将目标的数据传送到舰内作战指挥中心。为了扩大对攻击舰艇的导弹的防御范围，有时还在舰载直升飞机上装备雷达干扰设备，使之成为远距离的雷达对抗平台。

（一）SRBOC 箔条发射系统

"基德"级装备美制 MK – 36 SRBOC 诱饵发射系统如图 2.16 所示，其主要参数见表 2.1 所示。系统由迫击炮式发射装置、诱饵弹和相关控制、支援设备等组成，冲淡式干扰使用"超级 LOROC"远程箔条弹，质心式干扰使用"超级箔条星"箔条弹。

图 2.16　"基德"装备的美制 SRBOC 箔条发射装置

表 2 – 1　SRBOC 系统主要性能参数

发射器	
型号：MK – 137	管径：130mm
发射管数：6 管	发射管仰角：45°、60°
安装数量：4 座	发射架回转方式：固定式
诱饵弹	
"超级箔条星"箔条弹	反应时间：约 10s
滞空时间：不小于 60 s	发射距离：150 ~ 200 m
箔条类型：镀铝玻璃纤维	覆盖频率：2 ~ 20 GHz

（续表）

"超级 LOROC" 远程箔条弹	
滞空时间：不小于 60 s	发射距离：1000 ~ 4500 m
箔条类型：镀铝玻璃纤维	覆盖频率：2 ~ 20 GHz
"超级双子座" 箔条/红外弹	
滞空时间：不小于 40 s	发射距离：150 ~ 200 m
箔条覆盖频率：2 ~ 20 GHz	红外辐射强度：不小于一艘大舰

（二）SLQ - 49 充气式角反射体

美国从英国引进"橡皮鸭"充气式角反射体并改进命名为 SLQ - 49，如图 2.17 所示，先后装备了"诺克斯""斯普鲁恩斯""伯克"等主战舰艇。

图 2.17　美制 SLQ - 49 充气式角反射体

SLQ - 49 充气式角反射体由两个八面体角反射器组成，入水后自动充气，之间约由 4 ~ 5m 长的连线连着。采用一对角反射体的主要原因在于两方面：一是两个八面体在方向上可以互相补充反射体提高反射信号的方向性；二是这种结构方式在信号响应特征方面具有更大的欺骗性。展开后的 SLQ - 49 顶点到顶点的尺寸约 2.5m，据资料介绍，对 X 波段其信号特征不小于常规护卫舰。

（三）Nulka 舷外有源诱饵

Nulka 悬停式舷外有源诱饵是美国与澳大利亚联合开发的产品，如图 2.18 所示，1997 年开始大规模生产，2000 年前后成为美海军"伯克"级驱逐舰的标准电子战装备。Nulka 采用数字储频技术，储频精度高、储频时间长，且由于数字化中频处理模块具有十分丰富的处理资源，加之 Nulka 能够与舰载侦察设备实时交流，系统能够针对不同体制的末制导雷达信号，控制干扰信号的各种参数，产生多种假目标组合样式，干扰灵活性和可扩展性强。Nulka采用了先进的矢量飞行控制技术，能够根据需要悬停在指定位置或快速机动至另一舷，舰艇的作战使用更加方便快捷。

图2.18　Nulka舷外有源诱饵

第四节　本章小结

　　本章介绍了雷达对抗的基本概念、原理组成和典型装备，着重介绍了雷达侦察系统的频率测量、方向测量等参数估计方法和信号处理流程，以及雷达干扰系统的压制性干扰方法和欺骗性干扰方法，最后以机载电子对抗系统为典型案例介绍了雷达对抗装备。

　　近年来，雷达技术和装备取得了突破性进展，雷达的作战能力显著提高，在21世纪的信息化战场上将形成一个以高信号密度、大带宽大时宽、多频谱、多参数捷变以及多种工作体制和多种抗干扰技术综合应用为特征的极为复杂的雷达信号环境，从而对现有雷达对抗技术提出了严峻的挑战。因此，针对日益复杂的雷达信号环境，不仅要求利用当代高新技术加速更新现有的雷达对抗装备，而且必须瞄准未来可能出现的新体制雷达，探讨对新雷达的对抗技术和加速研制、装备更有效的雷达对抗系统，特别是研究各种雷达对抗的综合应用，以提高雷达对抗的总体战斗效能。随着电子技术、微波技术、计算机技术的发展，雷达对抗将呈现以下趋势：（1）扩展雷达对抗的频率覆盖范围；（2）提高雷达侦察、告警接收机的性能；（3）加深人工智能在雷达对抗中的应用；（4）发展计算机实时控制的自适应雷达对抗技术；（5）发展分布式干扰技术；

（6）发展毫米波电子对抗技术；（7）研制低截获概率雷达的侦察和干扰系统；（8）研制新型无源干扰器材和投放技术。

思考题

（1）什么是雷达对抗？雷达对抗包括哪些具体内容？

（2）雷达侦察系统由哪些部分组成？其工作原理是什么？

（3）雷达干扰可分为几类？其干扰原理是什么？

（4）试图寻找一个雷达对抗装备使用的典型战例，举例说明雷达对抗在作战中的作用。

第三章
通信对抗

第一节　通信对抗概述

一、通信对抗基本概念

无线电通信对抗就是为削弱、破坏敌方无线电通信系统的使用效能并保护己方无线电系统使用效能的正常发挥所采取的措施和行为的总和，简称通信对抗。通信对抗是电子对抗的重要分支，其实质是敌对双方在无线电通信领域内为争夺无线电频谱控制权而展开的电波斗争。

无线电通信对抗存在的主要前提是无线电通信过程中电磁波辐射的空间开放性。发送的通信信号被己方接收的同时，也难免被敌方侦察到；而在接收己方通信信号时也不能拒绝敌方干扰信号的侵入。因此，从确保通信有效性的角度考虑，通信方通常要使电磁波传播途径尽量有利于己方而不利于敌方，通信信号在空间暴露的时间要尽可能短，辐射的功率在保证己方能正确接收的前提下应尽可能小，以使敌方很难侦察到。另外，通信信号的设计还要具备尽可能好的抗干扰性，以达到尽可能地削弱敌方干扰措施的效果等。

通信对抗是在战争中伴随着无线电军事通信技术的发展而不断发展的。随着高科技战争中通信指挥重要性的日益显著，通信对抗也得到人们前所未有的重视，发挥着越来越大的作用。

二、通信对抗的作战对象分析

通信对抗的目的是削弱、破坏敌方无线电通信系统使用效能的正常发挥。也就是说，通信对抗的作战对象是敌方的无线电通信系统。为使通信对抗有效，首先必须对敌方通信系统的特点有所了解，也就是要对通信对抗的作战对象进行分析研究。

图 3.1 是一个简化的无线电通信系统原理框图。从图中可以看出，通信发射机由信息源、调制器、上变频器、载频产生器、功率放大器及发射天线组成；接收机由接收天线、前端放大器、下变频器、本地载频产生器、解调器、信息宿（信息输出）组成。连接收发两个天线的是在空间辐射传播的电磁波。

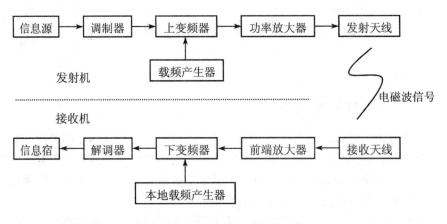

图 3.1　无线电通信系统原理框图

（一）信息源的种类

信息源一般可分为数据、语音和图像三类。从信息传输的角度看，可以进一步把信息分为两大类：一类是模拟信息（即语音、图像）；另一类是数字信息（即数据以及模拟信息经数字化处理后转变成的数据信息）。

在通信系统中，数据通常以"0"与"1"两个数表示的二进制代码形式出现，因为它最简单，传输可靠性最高，同时最容易与计算机接口，也最容易处理与储存。

在军事通信中，语音信息通常限制在 300～3400Hz 频率范围内，有时只使用 300～2700Hz 的频率范围，因为在此以外的频率分量对语言的可懂度贡献不大。

图像信息有慢扫描静止图像，它可以在上述语音频带内传输；也有实时动态电视图像，如不进行任何处理，则需占据 0～6MHz 的频率基带。

现代军事通信系统通常采用数字通信，即将连续变化的模拟信息经模–数转换，变成离散的数据信息后再进行传输，在接收端则将收到的数据进行数–模转换，恢复成原始的模拟信息。数字通信具有很多优点，首先，可以通过信息处理的方法压缩冗余信息，从而节省通信传输带宽；其次，可以提高传输质量，因为数字通信的可靠性与抗干扰能力大大优于模拟通信；再次，可以进行更简单有效的保密处理；最后，数字通信系统可以与计算机直接接口，对于信息的控制、处理、存储与应用都有许多好处。

（二）通信调制方式

为了通过无线电通信设备将信息发送出去，则必须将信息搭载在电磁波信号上，因而需要采用通信调制技术。无论是模拟信息或是数字信息，可供调制的电磁波参数仅有三个：幅度、频率和相位，相应的调制方式分为调幅、调频和调相三大类，即分别使得电磁波的幅度、频率和相位随信息的变化而变化。

为了区分模拟调制和数字调制，又采用了一些术语和代号。例如：模拟调幅（AM）、模拟调频（FM）、模拟调相（PM）、数字调幅（ASK，又称振幅键控）、数字调频（FSK，又称频率键控）、数字调相（PSK，又称相位键控）等。在实际的技术实现和应用中，还有一些派生的调制方式。例如：在调幅基础上派生出的单边带调制、残留边带调制等。

与信息搭载的调制过程相反，信息卸载的过程称为解调。解调是调制的相反过程。

（三）军用通信频段的选择与使用

随着通信技术的发展，电磁频谱已非常拥挤，为了避免众多的通信系统互相影响，从而不得不在世界范围内协调无线电频谱的使用，使各种不同业务占用不同的频段，使之合理、有序。

在军事通信中，通常对无线电频段作如下划分：

（1）0.3～300kHz 用于超远程海军通信，其中 0.3～30kHz 多用于潜艇通信及无线电导航。

（2）0.3～2MHz 用于广播。

（3）2～30MHz 用于陆海空三军的远程通信，也用于陆军战术移动通信。

（4）30～100MHz 用于陆军指挥通信、装甲部队指挥通信、海军舰艇编队通信、炮兵指挥通信及地空协同通信等。

（5）$100 \sim 156\text{MHz}$、$156 \sim 174\text{MHz}$ 及 $225 \sim 400\text{MHz}$ 用于空对空、舰对空及地对空通信；$225 \sim 400\text{MHz}$ 还用于移动卫星通信。

（6）$200 \sim 960\text{MHz}$ 作为骨干网络用于军、师野战地域无线接力通信。

（7）1GHz 以上主要用于定向通信，如微波通信、散射通信、卫星通信等。

尽管作了如上划分，但因为现代战场上通信电台实在太多（例如，美军一个师就有4000多部电台），军事指挥机关必须在自己管辖范围内实行严格的频率管制。由于可用频率资源不足，为了开拓新的无线电通信领域，在使用无线电频谱时便不得不向高端拓展。同时为了提高频谱利用效率，降低通信信号被侦察的概率，现代军事通信多采用跳频通信、直接序列扩频通信等扩展频谱通信技术。

（四）通信的反侦察和抗干扰措施

通信对抗面临的最大挑战就是通信的反侦察和抗干扰技术的不断升级、发展和应用。通信的反侦察和抗干扰方法主要有：

（1）信号隐蔽：在信号和干扰共存的时域、空域和频域里，采用信号隐蔽的方法使干扰方无法找到信号。

（2）干扰回避：就是在时域或频域上躲开干扰。

（3）干扰抑制：就是采用对干扰信号抑制和抵消的方法，如采取调整天线方向性或自适应技术来降低干扰效能。

常用的通信反侦察和抗干扰技术可分为以下两类：

（1）信号处理技术

信息处理技术常用的有"扩展频谱技术"，这是通信抗干扰的主流技术之一。扩谱信号具有时域和频域的隐蔽性和抗干扰性。

（2）空间和时间处理技术

空间和时间处理技术属于"非扩展频谱技术"，包括：

● 信道数字编码技术：包括语音和图像的压缩编码技术等。

● 猝发传输技术：猝发通信信号在传输过程中暴露的时间很短暂，因此可以大大降低通信信号被侦察和截获的概率。

● 功率管理和控制策略：包括手动和自动功率控制。

● 天线控制技术：包括自适应天线调零技术、天线方向性控制和多天线技术等。

● 其他技术：如抗干扰效果好的调制技术、可编程陷波滤波器、信号交织技术、（频率、空间、时间和极化）分集技术、同步组网技术等。

（五）通信反侦察和抗干扰技术的发展

（1）从扩谱向扩谱与多种技术结合的自适应综合反侦察和抗干扰技术发展

从扩谱向扩谱与多种技术结合的自适应综合反侦察和抗干扰技术发展包括：提高跳频速率、实时频率自适应跳频、变速率与时变跳频、自适应扩频、差分跳频、多进制编码扩频和自编码扩频、变码扩频技术等，有效提高扩频系统的反侦察和抗干扰能力。

（2）从时域和频域向时域、频域和空域相结合的智能化反侦察和抗干扰技术发展

利用天线多输出技术提高通信系统的容量和频谱利用率是移动通信领域利用空间资源的重大突破，将天线多输出技术与直扩和跳频技术相结合，构造新型的分布式空域抗干扰通信方法，将开创空域通信抗干扰技术的新领域。

（3）发展综合的反侦察和抗干扰技术

通信装备技术将从常规结构走向模块化和软件无线电结构，并从设备级走向系统级，进一步走向网络化，网络化的通信系统将具有更强的综合反侦察和抗干扰能力。

（4）从以窄带和话音为主向宽带和多媒体的反侦察和抗干扰技术发展

a. 抗干扰与多载波传输技术相结合，如正交频分复用（OFDM）和多路码分多址（MC-CDMA）等高效传输技术与抗干扰技术相结合。

b. 直扩与高性能编码技术结合，提高综合抗干扰增益。

c. 其他技术，如超宽带无线电通信技术。

（5）从地空向地空与天基相结合的反侦察和抗干扰技术发展

a. 扩谱通信技术、多波束天线技术等广泛应用于军事卫星通信。

b. 扩展频段，发展毫米波、光通信：美国的军事星（Milstar）系统使用60GHz 的星际链路，由于在该频率上大气层衰减很大，所以星际链路不会被地基电子战设备截收和干扰。

（6）从军事独用向军民结合、军民互动的反侦察和抗干扰技术发展

充分利用民用移动通信领域的最新技术可加快军用抗干扰技术的发展。另外，军民结合，利用民用通信设施，有利于军事通信的隐蔽、抗毁和抗干扰。

（7）从通信向通信与通信对抗相结合的一体化技术发展

通信－通信对抗系统一体化能提高整体信息对抗能力。"通中扰，扰中通"，利用信息感知能力进行自适应抗干扰等，都是通－抗一体化方向发展的技术。

（8）发展新型反侦察和抗干扰通信技术

新型反侦察和抗干扰通信技术包括正在发展中的中微子通信、蓝绿光通信、流星余迹通信等。

三、通信对抗技术体系

从技术的角度看，一个完整的通信对抗系统应该由通信（反）侦察系统、通信测向系统、通信（抗）干扰及控制系统组成。系统控制与通信侦察、测向、干扰是密切相关的，而且通信侦察、测向、干扰的配置有时分散在不同的地方，其中保证各子系统之间联系并协调工作的系统控制是必不可少的环节。

从电子战角度来看，通信对抗技术可分为三个主要部分：通信对抗电子进攻技术、通信对抗电子探测技术和通信对抗电子防御技术，如图 3.2 所示。对应常用概念就是通信对抗干扰（简称"通信干扰"）技术、通信对抗侦察（简称"通信侦察"）技术和反通信侦察技术。

从广义上讲，通信对抗测向（包括通信测向和定位）技术属于通信对抗侦察技术范畴，但因其技术上的特殊性，将其与通信对抗侦察技术并列同属于通信对抗电子探测技术。

$$
通信对抗技术
\begin{cases}
通信对抗电子进攻技术 & \begin{cases} 通信对抗干扰技术 \\ 通信对抗武器化装备技术 \end{cases} \\
通信对抗电子探测技术 & \begin{cases} 通信对抗侦察技术 \\ 通信对抗测向技术 \end{cases} \\
通信对抗电子防御技术 & \begin{cases} 反通信侦察技术 \\ 抗反辐射攻击技术 \end{cases}
\end{cases}
$$

图 3.2　通信对抗技术体系结构示意图

由于通信对抗包括通信侦察、通信测向和定位以及通信干扰等不同部分的作战功能单元，各功能单元有不同的作战目的，所以也就有不同的具体作战对象。如：通信侦察的作战对象是通信发射设备辐射的射频信号，且只对通信信号的技术参数、工作规律和包含的信息内容感兴趣，而不管这个信号是从哪里发射出来的；通信测向和定位的作战对象是通信辐射源，只需测出通信发射天线所在的方向和位置，而不管其他设备在何处；通信干扰的作战对象是通信接收端，只干扰和破坏通信接收系统对信号的正常接收、对信息的正确判断和传输过程，并不阻止或破坏其信号的发射。

第二节 通信侦察

一、通信侦察概述

通信侦察是利用电子侦察设备对敌方的无线电通信信号进行搜索、截获、识别、测量和分析，从而获得军事或技术情报的过程。通信侦察是通信对抗系统的重要组成部分，同时也是信息战、电子战的耳目。通信侦察的目的是获取情报。通过对敌方未知的、利用电磁辐射进行的通信联络的监听与监视，并对获取的信息进行分析与融合之后，将所得到的关于敌方军事指挥机关的部署、兵力配置、动向以及其技术参数等综合情报报告上级主管机关。

（一）通信侦察接收机的分类

通信侦察接收机是通信侦察系统的核心设备，其种类繁多，一般有两种分类方法。

1. 按功能分类

• 全景接收机：用于实时显示给定频率范围内信号的存在情况，其屏幕显示的是信号幅度与频率的关系。

• 搜索接收机：用于对给定频率范围内的电磁信号自动或人工地进行频率搜索、截获和参数测量的接收设备。

• 监测接收机：用于对给定信号进行频率与电平测量、调制识别、特征分析、信息监听和参数记录的接收设备。

• 引导接收机：用于向通信干扰或测向系统提供实时的频率引导和干扰样式引导的接收设备。

2. 按技术体制分类

• 超外差接收机：超外差接收机是最具生命力、应用最普遍的接收机。

其主要特点是同时具有高灵敏、高选择性和高动态性能。超外差接收原理不仅应用于全景接收机，同时也应用于搜索接收机、监测接收机和引导接收机。

- 中频信道化接收机：中频信道化接收机是在中频级使用邻接滤波器组实现宽开与高灵敏度的超外差接收机，其射频前端的带宽和频率步进间隔匹配于中频滤波器组的带宽。其特点是具有很快的搜索速度和高截获概率，缺点是体积、重量大，成本较高，还有邻道识别模糊问题。

- 数字信道化接收机：数字信道化接收机也称数字式 FFT（快速傅立叶变换）接收机，它是用数字滤波器组代替邻接滤波器组的中频信道化接收机。它具有非常快的搜索速度和超高截获概率，数字信道化接收机广泛用于跳、扩频通信侦察设备中。其主要缺点是动态范围还不够大，目前可达到的动态范围约为 55 ~ 60dB。

- 压缩接收机：压缩接收机是利用快速微扫本振，截获侦察频带内所有信号，通过色散延迟线压缩，转换到时域进行测频的接收机。声表面波色散延迟线的频率分辨力是延迟时间的倒数。它相当于一个滤波器组，滤波器数目等于带宽和延迟时间的乘积。压缩接收机的特点是搜索速度快、体积小、重量轻、成本低，但目前所能达到的动态范围大约只有 30 ~ 40dB。

- 声光接收机：声光接收机利用声光偏转器（布拉格小室）使入射光束受信号频率调制发生偏转，偏转角度正比于信号频率，用一组光检测器件检测偏转之后的光信号，从而完成测频目的。它的主要特点是瞬时带宽宽、搜索速度快、能够实现全概率截获信号，但动态范围较小。

- 其他：宽开信道化接收机、数字式软件接收机等。

（二）通信侦察设备的主要指标

在侦察仿真模型中，主要应体现侦察接收机的技术指标参数，对于不同的侦察接收机应有不同的仿真模型。侦察接收机一般具有下列一些通用的技术指标参数：接收机灵敏度、工作频率范围、信号动态范围、频率分辨率、接收机噪声系数等。下面详细介绍通信侦察接收机设备的主要指标。

1. 工作频率范围

工作频率范围是选择和使用通信侦察系统的重要指标。通信侦察系统工作频率范围的确定主要由通信侦察系统的使命任务决定。

2. 灵敏度

对通信侦察系统来说，系统侦收灵敏度是指当侦察系统终端设备在规定的信噪比条件下获得额定的功率时，所需的天线口面上的最小信号场强。如果只对一台接收机而言，其灵敏度就是当终端负载在规定的信噪比条件下获得额定的功率时，接收机输入端口所需的最小输入信号电动势或最小信号功率。两者的差别在于前者除考虑接收机的灵敏度外，还须考虑天馈系统的增益或损耗。现代通信侦察系统的系统侦收灵敏度大约为 $-90 \sim -110$dBm。

3. 最小频率间隔

对数控接收设备来说，最小频率间隔反映接收设备精确调谐的能力，一般由接收机本振的最小频率步进决定。短波一级接收机的最小频率间隔为 1Hz，短波二级接收机的最小频率间隔为 10Hz，要求不太高的场合可达 100Hz；超短波接收机的最小频率间隔一般为 1kHz，要求不太高的场合可达 25kHz。

4. 测频准确度

测频准确度是指通信侦察系统测量目标信号频率的读数与目标信号频率真值的符合程度。本项指标与任务容许的置频准确度和引导准确度有关。短波波段容许的测频准确度约为 $1 \sim 10$Hz，在超短波波段一般约为 $0.3 \sim 1$kHz。置频准确度是通信侦察系统工作的频率基础，在对信号进行特征识别时具有决定性的意义。

5. 选择性

通信侦察接收系统从大量复杂信号环境中选出所需的有用信号的能力称为选择性。选择性可分为单频选择性和多频选择性两类，前者一般要求不劣于 $50 \sim 60$dB，后者通常要求大于 80dB。单频选择性包括邻道选择性、中频选择性和镜频选择性。多频选择性是指由于侦察接收机的非线性而引起的互调、交调、阻塞和倒易混频。多频选择性通常用在规定条件下容许的干扰电平来表示，一般为 $80 \sim 100$dBμV。

6. 动态范围

动态范围是为保证适应复杂的信号环境，通信侦察接收系统能够正确截获和分析的目标信号的强度变化范围。一般要求动态范围不小于 $50 \sim 60$dB。

7. 侦察作用距离

侦察作用距离是通信侦察系统能依规定的概率截获和处理通信辐射源信号的最大距离。这是通信侦察系统的一项重要战术指标。换句话说，侦察作用距离是侦察接收系统输入端上信号电平等于侦收灵敏度时的侦察距离。侦察作用距离与侦察系统的技术性能、通信发射机的技术性能和电波传播条件等有关。

二、搜索式超外差接收机

搜索式超外差接收机原理如图3.3所示。微波预选器从密集的信号环境中初步选出所需的通信信号并送入混频器，与本振电压差拍变为中频信号，再经过中放、检波和视放，送给处理器。通过改变本振频率实现频率搜索。

预选器是一部可与本振统调的带通滤波器，其通频带带宽固定不变，而中心频率和本振一样，都在测频范围内连续搜索。

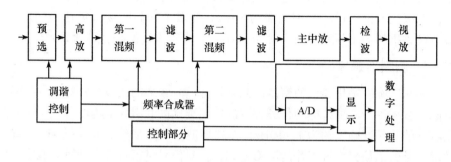

图3.3　搜索式超外差接收机原理图

混频器原则上由高频合路器和检波器组成。最简单的混频器是单端混频器，设本振为$A_0 \sin (2\pi f_0 t + \varphi_0)$，信号为$S \sin (2\pi f t + \varphi)$，一般满足条件$A_0 \gg S$，因此，两者相加的情况可以用矢量图（如图3.4）来做计算，其输出信号幅度为：

$$A = \sqrt{A_0^2 + S^2 + 2A_0 S \cos \left[2 \left(f_0 - f \right) t + \left(\varphi_0 - \varphi \right) \right]}$$
$$\approx A_0 + S \cos \left[2 \left(f_0 - f \right) t + \left(\varphi_0 - \varphi \right) \right] \quad (3.1)$$

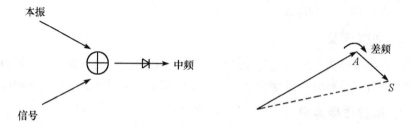

图3.4　混频器的基本组成及其信号矢量图

这种简单的混频器主要有三方面的问题，一是混频后的输出不是正弦波，它有丰富的频率分量，其中最大的是差拍二次谐波，其能量随信号强度的增加而急剧增加；二是器件端口的驻波较差；三是信号、本振、中频三端口隔离较差。中频谐波的存在会造成测频的差错，比如接收机的中频为60MHz，那么信号与本振的差拍为30MHz时，它的二次谐波就可以进入中频通道，形成30MHz的误差。为了克服以上缺陷，人们研制了平衡混频器、双平衡混频器、三平衡混频器。平衡混频器可以有力地抑制中频的谐波，而双平衡和三平衡混频器在端口隔离和驻波比上都有显著的改善。

　　通常情况下，搜索式接收机的频率搜索有连续搜索和步进搜索两种。连续搜索方式又可分为单程搜索和双程搜索两种，因此，其本振的变化有如图3.5所示的两种变化形式。

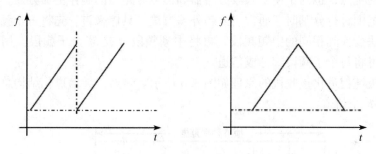

图3.5　本振的两种变化形式

　　当本振频率为 f_0、接收机中频为 f_i 时，接收机就会在频率轴上形成一个频率窗口，它的中心频率为 $f_c = f_0 + f_i$（或 $f_0 - f_i$）。当信号频谱的大部分落入该窗口时，接收机将检测出该信号，并将该频率窗口的中心频率视为信号频率。假设中频不存在误差，则测频误差将由本振误差和因信号没有落在窗口正中而引起的误差两部分组成。因此测频误差可表示为：

$$\Delta f = f' - f = f_e + \Pi\left[-B/2,\ B/2\right] \tag{3.2}$$

其中：f' 表示当前测量频率值；

　　　　f 为通信信号载频；

　　　　f_e 为本振误差；

　　　　B 为中频带宽；

　　　　$\Pi\left[-B/2,\ B/2\right]$ 表示在 $\left[-B/2,\ B/2\right]$ 内均匀分布的随机变量。

三、信道化接收机

信道化接收机有三种基本结构形式：纯信道化结构、频段折叠信道化结构和时分信道化结构。所谓纯信道化，就是用滤波器组把侦察频率范围分割为许多邻接的信道，最终使得信道的带宽能满足所需的频率分辨力要求。对侦察频率范围的分割一般按多级进行，这里以典型的三级信道化为例来进行说明。首先将侦察频率范围分为 N 个邻接的带宽相等的频段，然后将每个频段分为 M 个邻接的带宽相等的子频段，最后再将每个子频段分为 K 个邻接的带宽相等的信道，信道带宽等于所要求的频率分辨力。为了使信道化接收机兼有超外差接收机的优点，也为了使子频段分路器和信道分路器的制作更加方便，在对侦察频率范围进行分割时，通常引入超外差方法。具体来讲，先将每个频段用变频的方法变换到相同的中频频段，再将中频频段分成 M 个子频段。用类似的方式，可将每个子频段细分成信道。

三级纯信道化接收机的原理如图 3.6 所示。显然，纯信道化结构总共包含 $N \cdot M \cdot K$ 个信道。

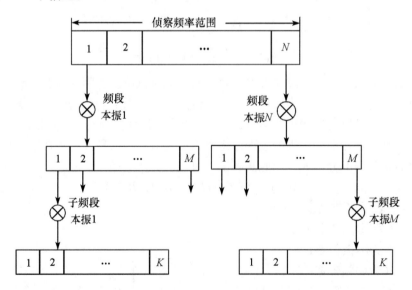

图 3.6 三级纯信道化接收机原理图

由图可知，纯信道化结构中每个频段都对应着一个中频频段。由于 N 个中频频段都相同，将所有的中频频段折叠在一起，也就是说，令 N 个频段共用一个公共中频频段，其余结构不变，就构成了频段折叠式信道化接收机。频段折叠式能在不降低截获概率条件下显著减少纯信道化的设备量，它仅包含 $M \cdot K$ 个信道，但能得到与纯信道化相同的频率分辨力，其设备量几乎减少到纯信道化的 N 分之一。频段折叠式信道化接收机原理如图 3.7 所示，该图为三级信道化，其中第二级为折叠级。

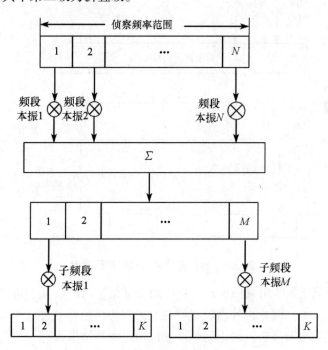

图 3.7　频段折叠式信道化接收机原理图

在频段折叠式结构中，如果不是把所有 N 个频段的输出叠加在一起，而是一次仅将 N 个频段中的一个接入公共中频频段，就构成了时分式信道化接收机，其原理如图 3.8 所示。

时分式的灵敏度大致与纯信道化相同，而其设备量大致与频段折叠式相同。但是，由于每次仅允许接入一个频段，这种设备量的减少是以牺牲接收机截获概率为代价的。

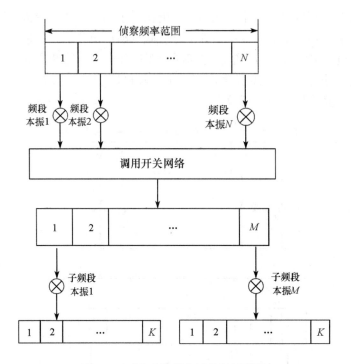

图 3.8　时分式信道化接收机原理图

根据信道化接收机测频原理，载频处在某信道内的信号，其测频结果将是该信道中心频率。因此，其理想测频误差最大为信道带宽的一半 $f_{band}/2$，可近似认为误差为均匀分布。理论测频接收机输出测频结果为：

$$f_m = f_r + \Pi\left[-f_{band}/2, f_{band}/2\right] \tag{3.3}$$

其中：f_m 表示当前测量频率值；

　　f_r 为通信信号载频；

　　$\Pi\left[-f_{band}/2, f_{band}/2\right]$ 表示在 $\left[-f_{band}/2, f_{band}/2\right]$ 内均匀分布的随机变量。

四、数字接收机

数字接收机可做如下定义：接收机在截获信号后，除进行放大、混频等线性变换外，不再做任何其他处理，先做采样和模数变换，把连续的、模拟的信号变成全数字式的信息，然后再通过数值计算获取信号的各种参数。在数字接收机具有特色的组成部分中，主要应该有两大部分：一是量化器，它要完成的功能是把模拟信号变成数字信号而保留信号所含的各种信息；二是处理算法，它要完成的任务是从输入数据串中获取各种测量值。数字接收机的简化原理如图 3.9 所示。

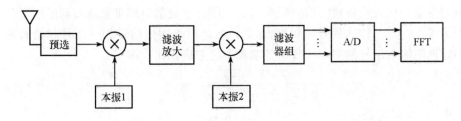

图 3.9 数字接收机简化原理图

数字接收机的测频误差主要来自两部分：一是模数转换量化所引起的误差；二是由算法引起的误差。

假设采用 n 比特量化，信号幅度的最大值为 1，那么量化的最大误差为 2^{1-n}，它的效果将与接收机内部噪声的效果相同。从定性分析的角度看，如果信号为正弦波，它的功率为 $1/2$，噪声在零和最大值之间均匀分布，那么它的功率为 $4^{1-n}/3$；在频域上看信号加噪声的情况，如果信号频谱的宽度为 w_1，噪声近似为平坦频谱型，频谱宽度为整个采样不模糊的频带 w_2，那么噪声产生的频谱的密度将是信号频谱峰值的 $4^{2-n}w_1/(6w_2)$。它将产生两个效果：一是信号的频谱如果含有比该值小的分量，那么实际上将无法测出来；二是由于这份频谱噪声的存在，因而将测出带误差的一个频率值。如果假设由噪声谱存在引入的频率谱的偏差是噪声谱相对大小乘以信号谱的宽度，那么由此而引入的这种不可克服的误差将是 $4^{2-n}w_1^2/(6w_2)$。这个分析并不能准确地给出实际误差的结果，但它定性地说明了误差下限的一般特性，即它与量化比特数的指数成反比，与采样频率成反比，与信号的频谱宽度的平方成正比。

n 点短时傅立叶变换将信号在时域上采样的 n 点变成频域上与之对应的 n 点，在信号只有一个载频时，生成的频谱的峰值应该是信号的载频。在这种情况下，对于采样频率 f_s，我们可测频的极限范围是 $0.5f_s$，n 点采样占时 n/f_s，测频的理论最大误差基本是 $0.5f_s/n$，也就是说，是采样总时间倒数的二分之一。

五、压缩接收机

压缩接收机的原理如图 3.10 所示。压缩接收机压缩线带宽等于接收机的瞬时带宽，代表接收机的瞬时频率覆盖范围。假设某时刻带通滤波器通频带范围为 $[f_1, f_2]$，输入信号载频为 f，则色散延迟线输出信号相对信号起始时刻的延迟与输入信号频率和接收机低端频率之差成正比，即

$$\tau = \frac{f - f_1}{(f_2 - f_1)} T_c \tag{3.4}$$

式中：τ 为时延长度；

T_c 为本振变频时宽。

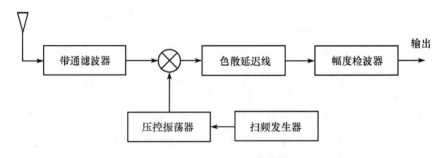

图 3.10 压缩接收机原理框图

根据幅度检波器测得输出延时 τ，则可确定信号的频率为：

$$f = f_1 + \frac{\tau}{T_c} (f_2 - f_1) \tag{3.5}$$

六、声光接收机

声光接收机的典型原理如图 3.11 所示。

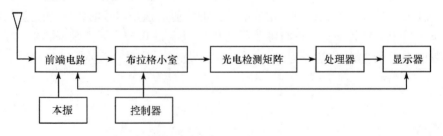

图 3.11 声光接收机原理图

声光接收机一阶光带空间位移为：

$$|\xi_1| = f \cdot \frac{F\lambda_0 T}{D} \tag{3.6}$$

式中：T 为声波在换能器中的传播时间；

λ_0 为光波波长；

F 为透镜焦距；

D 为光口径；

f 为通信信号载频。

上式表示一阶光带的位移正比于输入信号的频率，因此，若将光电检测器阵列设置在空间频率平面上，便可测出输入信号的频率。

第三节 通信测向与定位

一、通信测向概述

（一）通信测向装备的基本组成和分类

通信测向，从广义上讲应该属于通信侦察的范畴。它与常规意义上的通信侦察所不同的是在测向的时候我们感兴趣的只是信号的来波方向，通过方向的探测进一步确定目标信号发射机的位置。图 3.12 所示为通信测向设备的基本组成。

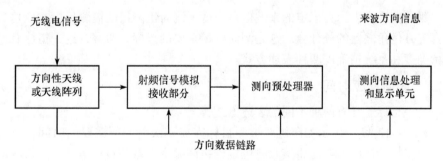

图 3.12 通信测向设备的基本组成

通信测向有多种分类方法。通信测向机按工作频段可分为甚低频测向机、低频测向机、中频测向机、高频测向机、甚高频测向机、特高频测向机等；按运载方式可以分为便携式测向机、地面固定测向机（站）、车载式测向机、机载测向机、舰船载测向机等；按其所采用的测向原理（即测向体制或测向方法）可分为比幅式（幅度响应式）测向机、比相式（相位响应式）测向机、比相－比幅式（相位差－幅度响应式）测向机、时差测向机。

（二）通信测向接收机的主要指标

通信测向接收机的指标有电性能、物理性能、环境和使用要求及接口功能等多方面。下面主要讨论测向接收机在电性能方面的主要指标。

1. 工作频率范围

工作频率范围是指通信测向机的射频工作频率范围。例如，短波测向机的工作频率范围通常为 $1.5 \sim 30 \text{MHz}$；超短波测向机的工作频率范围目前多数为 $20 \sim 1000 \text{MHz}$。

2. 瞬时处理带宽

当要求能对短持续时间信号（如短脉冲和跳频通信信号）进行测向时，需要保证测向反应时间能适应对短持续时间信号搜索截获和采样方面的要求，这对测向接收机的瞬时射频带宽和测向处理带宽（例如常用的 FFT 处理带宽）提出了相应的要求。通常测向处理器的瞬时处理带宽 B_P 决定了接收机的瞬时射频带宽 B_R。B_P 的具体指标决定于跳频信号测向机的具体要求，一般为几百千赫到几兆赫。

3. 测向精确度（测向误差）

测向精确度表示在一定的来波信号强度下测向机测得的被测目标方位角与其真实方位角之差的统计值。这是测向机最重要的指标，通常，这一指标有设备精确度和系统精确度两种表述方式。

4. 测向反应时间

这一指标通常有两种不同的表述方式：

● 测向速度：表示测向机对被测目标完成一次测向所需要的时间，它包括测向机接到测向命令后将接收机置定到被测频率上截获目标信号，进行测向处理运算并显示结果，这一过程所经历的全部时间。一般测向机需要十分之几秒到几秒钟时间。

● 容许的信号最短持续时间：表示测向机为保证测向精确度所需要的被测信号的最短持续时间。一般测向处理器对接收机输出的中频信号需要通过采样完成模－数变换，而后进行处理运算。只有信号持续时间足够长才能保证测向精度，目前，常规通信测向机的这项指标一般在 10～500ms，VHF、UHF 跳频测向机则可达 1～2ms。

5. 测向灵敏度

测向灵敏度是指在保证容许的测向示向度偏差条件下，所需的被测信号的最小场强，通常以μv/m 为单位。测向灵敏度与工作频率有关。对一部宽频段工作的测向机而言，测向灵敏度不能用某一个数值来表示，至少在不同的子频段内灵敏度是不同的。测向误差与测向灵敏度直接相关，在表示测向灵敏度指标时，必须要注明容许的测向误差为多少。

6. 测向方式

测向机的工作方式属于功能性要求，通常有以下几种：守候式测向、扫描式测向、搜索引导式测向、规定时限的测向、连续测向等。

二、通信测向

（一）振幅法测向

振幅测向的原理：无线电波的来波方向处于测向天线的不同角度时，接收信号的幅度随着角度而变化，经接收机放大、检波后送到终端设备指示出信号幅度的变化，从而判断来波方向。幅度法测向又可分为最大振幅法、最小振幅法、等振幅法和比较振幅法。

最大振幅法测向是使用具有强方向性的有向天线，转动天线，使测向机收到的无线电信号幅度达到最大值，此时的测向天线方向图最大值方向即可判断为来波方向，如图 3.13 所示。

最大振幅法的主要优点是测向距离远，缺点是测向精度低。因为天线方向图最大值附近区域变化率小，当

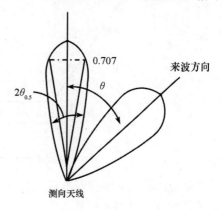

图 3.13 最大振幅法测向原理示意图

来波的真实方向已偏离天线方向图最大值方向时，接收机的输出信号幅度变化不明显，以致把偏离天线方向图最大值的方向判断为来波方向，所以测向误差大。其测向误差约 $(0.2 \sim 0.35)\,\theta_{0.5}$，角度分辨率约为 $\theta_{0.5}$，$\theta_{0.5}$ 为天线方向图半功率角。

最小振幅法是接收到信号后，转动天线使接收机的输出信号振幅最小，此时天线方向图的零值方向即可判断为来波方向。最小振幅法测向主要用于长波波段和短波波段，其主要优点是测向精度和角度分辨率比最大振幅法高。

等振幅法测向是应用两副天线方向图特性完全相同的天线适当配置，使天线方向图主瓣的一部分重叠，当两天线接收到的幅度相等时，中心方向即为来波方向。等振幅法测向的主要优点是测向精度较高，测向精度为 $(0.03 \sim 0.1)\,\theta_{0.5}$。

比较振幅法测向原理与等振幅法测向类似，不同的是比较振幅法直接用两天线所接收的来波幅度之比来判定来波方向。其优点是在一定方向角内实现瞬时测向，理论上具有和等振幅法一样的测向精度和测向距离。

（二）干涉法测向

相位法测角是利用多个天线所接收回波信号之间的相位差进行测角。如图 3.14 所示，设在 θ 方向有一远区目标，则到达接收点的目标所发射的电波近似为平面波，A、B 两天线接收信号产生一相位差为：

$$\Delta\varphi = \frac{2\pi}{\lambda}d\sin\theta \tag{3.7}$$

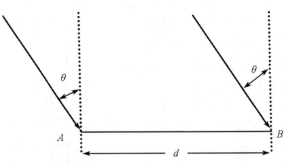

图 3.14　干涉仪测向原理

系统的相位差响应与方位角是一个一一对应的函数关系，通过对信号相位差的处理就可以测量信号方位：

$$\theta = \arcsin\left(\frac{\lambda\Delta\varphi}{2\pi d}\right) \tag{3.8}$$

如果采用基线长度相等且相互垂直的双基线，则有：

$$\Delta\varphi_1 = \frac{2\pi}{\lambda}d\sin\theta$$

$$\Delta\varphi_2 = \frac{2\pi}{\lambda}d\cos\theta \tag{3.9}$$

从而有 $\theta = \arctan\left(\dfrac{\Delta\varphi_1}{\Delta\varphi_2}\right)$，此结果与频率无关。

相位的存在是以信号仅具有一个固定的载频为前提的，因此，比相法测向也是以被测向的信号仅具有一个固定的载频为前提。一旦出现信号具有多载频或频率迅速变化的情况（它们可能由多个信号同时存在造成），系统将不能正常测向，当然也就谈不上测向的准确或正确。

干涉仪测向误差的 Cramer-Rao 界为：

$$\sigma_\theta^2 = \left(\frac{E}{N_0}\right)^{-1} \tag{3.10}$$

式中：E 是天线接收的信号能量（瓦特秒）；

N_0 是噪声谱密度（瓦特/赫兹）。

典型的干涉仪测向器有双通道干涉仪、三通道干涉仪、四通道干涉仪等。

（三）Doppler 测向

多普勒测向（也称频率法测向）是根据多普勒效应的原理研制出的测向系统。在多普勒测向系统中，多普勒效应的产生并不需整个测向系统做相对于辐射源的运动，只需测向天线相对于辐射源做相对运动即可。当测向天线向着辐射源天线移动时，多普勒效应使接收信号频率明显升高；反之，背离辐射源天线移动时，接收信号频率则降低。

当测向天线沿着圆周运动时，接收到的来波信号的频率及其相位都受到正弦调制。多普勒测向原理如图 3.15 所示，天线 1 静止，天线 2 绕天线 1 转动，此时，天线 2 接收信号与天线 1 相比会产生一个多普勒频移，该频移和信号的到达角有关。

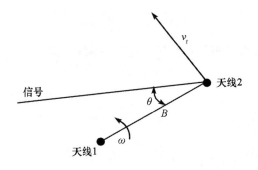

图 3.15　Doppler 旋转天线阵俯视示意图

由图可知，设两天线间距为 B，天线旋转角速度为 ω，则旋转天线的切向速度为：

$$v_t = B\omega \qquad (3.11)$$

则天线在信号方向 θ 的径向速度为 $v = v_t \sin\theta$。所以多普勒频移为：

$$\Delta f = \frac{B\omega}{c} f_0 \sin\theta \qquad (3.12)$$

式中：c 为电磁波传播速度；

　　　f_0 为信号频率。

测量出多普勒频移即可得到信源方位 θ。容易得到测向误差与测频误差的关系为：

$$\mathrm{d}\theta = \frac{c}{f_0 \omega B \cos\theta} d\,(\Delta f) \qquad (3.13)$$

利用最合理的位置，上述关系可简化为：

$$\mathrm{d}\theta = \frac{d\,(\Delta f)}{\delta f_{\max}} \qquad (3.14)$$

要使测向精度达到大约 6°，测频误差应约为最大多普勒频率的 1/10。

三、通信定位

用无线电技术测定工作的无线电发射台或辐射源的位置，主要有三种方法：测向定位法、装有侦察接收机的飞行器（侦察卫星、飞机等）飞越目标上空定位法和测时差定位技术，后两者主要用于雷达领域。通信对抗中的无线电测向的主要目的之一是确定目标电台的地理位置，简称为定位，下面主要分析测向定位法。

（一）单站定位

测向定位多采用多站定位，然而在一定条件下，使用单个电子支援系统就可以达到这一目的。如果高频信号被折射的电离层高度，或者更准确地说，反射信号的等效电离层高度已知，则由于我们知道目标的距离和它的到达角，辐射源就可以被定位，其定位原理如图 3.16 所示。

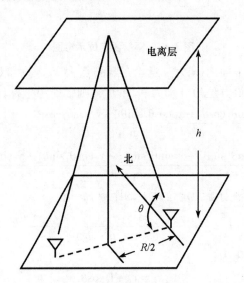

图 3.16 单站定位示意图

假设波是在发射机和测向机的中间点被反射，与距离和电离层高度有关的仰角为：

$$\cot\theta = \frac{R/2}{h} \tag{3.15}$$

从而得知：

$$R = 2h\cot\theta \tag{3.16}$$

因此，通过测量到达仰角即可估计出到目标的距离。

（二）双站定位

两测向站测向定位法又称交点定位法，其基本原理：由两个或多个测向站对发射台同时测向，然后利用几何学的方法在地图上交会出（用三角公式计算）发射台的位置。双站定位法如图 3.17 所示。

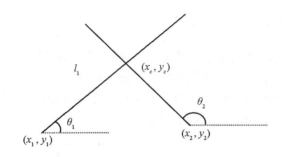

图 3.17　辐射源定位示意图

设辐射源位于平面内 (x_e, y_e) 点。在观测点 $1(x_1, y_1)$ 和观测点 $2(x_2, y_2)$ 上对辐射源测向，测得方位角分别为 θ_1 和 θ_2，则辐射源坐标计算公式为：

$$\begin{cases} x_e = \dfrac{x_1\sin\theta_1\cos\theta_2 - x_2\cos\theta_1\sin\theta_2 - y_1\cos\theta_1\cos\theta_2 + y_2\cos\theta_1\cos\theta_2}{\sin\,(\theta_1 - \theta_2)} \\[3mm] y_e = \dfrac{x_1\sin\theta_1\sin\theta_2 - x_2\sin\theta_1\sin\theta_2 - y_1\cos\theta_1\sin\theta_2 + y_2\sin\theta_1\cos\theta_2}{\sin\,(\theta_1 - \theta_2)} \end{cases} \quad (3.17)$$

如果引入 l_1（辐射源距定位站 1 的距离），有：

$$l_1' = \frac{(y_2 - y_1)\,\cos\theta_2 - (x_2 - x_1)\,\sin\theta_2}{\sin\,(\theta_1 - \theta_2)} \quad (3.18)$$

解的形式可简化为：

$$\begin{cases} x_e = x_1 + l_1\cos\theta_1 \\ y_e = y_1 + l_1\sin\theta_1 \end{cases} \quad (3.19)$$

实际上站址的坐标定位及测向机测得的示向度都不可避免地存在误差，所以定位误差亦不可避免地存在。若不考虑测向机站址坐标的误差，并假设两测向机测向误差的最大值同为 $\Delta\theta_{\max}$，则真实来波方位分别位于以示向度线（θ_1，θ_2）为中心的 $\Delta\theta_{\max}$ 扇形区域范围内。此时目标辐射源的真实位置应该位于两扇形区相交的四边形区域内，由于测向误差是 $\Delta\theta_{\max}$ 范围内的任意值，因此，目标辐射源的真实位置可能出现在四边形区域内的任何点上，或者说无法确定目标辐射源在区域中的真实具体位置，也称四边形区域为定位模糊区。

定位模糊区面积的大小是决定定位精度高低的一个主要指标，四边形的面积越小，则说明定位精度越高。

（三）三站定位

由不同位置的三个测向站对同一目标辐射源进行测向定位，如果不存在测向误差，则三条示向度线将交会于一点，这就是真实目标辐射源所处的位置。在实际测向过程中，误差总是不可避免地存在，所以三条示向度线一般不会交于一点，而是分别两两相交，有三个交会点，由这三个交会点来估计目标辐射源的位置，相比双站交会定位的精度有显著提高。

三个交点形成一个三角形，通常以三角形的重心作为目标辐射源坐标位置的估计值。求三角形重心可以采用几何作图法，也可以采用数学上的积分求解法。

同双站交会定位模糊区一样，真实目标电台是处于以各示向度线为中心，以 $\Delta\theta_{\max}$ 为偏角的三个扇形区的交会区域之中，这个区域就是三站交会定位的定位模糊区。

将三个扇面相交所得的定位模糊区的重心位置作为目标辐射源位置的估计值，这是三站交会定位的另一种方法，由于目标辐射源一定处于该定位模糊区内，故以其重心位置作为目标辐射源位置的估计值是合理的选择。

（四）多站定位

为了更精确更全面地获取敌方有关无线电通信的战略与战术情报，对目标网台的定位是一个非常关键的环节，为此，各国在军用无线电测向中都采取了一系列的措施，其中，测向机组网工作是一个重大的举措。

测向网由若干个配置在不同位置的测向系统组成，系统之间依靠具有实时指挥、控制和数据交互功能的通信和数据链路来互连，并设置一个中心站来负责整个测向网的控制、监督和协同，以及完成测向数据的回收与处理，包括根据多个测向站所报的示向度数据进行交会定位及定位误差分析。由于在测向网中通常有多于三个的测向站工作，因而双站和三站交会算法就存在局限性。

考虑由配置在不同位置的 N 部测向机对同一个目标电台进行测向，第 i 部测向机的地理位置为 (x_i, y_i)，对目标电台测向得到的示向度值为 θ_i，标准偏差为 σ_i，假设目标电台的地理位置为 (x_e, y_e)，它到第 i 条示向度线的垂直距离为 l_i，则可以得到垂直距离之和：

$$\Sigma = \frac{(x_e\tan\theta_1 - y_e + y_1 - x_1\tan\theta_1)^2}{1 + \tan^2\theta_1} + \cdots + \frac{(x_e\tan\theta_N - y_e + y_N - x_N\tan\theta_N)^2}{1 + \tan^2\theta_N}$$

$$(3.20)$$

如果想得到最小垂直距离之和，只需要将上式分别对 x_e，y_e 求导后并令之为零即可，由此得到 x_e，y_e 的估计值如下：

$$\begin{bmatrix} \hat{x}_e \\ \hat{y}_e \end{bmatrix} = \left\{ \sum_{i=1}^{N} \begin{bmatrix} \sin^2\theta_i & -\sin\theta_i\cos\theta_i \\ \sin\theta_i\cos\theta_i & -\cos^2\theta_i \end{bmatrix} \right\}^{-1} \times \sum_{i=1}^{N} \begin{bmatrix} x_i\sin^2\theta_i - y_i\sin\theta_i\cos\theta_i \\ x_i\sin\theta_i\cos\theta_i - y_i\cos^2\theta_i \end{bmatrix}$$

$$(3.21)$$

第四节　通信干扰

一、通信干扰概述

通信干扰是用人为辐射电磁能量的办法对敌方获取信息的行动进行搅扰和压制。通信抗干扰与通信干扰的伴随发展，使得通信干扰具有对抗性、进攻性、先进性、灵活性、技战综合性、工作频带宽、反应速度快、干扰技术难等特点。

简单的通信干扰系统一般包括侦察分析系统、监视检验系统、控制系统、干扰调制系统、干扰发射机、天线设备和电源设备等。其简单的组成关系如图3.18 所示。

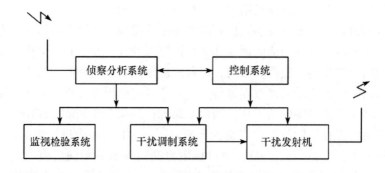

图 3.18　通信干扰系统组成框图

通信干扰的一般过程是：侦察接收敌方无线电通信信号，分析其技术参数，测定要干扰的目标的方位，从而确定合适的干扰样式和参数。根据电子战的计划和命令，向指定目标方向发射适当功率的高频干扰，这种干扰的技术参数由特殊的干扰调制系统形成。在干扰过程中需要不断检验干扰效果，因此在电子干扰系统中必须配备监视检验系统，当被干扰信号的频率及信号参数改变时，就由控制系统改变干扰的频率，调整调制参数，使其保持在干扰效果最佳的参数上。

（一）通信干扰的分类

根据不同的准则，通信干扰有不同的分类。可以按照作用性质分，亦可按照频谱宽度分，也可按照工作频段、运载方式和传播方式等的不同分类。下面仅介绍两种分类方法。

1. 按照作用性质分

• 欺骗性干扰。又称迷惑性干扰或假通信，它是发送假信息或模拟敌方的通信信号以欺骗对方，使其做出错误的判断和决策。

• 压制性干扰。就是人为发射干扰电磁波，使敌方的通信接收设备难于或完全不能正常地接收通信信息。

2. 按照频谱宽度分

• 阻塞式干扰。又称拦阻式干扰，是同时对某个频段内多个或全部信道的干扰，干扰的带宽等于目标信号的工作频率范围，或者覆盖目标信号的大部分工作频率范围。

• 瞄准式干扰。是指将干扰的频率重合到信号的频率上形成的同频干扰。又分为准确瞄准式干扰和半瞄准式干扰。通常把干扰与被干扰目标信号频率重合程度高于75%的干扰称为准确瞄准式干扰。在瞄准式干扰中，按照控制和实施方式的不同，又可分为转发式干扰、跟踪式干扰、扫频搜索式干扰、间断式干扰、连续式干扰及单一频率干扰等。

（二）通信干扰装备的主要指标

1. 工作频率范围

干扰设备的工作频段是由被干扰通信系统的频段及其跳频范围所决定的。由于干扰机不仅对一个系统实施干扰，而是对处于同一频段而工作频率不同的系统都进行干扰，所以要求干扰机有一定的频率覆盖范围。通信干扰系统的工作频率范围应覆盖如下频段中的一段或几段：10～500kHz、1.5～30MHz、30～88MHz、100～156MHz、225～400MHz、450～750MHz、960～1215MHz、

2000～6000MHz。

2. 干扰功率

干扰机的功率是根据总的战术要求提出的。通常要求在最小的干扰距离内，在被干扰的通信系统接收机输入端的干扰功率，要大于输入信号的功率，否则就达不到一定的干扰强度，干扰就会失败。现代压制式干扰发射机输出连续波功率一般为数百瓦，高的可达数千瓦。为提高单个发射机的发射功率，可以采用功率合成技术。如果单个干扰机不能满足功率要求，也可采用多部干扰发射机在空间进行能量叠加。

3. 干扰样式

干扰机根据干扰对象的不同和多功能的要求，应具有多种多样的干扰信号形式。在频率对准、功率足够的前提下，干扰方式的选择是否恰当，在一定程度上将直接影响干扰效果。通常是根据被干扰通信系统的工作方式及其参数来确定最佳干扰的方式。现代干扰机需具有多种干扰信号形式，通常有一专门的干扰波形产生器来产生这些波形，再通过调制器实现对射频的调制。

4. 调谐速度

调谐速度是指干扰发射机在频率上调谐和转换的速度，通常以单位时间调谐的频率范围或调谐整个干扰频段所需的时间来表示。随着现代通信系统频率快速跳变能力的提高和干扰机需要同时干扰的对象的增多，对调谐速度的要求也越来越高，并成为现代干扰机的一个重要技术指标。

5. 射频信号频谱形状及频谱宽度

频谱形状及频谱宽度是根据干扰机的干扰对象和干扰方式（瞄准式还是阻塞式）来确定的。噪声干扰信号的频谱应有一定的宽度，干扰频谱要均匀，这就要求发射机的主要参数（振荡功率、调制信号的频谱宽度等）不变。

6. 工作稳定性

干扰发射机的工作稳定性包括干扰频率的稳定性和干扰功率的稳定性。频率的稳定性对于频率瞄准式干扰更为重要，干扰频率的飘移会使干扰信号频率对不准干扰对象的频率而大大降低干扰效果，所有在干扰发射机中一般都采取稳频措施。干扰发射机的频率稳定性主要由振荡器决定，在有频率合成器的发射机中，频率稳定性由合成器中的标准振荡器决定。功率稳定性也很重要。通常尽可能地使干扰发射机功率在整个干扰波段内保持平稳而均匀，否则会降低干扰效果。在要求严格的干扰发射机中都采用有稳定功率的措施。

7. 效率

干扰发射机的总效率是发射机输出的射频功率与它的电源输入的总功率之比。因为发射机都是大功率的,它在整机是最耗电和最需要冷却的部分,所耗电源的功率约占整个干扰机的 50% 以上。因此,提高发射机的效率不仅可以增大干扰功率,而且可以降低功耗,减轻整个干扰机的体积和重量。对于多级放大式发射机,若需提高总效率,则应主要注意改善大功率的输出级的效率。

二、噪声干扰

(一) 射频噪声干扰

射频噪声直放干扰信号可以看作是一个窄带高斯随机过程,并可以写成下面的形式:

$$J_A(t) = U_j(t) \cdot \cos[\omega_j t + \varphi(t)] \tag{3.22}$$

其中: $U_j(t)$ 为包络函数,服从瑞利分布, $\varphi(t)$ 为相位函数,服从 $[0, 2\pi]$ 均匀分布,且与 $U_j(t)$ 相互独立。

(二) 噪声调幅干扰

噪声调幅干扰信号可写成:

$$J_C(t) = [U_0 + U_C(t)] \cdot \cos(\omega_j t + \varphi_C) \tag{3.23}$$

其中: U_0 为载波幅度;

$U_C(t)$ 为零均值、在区间 $[-U_0, +\infty)$ 分布的广义平稳随机过程,是调制噪声信号;

φ_C 为初相。

定义调制系数为:

$$m_A = \frac{最大噪声值（U_{Cmax}）}{载波幅度（U_0）} \tag{3.24}$$

一般 $m_A \leq 1$,当 $m_A > 1$ 时,称为过调制,严重的过调制将烧毁振荡管,因此,一般需要满足条件 $m_A \leq 1$。

定义噪声峰值系数为:

$$k_e = \frac{U_{Cmax}}{\sigma_n} \tag{3.25}$$

其中：σ_n 为调制噪声均方根值。

已调信号的上、下边带功率之和称为旁频功率，其值为：

$$P_{sl} = \frac{m_A^2}{k_e^2} \frac{U_0^2}{2} \tag{3.26}$$

由于接收机检波器的输出正比于噪声调制信号的包络，因此，起遮盖干扰作用的主要是旁频功率。提高旁频功率的方法：（1）选择载波功率大的发射管；（2）增大调幅系数 m_A，即取 $m_A = 1$，再大就是过调制，将使噪声的包络失真而降低对信号的遮盖性能；（3）对调制噪声进行适当的限幅，使峰值系数减小一些。显然，限幅将使噪声信号的熵变坏，目标信号幅度位于该电平平顶之上时容易被发现，噪声调制信号的这种平顶现象称为"天花板"效应。常用的峰值系数选择为 $1.4 \sim 2$。

1. 噪声调频干扰

从噪声调幅干扰的特点可知，噪声调幅干扰的带宽是调制噪声带宽的两倍，要想得到很宽的干扰带宽，将对调制器提出更高的要求，以致其线路复杂甚至难以实现。但是噪声调频干扰就可以用带宽较窄的调制噪声得到很宽的干扰带宽。

噪声调频干扰机发射信号可写成：

$$J_B(t) = U_j \cdot \cos\left[\omega_j t + K_{FM} \int_0^t u(l) \cdot \mathrm{d}l + \varphi_j\right] \tag{3.27}$$

其中：U_j 为包络幅度常数；

$\quad\quad u(t)$ 为调制噪声，是一个零均值、广义平稳的随机过程；

$\quad\quad \varphi_j$ 为服从 $[0, 2\pi]$ 均匀分布，并与 $u(t)$ 相互独立的随机变量；

$\quad\quad \omega_j$ 为噪声调频信号的中心频率；

$\quad\quad K_{FM}$ 为调频斜率。

噪声调频信号的功率等于载波功率，因此要得到高的干扰功率，就必须采用功率大的振荡管，而与调制噪声的功率无关，调制噪声功率的大小只影响频谱宽度和影响载波功率对不同频率分量的分配关系。

2. 噪声调幅 – 调频干扰

大多数的噪声调制干扰实际上都是噪声调幅调频干扰。因为在调幅时总会产生寄生调频，调频时也会产生寄生调幅。噪声调幅调频波兼具调幅和调频两方面的影响。设调制信号为 $U(t)$，则已调波的表示式为：

$$u(t) = [U_0 + U(t)]\cos\left[\omega_0 t + K_{FM}\int_0^t U(t)\,\mathrm{d}t\right] \tag{3.28}$$

这时，已调波在载波振荡 U_0 的基础上随着调制电压的规律作幅度的起伏变化，同时，其频率也随着调制电压而变化。这种噪声调制干扰由于兼有噪声调幅和噪声调频的影响，使干扰信号的随机性更强，对信号的遮盖性能更好。

当噪声调幅调频干扰的频移小于接收机带宽时，调幅调频波的频率变化全部落入接收机带宽，干扰始终能进入接收机，则中放输出就是一个连续的调幅调频波，经过检波取下干扰的调幅包络的起伏噪声，即可实现干扰。显然，在这种情况下，调幅起主要作用，其调幅程度越大，干扰效果越好。

当干扰的有效频偏大于接收机带宽时，则干扰信号的频率扫过接收机带宽只有落入带宽内的时间里才能进入接收机，故中放输出为宽度，间隔和波形均作随机变化的脉冲列。显然，在这种情况下，调频起主要作用，而调幅成分起着次要作用。

三、键控干扰

键控干扰信号是未经任何调制的单一频率信号，通常使用手动或自动键控将干扰信号发射出去，键控速度要求与被干扰信号的键控速度基本相同，主要用于干扰幅度键控和移频键控的无线电报的通信系统。

幅度键控通信不仅可以利用接收机的选择性来抑制干扰，还可以利用人耳的分辨力来提高抗干扰能力。因此，对幅度键控干扰除应有足够功率和相似键控速度外，还要求干扰频率与信号频率能准确重合。移频键控通信空号和传号时是在不同频率上发射信号的，因此必须对两个频率都进行干扰。

随机振幅键控干扰信号即载波幅度受到随机数调制，一般表达式为：

$$J(t) = R(t)\cos[\omega_c t + \varphi_0] \tag{3.29}$$

其中：ω_c 是载波角频率；

φ_0 是载波的初始相位；

$R(t)$ 是随机数字信号。

随机频移键控干扰信号可以表示为：

$$J(t) = \sum_n R(t)\cos(\omega_1 t + \varphi_n) + \sum_n \bar{R}(t)\cos(\omega_0 t + \theta_n) \tag{3.30}$$

其中：ω_1、ω_0 是载波角频率；

φ_n、θ_n 是载波的相位；

$R(t)$ 是随机数字信号，$\bar{R}(t)$ 为其反码，即若 $R(t) = 0$，则 $\bar{R}(t) = 1$；若

$R(t) = 1$，则 $\bar{R}(t) = 0$。

四、脉冲干扰

脉冲干扰是一种非调制或已调制的高频脉冲串。对脉冲进行幅度、重复频率、脉冲宽度或其中几个参数的调制均可提高它们的干扰效果。脉冲干扰作用时间短促，脉冲功率大，通常用于干扰数字通信。

脉冲干扰的数学模型为：

$$s_j(t) = \begin{cases} s_{j0}(t), & t_1 \leq t \leq t_2 \\ s_{j1}(t), & t_3 \leq t \leq t_4 \\ \cdots & \cdots \\ 0, & \text{other} \end{cases} \tag{3.31}$$

其中：$s_{ji}(t)$ 为脉冲信号。

五、转发式干扰

在通信对抗中，转发式干扰和引导式干扰是两种最基本的体制。引导式干扰机靠 ESM 系统的支援，转发式干扰机则直接利用了敌方发射信号的全部或部分，即将收到信号直接转发或经适当处理后进行转发，用以达到干扰的目的。因此，转发式干扰机具有自动频率重合、瞄准精度高、实时性较好的特点。

转发式干扰要求干扰机收发能同时工作，其实现途径主要有即时转发、时分转发和再生转发。

（一）即时转发

干扰机在接收敌通信信号的同时，即时处理，去调制和加入新调制，然后即时发射出去，对敌通信收方形成干扰。称这种干扰机为即时转发式干扰机，其优点是即时性好，对窄带信号而言，频率重合度高，对宽带信号而言，干扰信号与通信信号的频域特性一致性好。它不需要专门的频率重合设备，其干扰时间与通信时间比很高，可达 99% 以上。

（二）时分转发

解决收发隔离最简便易行的方法是时分法，即收时不发，发时不收。考虑到干扰效果与转换速率和占空系数有关，因而可采用不同的收发时间比，以及不同的转换速率。收发时间采用伪随机码控制效果更佳。

（三）再生转发

对于窄带的已知调制样式的信号而言，只要已知信号形式和载频，就可以产生干扰信号。对于宽带信号，或宽带内的多信号，例如带宽为 4MHz 的带内信号，则可以采用采样再生的方案获得干扰信号，数字式射频存储器（DRFM）技术就是其中的一种。在通信对抗中，DRFM 有广泛应用前景，这是数字技术和计算机广泛应用于通信而形成的必然结果，对通信信号的存储再生与转发就是它在通信对抗中的一个应用。

第五节　典型通信对抗装备

美军对伊拉克、南斯拉夫和阿富汗所采取的军事行动表明，敌方的指挥与控制设施已经成为现代战争中首要的攻击目标。如果敌方的前线部队不能接收命令，则指挥官无法与其下级部队保持联络，就将处于困难的境地。

通信干扰系统是用来产生和发射干扰信号、扰乱敌方无线电通信的电子系统。它可以破坏敌方语音通信和数据链，有效切断指挥控制命令的上传下达。通信干扰系统出现于第二次世界大战期间，主要是单机工作，采用正弦波、噪声或噪声调制干扰，自动化程度较低，干扰方式较简单。

二战后，通信干扰系统加速发展，大功率、宽频带功率合成技术得到普遍使用，短波和超短波干扰机的干扰频率分别达到数十千瓦和千瓦量级。采用计算机和数字处理技术的自适应通信干扰系统，能对各种通信信号进行实时分析、识别、处理，并根据通信信号特征，分配干扰功率、选定最佳干扰样式、监视信号变化和检测干扰效果。

一、机载通信干扰系统

（一）机载通信干扰系统

AN/USQ-113 是 EA-6B "徘徊者" 电子战飞机上的专用通信干扰系统。20 世纪 90 年代末进行了升级，安装有新型接收机、功率放大器和发射机，扩大了系统的频率覆盖范围。除此之外，EA-6B 机载的 AN/ALQ-99 干扰系统也可以进行通信干扰，起初用来干扰工作频率范围为 30MHz~18GHz 的敌军雷达，此外，也能有效干扰在甚高频和超高频频段工作的通信系统。

宽大的频率覆盖范围使 EA-6B 飞机能够承担 EC-103H "罗盘呼叫" 通信干扰飞机的部分任务。EA-6B 飞机在执行任务期间进入战场上空，可持续飞行 6~7h，干扰定向通信链路。

美国空军的 EC-130H 通信干扰飞机（见图 3.19）数量较少，在阿富汗战争和近年来的其他军事行动中一直担任繁重的任务。它从 1982 年开始服役，隶属于美空军第 41 电子战中队。自服役以来，EC-130H 定期进行升级，不断提高干扰性能和对付多种威胁的能力。目前使用的标准型为 Block30 型，从 2000 年开始已经有 6 架 EC-130H 用数字系统替代原有的模拟系统，并加装战术无线电对抗系统和数字压缩机，改进成为 Block35 型。

图 3.19　EC-130H 通信干扰飞机

直升机也可以用作干扰平台。有代表性的是美国陆军的 EH－60A 直升机，如图 3.20 所示，它在 20 世纪 80 年代末由 UH－60A 运输直升机改装而成，机上装有 TRW 公司研制的 AN/ALQ－151（V）2 型测向、截获与干扰系统。它使用了安装在直升机机身上的 4 个偶极天线和 1 个可展开的鞭状天线，主要用于对付工作在 2～80MHz 范围内的调幅、调频以及单边带威胁，功率输出为 500W。

图 3.20 EH－60A 直升机

（二）无人机机载通信干扰系统

美军一直致力于研制无人机机载通信干扰有效载荷。由 BAI 航空系统公司交付的 50 余架 BQM－147A 无人机已安装了通信干扰机；美国陆军对 RQ－5A 无人机也进行了通信干扰机有效载荷的试验。

法国和德国合作的"龙"电子战项目中，1995 年首次试飞了装有 Bacarat 干扰系统的"美洲鹰"无人机，该系统的双天线安装在机身舱门一侧，在飞行期间从机头下方的垂直位置展开。1999 年 6 月，法国国防采办局订购了一批"茶隼"电子战型无人机，将装备泰利斯公司研制的"Berd VHF/UHF 战术通信干扰机"。另外，STN Atlas 公司正在研制基于"台风"攻击无人机的"蚊子"无人机，它将携带 EADS 公司研制的干扰机，以对付工作在 20～500MHz 范围内的无线电网络系统。

俄罗斯对无人机载通信干扰系统也非常关注。雅科夫列夫公司研制了"蜜蜂"无人机的专用机型，它使用全球定位导航技术，能通过一个地面控制站同时控制 32 架无人机。

保加利亚拥有的"小鹰"无人机，携带的有效载荷包括一部 AJ－045A 干扰机，能够从无人机上干扰距离 10km 远的无线电接收机。

二、地面通信干扰系统

地面通信干扰系统包括固定、车载和便携式三种，其中最常见的是车载干扰系统。

（一）车载通信干扰系统

车载通信干扰系统安装在通信干扰车上，可随部队运动实施行进间干扰或停车干扰。北约很多国家装备有"犀牛"机动式高须波段探测器干扰系统，其频率范围为 1.5~30MHz，输出功率为 1kW。它采用时分技术，具有多信道干扰能力，可对付频率捷变、猝发或每秒数十跳的跳频通信系统。

该系统可由一名操作人员控制，以本地模式工作。或者在中央控制设备的控制下，以无人遥控模式由一个或多个分队操作。系统采用 12m 鞭状天线和 V 型斜面天线，可干扰地波和天波的传输。

"野蜂"多信道干扰机是戴勒姆－克莱斯勒宇航公司研制的通信干扰机，频率搜盖范围为 20~80MHz，能够同时干扰 10 个信道。其综合电子支援系统可探测和识别目标辐射源，并选择适当的干扰调制样式。德国采用的车载式"野蜂"，系统于 1999 年开始改进，在系统中增加了 1 个安装在可架设天线杆上的宽带测向天线，并增加了辐射源分类与识别功能和一种任务规划工具。

戴勒姆－克莱斯勒宇航公司最新开发的通信干扰系统具有更宽的频率覆盖范围，可干扰甚高频（VHF）和特高频（UHF）频段，包括卫星通信、移动电话、无人机载数据链路、全球定位系统和卫星导航系统。其中，SGS2300 系列产品是用于干扰高频（HF）、甚高频和特高频话音和数据链路的车载通信干扰系统。其集成了自动监视子系统，具有较高的输出功率（平均为 1kW）和快速跳频能力，可对付现代通信链路。

以色列塔迪兰电子系统公司研制的"战术自动通信干扰系统"（TACJS）可装载到装甲运输车或高机动轮式车辆的方舱内。该系统的频率范围为 2~1000MHz，按被干扰信号的大小，将输出功率控制在 0.5~2kW。可单独部署使用，也可以联网到中央控制设施。

（二）便携式通信干扰系统

便携式通信干扰系统体积小、重量轻，可由战斗人员携带到有利地域实施干扰。英国 BAE 系统北美公司生产的"Pacjam 便携式干扰系统"由接收/发射机、电池组和天线三个单元组成，仅重 30kg，在 100～500MHz 频率范围内的干扰功率可达 100W 左右，发射间歇干扰信号可达 3h，避免了一般小型系统干扰功率有限的缺点。

"R－047 Shturest 甚高频波段阻塞式干扰机"由保加利亚金泰克斯公司设计，频率范围为 20～100MHz。为模块化结构，发射机、甚高频接收机、控制面板、定向或非定向天线等模块可以有不同的作战组合。在战场上，它通过甚高频收发机或有线链路由控制面板进行遥控。

一次性使用的无人值守小型通信干扰机，成本低、效果好，在部署并被激活后可独立工作，可投放到敌纵深，对战术通信网实施干扰。泰利斯公司研制的"BLB20 干扰机"，仅重 4.3kg，覆盖 20～110MHz，可产生 20W 的干扰功率达 3h 之久。

第六节　本章小结

本章介绍了通信对抗的基本概念、原理组成和典型装备，着重介绍了通信侦察中的搜索式超外差接收机、信道化接收机、数字接收机、压缩接收机和声光接收机等典型接收机结构，通信测量与定位的原理与方法，以及通信干扰中的噪声干扰、键控干扰、脉冲干扰和转发式干扰等典型干扰方法，最后介绍了典型的机载通信干扰系统和地面通信干扰系统。

随着通信对抗技术的迅速发展，军事通信对抗强度日益激烈化，通信对抗范围日益全要素化，通信对抗时限日益全时域化，这些新变化、新特点都对军事通信提出了更高的要求。军队 C^4ISR 系统高度依赖于通信系统的正常运行，因此，通信对抗逐渐成为 C^4ISR 对抗措施的核心，倍受各国重视。通信对抗未来的主要发展趋势有：从以硬件为核心向以软件为核心发展；从压制干扰向灵巧干扰发展；从单平台/单系统向网络化/体系化发展；从粗放式大功率干扰向精确的外科手术式干扰发展；从"软杀伤"向"硬杀伤"发展；从功能固化向智能认知化发展；从对抗单纯的通信目标向对抗网电一体的目标发展。

思考题

（1）什么是通信对抗？通信对抗包括哪些具体内容？

（2）通信侦察系统由哪些部分组成？其工作原理是什么？

（3）通信干扰可分为几类？其干扰原理是什么？

（4）试图寻找一个通信对抗装备使用的典型战例，举例说明通信对抗在作战中的作用。

第四章
光电对抗

　　光电对抗是指利用光电对抗装备，对敌方光电瞄准器材、光电制导武器和其他军事设施进行侦察、干扰或摧毁，以削弱或破坏其作战效能，同时保护己方光电器材和武器的有效使用。光电对抗是现代电子战的一个分支，在未来战争中占有重要的地位。

　　随着红外、激光等光电子技术在军事上的应用，特别是光电探测和光电制导技术的发展，光电对抗技术和装备在现代战争中发挥着越来越重要的作用，各军事强国在光电对抗领域的竞争也日益激烈。有军事分析家预言：在未来战争中，谁失去制谱权，就必将失去制空权、制海权，处于被动挨打、任人宰割的境地；谁先夺取制光电权，谁就将夺取制空权、制海权、制夜权。由此也可以认为，谁拥有了更先进的光电对抗技术和装备，谁就掌握了战场的主动权。光电对抗在军事上的作用主要表现在：

　　（1）为防御和对抗提供及时的告警和威胁源的精确信息。实现有效防御的前提是及时发现威胁，光电侦察告警设备能够查明和收集敌方军事光电情报，为及时采取正确的军事行动和实施有效干扰或火力摧毁提供依据。美军非常重视战场信息采集和综合处理技术的研究，已连续多年把它列为国防关键技术和重点研究内容，并且在大的军事项目中加以应用。

　　（2）扰乱、迷惑和破坏敌方光电探测设备和光电制导系统的正常工作。通过有效的干扰使它们降低效能或完全失效，以保障己方装备和人员免遭敌方光电侦察、干扰或火力摧毁，为己方的对抗行动创造条件。光电干扰技术和装备作为对抗敌方光电探测和制导的有效手段，是各军事强国重点研究的内容。

第一节　光电对抗概述

一、光电对抗的基本概念

光电对抗主要是指在光学谱段内的对抗技术。随着光电技术的发展，电视、激光、红外及紫外等光学探测与跟踪技术被广泛采用，出现了精确制导武器体系。为了对抗光电制导武器的攻击，各类飞机、舰艇和地面指挥中都采用了多种光电对抗设备和技术，包括红外干扰机、干扰弹、假目标及隐身技术等，此外还有激光致盲武器和定向红外干扰技术。在光电对抗过程中，为了增强对抗的效能，光电定位也得到了空前的发展。和电子战一样，光电对抗已成为现代战争中决定胜负的关键因素。

光电对抗包括光电侦察、光电定位和光电打击等三个工作周期，光电干扰和反干扰的此消彼长决定了这三个周期的效能。

光电侦察是利用光电装备查明敌方光电器材的类型、特性和方位等信息，为实施光电干扰提供依据。

光电定位是对光电侦察功能的补充或强化，是对已识别的目标，在探知方位的前提下，实施距离估计和综合威胁度分析。光电定位的关键技术是对目标的被动测距。

光电干扰分为有源压制/欺骗干扰和无源干扰两类。有源干扰设备和器材包括红外诱饵弹、红外干扰机和激光干扰机。光电无源干扰是一种非常有效的干扰手段，主要包括用于干扰人眼和观瞄器材的烟幕弹，干扰中远红外光和激光的气溶胶和电离气悬体，此外还有光箔条、曳光弹等。

二、光电对抗的基本特征

光电对抗是否有效，必须符合如下四个基本特征：光电频谱匹配性、干扰视场相关性、最佳距离有效性和干扰时机实时性。

（一）光电频谱匹配性

光电频谱匹配性是指干扰光电频谱必须覆盖或等同于被干扰目标的光电频谱。例如，没有明显红外辐射特征的地面重点目标，一般容易受到具有目标指示功能的激光制导武器的攻击，因此，激光欺骗干扰和激光致盲干扰都选用 $1.06\mu m$ 和 $10.6\mu m$ 来对抗相应的敌方激光装备；具有明显红外辐射特征的动目标（如飞机）一般受到红外制导导弹的攻击，红外诱饵及红外有源干扰波段与红外制导光电频谱相同，一般选为 $1\sim3\mu m$ 和 $3\sim5\mu m$。

（二）干扰视场相关性

光电侦察、光电制导和光电对抗均具有方向性较好的光学视场，干扰信号必须在被对抗的敌方装备光学视场范围内，否则，敌方光电装备探测不到干扰信号，干扰将是无效的。尤其是激光对抗，由于激光的方向性好，导致对抗的难度非常大。例如在激光欺骗干扰中，激光假目标的布设距离必须根据激光导引头视场范围而设定。

（三）最佳距离有效性

光电对抗的最佳干扰效果就是将来袭光电制导武器引偏，使光电制导武器导引头在其视场内看不到被攻击的目标。在一定引偏距离内是否引偏至导引头视场之外，主要取决于距来袭光电制导武器的距离，因此，干扰距离的选择也是能否有效干扰的关键问题。例如，红外干扰导弹在离来袭红外制导导弹一定距离范围内发射才具有最佳的诱骗干扰效果。

（四）干扰时机实时性

战术光电制导导弹末段制导距离一般在几千米至十千米范围内，而导弹速度很快，一般为 $1\sim2.5Ma$，从告警到实施有效干扰必须在很短的时间内完成，否则，敌方来袭导弹将在未形成有效干扰动作前就已命中目标。因此，对光电对抗要求的实时性要求比较强。

三、光电对抗的发展趋势

随着军用电子技术、微电子技术和计算机技术的发展，光电制导武器及其配套的光电侦测设备性能不断提高，其在现代和未来战争中应用也更加普遍，并对重要军事目标和军事设施构成威胁，因而，光电对抗技术的发展和光电对抗装备的研制，受到世界各国的广泛重视。在人们所熟悉的海湾战争中，精确制导武器特别是光电精确制导武器充分展现了其巨大威力。根据现代新技术的发展和现代高技术局部战争战例，可以预见光电对抗将有长足发展，并将向综合化、多光谱和全程对抗的趋势发展。

（一）光电对抗综合一体化

光学技术及计算机技术（包括软硬件）和高速大规模集成电路的飞速发展，为光电对抗技术综合一体化奠定了基础。光电对抗综合一体化，是依靠科学技术、高性能探测器件以及数据融合技术的发展，将信息获取、信息处理和指挥控制融为一体，进而采用智能技术和专家系统等，使光电对抗系统成为有机整体，从设备级对抗发展为分系统、系统和体系的对抗。

提高战场作战效能，实现综合一体化，要有一个从低级到高级，从局部到全局的发展过程。首先是光电侦察告警一体化，进而是光电侦察告警与雷达告警及光学观瞄系统的综合，最后将多个平台获取的信息进行综合，指挥引导不同平台上的对抗措施，实时检测，闭环控制，以实现更大范围和更高层次的系统综合。

（二）多光谱技术广泛应用

光电技术的发展，使多光谱技术、红外成像技术、背景与目标鉴别技术、光学信息处理技术等新的科技成果不断涌现并被广泛应用。多光谱对抗就是多光谱技术在光电对抗中的重要应用，它是指光电侦察告警、光电有源/无源干扰、光电反侦察反干扰已经改变了以往的单一波长或单一宽频段的状况，而向紫外、可见光、激光、红外全波段发展。

（三）多层防御全程对抗

现阶段，光电对抗采用单一对抗末端防御，如红外干扰段和激光角度欺骗干扰，这种对抗形成的效果是有限的。随着新型光电制导武器不断增多和不断改进完善，光电对抗技术必须相应改善和提高。双色制导、复合制导、综合制导武器的出现，要求光电对抗必须向多层防御全程对抗发展，以提高光电精确制导武器整体作战的效能。

第二节　光电对抗无源干扰技术

光电无源对抗发端于对红外制导导弹的对抗。制导系统对目标的攻击要经历三个阶段：目标探测、目标识别、目标跟踪。对这三个阶段，可采用的相应对抗措施为遮障或伪装、隐身干扰。遮障是通过改变探测器和被保护目标之间媒介的光谱传播特性或改变被保护目标背景光谱对比度的方法来阻断传播通道；伪装是用涂料、染料或其他材料来改变或掩盖目标或背景电磁波谱特性（如颜色、图案、热图、发射率、反射率等）的一类技术手段；隐身指使敌方光谱探测器在一定条件下不能探测或识别出被保护目标的技术手段；设置光电假目标则是一种以假乱真的干扰，使得敌方探测器系统不能正常探测或跟踪被保护目标。

在一些情况下，光电无源对抗中的遮障或伪装也被统称为隐身，称为"减少目标特征信号的一类技术"。

一、遮障

常用的遮障技术有烟幕、水幕、水雾、箔条云、沙尘等。

（一）烟幕

烟幕是由在空气中悬浮的大量细小物质微粒组成的，是以空气为分散介质，以一些化合物、聚合物或单质微粒为分散相的分散体系，通常称为气溶胶。气溶胶微粒有固体、液体和混合体之分，烟幕也不例外。

烟幕干扰技术就是通过在空气中施放大量气溶胶微粒，来改变电磁波的介质传输特性，以对光电探测、观瞄、制导武器系统实施干扰的一种技术手段，具有"隐真"和"示假"双重功能。图4.1展示了红外烟幕对坦克的保护作用。

具体的烟幕遮蔽机制主要有两个：辐射遮蔽和衰减遮蔽。辐射遮蔽型烟幕通常利用燃烧反应生成大量高温气溶胶微粒，凭借其较强的红外辐射来遮蔽目标和背景的红外辐射，从而完全改变所观察目标及背景固有的红外辐射特性，降低目标与周围背景之间的对比度，使目标图像难以辨识，甚至根本看不到。目前辐射遮蔽型烟幕主要用于干扰敌方的热成像探测系统，在热像仪上只是一

图 4.1　红外烟幕对坦克的保护作用

大片烟幕的热像，而看不到目标的热像。衰减遮蔽型烟幕主要是靠散射、反射和吸收作用来衰减电磁波辐射。

　　烟幕干扰技术早在第一次世界大战时就已用于战场。现代战争中烟幕的作用越来越大，应用频率也越来越高，已经从早期对抗可见光波段，发展到可以对抗紫外线、微光、红外，甚至扩展到对抗毫米波波段。例如，对激光制导武器的干扰，是因为烟幕可以使激光目标指示器的激光束或目标反射的激光束能量严重衰减，激光导引头接收不到足够的能量，从而失去制导能力，成为盲弹。另外，烟幕还可以反射激光能量，使导弹被引到烟幕前沿爆炸。

（二）水幕和水雾

1. 水幕

　　研究表明，海水除了对蓝绿光（$\lambda = 0.45 \sim 0.55\mu m$）有较好的透过系数外，对其余波段都有明显的衰减。$20\mu m$ 厚海水薄膜在 $3 \sim 5\mu m$ 波段上，平均透过率小于40%。如果用 $50 \sim 100\mu m$ 的水膜，形成一道水幕，则 $3 \sim 5\mu m$ 波段上红外辐射的透过率将在千分之几到百分之几范围内。地面固定目标和海上舰艇很容易被星载、机载红外传感器探测到，从而招致红外成像制导导弹的打击。对这些目标表面及四周浇水使其保持有一层湿润的水膜，会改变敏感目标的"热像"，在一定程度上达到对抗红外成像制导导弹的目的。

与水雾遮障不同，水幕遮障不会影响到己方光电设备的工作。

2. 水雾

水雾对于红外辐射的衰减主要是由于水雾对红外辐射的吸收和散射作用。水雾对红外辐射具有选择性吸收作用，水分子在 $3.17\mu m$、$4.63\mu m$、$4.81\mu m$、$11.8\mu m$ 等波长处具有很强的吸收作用。水雾粒子的半径大部分在 $0.5 \sim 5\mu m$ 之间，与红外辐射的波长差不多，因此，水雾对红外辐射会产生米氏散射。根据水雾的浓薄，每立方厘米可以有几十到几百个雾粒，因而对红外辐射的散射是严重的，因此，雾天各类红外仪器或设备的性能指标将受到很大的影响，严重时会失去使用价值。

水雾除了它本身对红外辐射有较大衰减外，由于水的汽化潜热很大，水雾在变成水汽的过程中将伴随着吸热降温过程。

水面舰艇利用得天独厚的海水和空气作为干扰材料，可使其红外辐射下降95%左右。这一技术也可用于其他军事目标，如坦克、直升机。

3. 人工造雾

自然界中雾的形成需要具备两个条件：一个是空气湿度达到过饱和，另一个是空气中有足够的凝结核。与云不同的是，雾的形成是在地面以上几米至几十米。要使空气达到饱和，从根本上说只有两个途径：一是增湿，二是降温。雾滴平均直径为 $10 \sim 100\mu m$，内陆雾的雾滴直径小一些，海洋及大型湖泊水面上的雾的雾滴直径略大些，雾滴浓度也有很大的变化范围。

根据大气气溶胶产生机理和自然云、雾的形成条件，可知道人工成雾主要有以下方法：

（1）产生足够高的水汽过饱和度，利用加热汽化－凝聚原理产生水雾，即冷却热蒸汽法。

（2）提供足够多的凝结核，海面上空气湿度大，向海面上空中播撒大量吸热催化剂，使水汽快速结成一定粒径的小水滴，再借助小水滴的自然碰撞、相互结合过程，产生水雾或使生成的水雾量增大。也用于陆上人工造雾。

（3）为大气气溶胶提供可溶性物质，使其发生物理、化学变化，也有利于云、雾的生成。

（4）采用泵压法，可细分为液力雾化和气力雾化。在雾化形成过程中，液体的物理性质——密度、黏度和表面张力极大地影响着喷嘴的流动特性和雾化特性。液体雾化可以认为是在内外力的相互作用下液体的碎裂过程。当外部作用力超过了液体表面张力，碎裂就会发生，雾化使连续液体碎裂成大量离散型液滴。

（三）箔条云

箔条云是箔条弹发射的产物，可以看作一种由箔条构成的随机介质，它的整体运动方式是在垂直下降的基础上加上一个水平移动分量（即风速）。箔条是用金属或镀敷金属的介质制成的细丝、箔片、条带的总称。4mm×1mm 矩型铝箔能拓宽带宽，V 型铝箔条对厘米波与毫米波均有较大的雷达反射截面积（RCS）。箔条云可以保护飞机个体，甚至形成干扰走廊而保护机群行动。

目前，国内外都在大力开展复合干扰材料的研究。箔条正向着反射性能好，散开速度快，散布面积大，留空时间长，干扰频带宽以及多功能干扰的方向发展，诸如对抗毫米波厘米波、毫米波/红外/激光、毫米波/红外复合制导，等等。

1. 箔条云干扰原理与条件

当雷达分辨单元存在两个以上目标时，雷达跟踪散射能量的中心，即雷达的跟踪点会偏向散射能量较大的目标，这就是质心干扰。

为了达到箔条干扰的最佳效果，要保证以下两方面：

（1）质心干扰一般要求箔条云比飞机雷达截面积大 2 ~ 3 倍。

（2）在载机冲出雷达脉冲分辨单元之前，箔条云必须达到额定雷达截面积，这就要求箔条弹迅速展开。

2. 箔条弹的参数

为了获得箔条的最高利用率，常采用半波振子箔条。在实际应用中主要关心箔条弹的以下参数：

（1）箔条云的形成时间。从箔条弹发射指令起，到箔条云形成所要求的雷达截面积所经过的时间，定义为箔条云的形成时间。

（2）箔条间严重遮挡时能实现质心干扰的弹机距离。毫米波雷达质心干扰的弹机距离与箔条云的空间尺寸有关。箔条云空间尺寸越大，所对应的弹机最小距离越大，反之越小，所以，在毫米波雷达质心干扰场合使用高密度箔条云为妥。

3. 箔条弹发展趋势

现阶段使用的箔条干扰材料主要有：

（1）光箔条。光箔条实质上是一种材料两种功能，既能反射雷达波又能吸收红外。

（2）毫米波箔条。毫米波具有微波和光波难以实现的固有特性，为了对付毫米波雷达和毫米波制导的新型武器威胁，开展毫米波对抗技术研究势在必行。

（3）垂直极化箔条。为了有效对抗极化雷达制导导弹，采用垂直下降率达 50% 左右的垂直极化箔条，可以在干扰水平极化雷达与垂直极化雷达时都达到同样结果，这是比较理想的效果。

（四）沙尘

沙尘是一种气象现象，对可见光、红外、激光毫米波等有严重的衰减作用，影响光电对抗的效能，引起了美军的注意，美国军方曾委派气象专家到我国河西走廊考察沙尘暴。

应用 Mie 散射理论，用数值法研究沙尘粒子对大气红外辐射的散射、消光和吸收效率，揭示了不同粒径的沙尘粒子在不同红外辐射波段消光和吸收的特点，得出了沙尘暴天气对红外辐射具有显著的吸收和衰减的结论，特别是对 $\lambda = 2 \sim 2.6 \mu m$ 和 $\lambda = 3 \sim 5 \mu m$ 这两个红外大气窗口的衰减最严重。对某次沙尘粒子主要集中在 1200m 以下的大气中的沙尘暴，计算了沙尘粒子对可见光和红外波段的消光特性，得出沙尘暴期间贴近地平面的消光系数是沙尘暴到来之前的 5 ~ 6 倍，而在垂直方向上，其消光系数大约是沙尘暴到来前的 10 倍。

实测数据表明，爆炸引起的沙尘对三毫米波的衰减可达 101 ~ 167dB/km。

据外刊报道，将滑石粉、高岭碳酸钙、碳酸氢钠等混合成粉末，以低温压缩空气抛散，能形成很好的屏障，遮蔽可见光和 $14 \mu m$ 波长的红外辐射，可望成为宽波段干扰材料。有人提出在坦克上安装一个"集散器"，用于收集坦克行进中扬起的灰尘，快速焙干、粉碎后抛撒在坦克周围，形成阻塞敌方激光测距机、激光制导武器光学信道的屏障。

二、伪装

现代伪装技术可分为涂料伪装和遮蔽伪装两大类。涂料伪装是用涂料来改变目标及遮障等伪装器材的电磁波反射和辐射特性，从而降低目标显著性或改变目标外形的一种技术手段。遮障伪装就是通过采用伪装网、隔热材料和迷彩涂料来隐蔽人员、技术兵器和各种军事设施的一种综合性技术手段。

（一）涂料伪装技术

涂料伪装技术是应用最为广泛的一种通用伪装手段和器材，可为人员、技术兵器、军事设施等几乎所有军事目标提供伪装防护；涂料形成涂层，更适用于运动中军事平台的防护，如飞行中的飞机和机动时的坦克，而且不影响被保护平台的机动性和作战性能。伪装涂层不仅用于装备上，还可以与人的皮肤及服装结合在一起。

涂料伪装技术的发展方向是，在紫外、可见光、近红外和热红外波段范围内，频谱性能与周围背景相适应，并具有合理的图案和表面结构特点，在不削弱现有涂料所达到的可见光和近红外伪装效果的前提下，使涂料的热红外伪装效果达到现有涂料在可见光和近红外波段上的水平。

1. 防红外类涂料

防红外类涂料一般是采用具有较低发射率的涂料，以降低目标的红外辐射能量。涂料还应具有较低的太阳能吸收率和一定隔热能力，以避免目标表面吸热升温，并防止目标有过多热红外波段能量辐射出去。主要分为以下三类：低发射率材料、控温材料和红外复合材料。

（1）低发射率材料

发射率是物体本身的热物性之一，其数值变化仅与物体的种类、性质和表面状态有关。而物体的吸收率则不同，它既与物体的性质和表面状态有关，也因外界射入的辐射能的波长和强度而异。当物体表面涂敷具有低红外发射率的特殊材料，使其产生的红外辐射低于探测器的极限阈值时，红外探测器将对其失去效能。

（2）控温材料

辐射能量与发射率仅为一次方关系，与温度成四次方关系，因而用降温来减少武器系统的红外辐射是很有效的。控温材料有隔热材料、吸热材料以及高发射率聚合物材料。

（3）红外复合材料

红外隐身复合材料是一种对红外有吸收和漫反射功能的复合材料，由吸收、漫反射填料和树脂基体组成，具有吸收红外功能的组分，可以是：在红外作用下发生相变的材料（钒的氧化物）；受红外激发产生可逆化学变化的材料；吸收红外能量后能转变为其他波段（大气窗口之外或者探测器工作波段之外）辐射出来的材料。它们的形态、尺寸、含量、分布情况以及涂层厚度都将影响隐身效果。漫反射功能材料为片状铝粉与树脂的复合材料，将入射红外光束分散，使探测器接收方向上的反射波强度大大减弱。

2. 防激光类涂料

防激光类涂料，通过涂敷对激光有较强吸收或散射性能的涂料，使照射激光的绝大部分能量被涂料吸收或散射到其他方向，而返回探测、测距及导引接收单元的能量很小，从而降低了敌方激光系统的作用距离。

吸收材料的吸收能力取决于材料的分子、原子或电子各能级之间的跃迁。为增强吸收作用的效果，利用选择性吸收是选择适用隐身材料的关键。从使用方法上可分为涂料型和结构型，目前，激光隐身涂料的应用最为广泛。隐身涂料应对常用红外激光（$1.06\mu m$、$10.6\mu m$）具有较高的摩尔吸收率，其化学稳定性、热稳定性和力学性能也必须符合要求。在实际操作中常选用某些金属氧化物、有机金属络合物或有机高分子材料，并加入多种吸收剂（某些半导体材料、具有二键共轭体系的有机化合物等）来提高吸收率。另外，对碳纳米管薄膜的吸收效果进行的研究表明，碳纳米管对红外激光有极强的吸收作用，吸收率可达98%。

3. 迷彩伪装技术

迷彩伪装是利用涂料、染料和其他材料来改变目标、遮障和背景的颜色及斑点图案，以消除目标的光泽，降低目标的显著性和改变目标外形。

伪装迷彩可分为以下5种：

（1）保护色迷彩，如涂在军事车辆、坦克上的绿色颜料，可减小军车、坦克在绿色植物背景中的显著性。

（2）变形迷彩，采用与背景颜色相似的不规则斑点组成的多色迷彩，用于伪装多色背景上的运动目标。

（3）仿造色迷彩，在目标或遮障表面仿制周围背景斑点图案的多色迷彩，用于建筑物、永久工事、火炮等。

（4）光变色迷彩，根据"变色龙"能随着环境的变化而改变自己身体颜色的原理研制。

（5）多功能迷彩，能同时对付可见光、红外、雷达等多种探测器的迷彩。

（二）遮障伪装技术

遮障伪装技术主要用来模拟背景的电磁波辐射特性，使目标得以遮蔽并与背景相融合，是固定目标和停留时运动目标最主要的防护手段，特别适用于有源或无源的高温目标，可有效降低光电侦察武器的探测、识别能力。遮障伪装通常由伪装网和人工遮障来实现。

1. 伪装网

伪装网由边缘加强的聚酯纤维网粘以切割的伪装布或聚乙烯薄膜构成。伪装布或聚乙烯薄膜的两面按林地、荒漠等背景的特点设置不同的迷彩图案，使之在可见光和近红外区具有与战区背景相近的光谱反射特性（用于雪地型背景时，伪装网采用具有高紫外线反射率并打有规则圆孔的合成纤维白色织物，使之具有与雪地类似的光反射特性），将伪装布或聚乙烯薄膜做不同形式的切割，能较好地模拟背景表面状态和明暗相间的情况，使架设成的伪装网产生三维效果的视感。伪装网的网孔多为正方形（尺寸为 $57mm \times 57mm$ 或 $85mm \times 85mm$），其整体制式形状可为矩形、正方形或多边形，为适应不同大小的情况，制式基准网可以方便地互相拼接。

伪装网是使用最普遍的伪装装备，其功能已从早期的可见光和近红外伪装，发展到紫外、可见光、近红外、中远红外和雷达波等多波段伪装。

2. 人工遮障

人工遮障主要由伪装面和支撑骨架组成。支撑骨架通常采用质量轻的金属或塑料杆件做成具有特定结构外形的骨架，起到支撑、固定伪装面的作用。而对光电侦察、探测、识别起作用的主要是伪装面，伪装效果取决于伪装面的颜色、形状、材料性质、表面状态及空间位置等与背景的电磁波反射和辐射特性的接近程度。伪装面主要由伪装网、隔热材料和喷涂的迷彩涂料组成。对常温目标伪装，采用由伪装网并在其上喷涂迷彩涂料制成的遮障即可；对无源或有源高温目标伪装，还需在目标和伪装网之间使用隔热材料以屏蔽目标的热辐射。

人工遮障按用途和外形可分为水平遮障、垂直（倾斜）遮障、掩盖遮障、变形遮障等。

水平遮障，是遮障面与地面平行，架空设置在目标上面的遮障。通常设置在敌地面观察不到的地区，用于遮蔽集结地点的机械、车辆、技术兵器和道路上的运动目标，可妨碍敌方空中侦察。

　　垂直（倾斜）遮障，是遮障面与地面垂直（倾斜）设置的遮障。主要用于遮蔽目标的具体位置、类型、数量和活动，如遮蔽筑城工事、工程作业和道路上的运动目标等，以对付地面侦察。

　　掩盖遮障，是遮障面四周与地面或地物相连以遮盖目标的遮障，其主要用于对付地面侦察和空中侦察。

　　变形遮障，是改变目标外形及其阴影的遮障。既可用于伪装固定目标，又可用于伪装活动目标。

　　20 世纪 70 年代研制的遮障伪装器材主要有美军"热红外伪装篷布""轻型伪装遮障系统"（分为林地型、荒漠型和雪地型三种），德国研制的"热伪装覆盖材料""奥古斯热红外伪装网""多谱伪装遮障"等。80 年代中后期，有代表性的遮障器材当属瑞典巴拉居达公司的热红外伪装遮障系统和美国的超轻型伪装网。巴拉居达伪装遮障系统主要由热伪装网和隔热毯两部分组成；美国的超轻型伪装网是在一层极轻的稀疏的聚酯织物上，附上一层具有卓越的防热红外特性和雷达特性的切花装饰面。还有一种用于陆军直升机上的超轻型伪装网，质地如丝绸，标准尺寸网片之间的拼接靠镶在网边的一种尼龙织物。图 4.2 为美军采购的超轻型伪装网系统 ULCANS 沙漠型号。

图 4.2　超轻型伪装网系统 ULCANS 沙漠型号

三、隐身

隐身技术通过减弱自身的信号特征，降低被探测性、识别、跟踪和攻击的概率，来达到隐蔽自我的目的。

根据原理和应用的不同，隐身技术一般分为视频（可见光）隐身、红外隐身、激光隐身、毫米波隐身、紫外隐身等。有些隐身技术是跨波段的，如外形隐身，对毫米波、微波均适用；有的隐身技术，如引射技术，主要用于降低红外辐射，对毫米波辐射也有抑制作用。

（一）视频隐身

目前在实际作战中，视频（可见光）隐身的问题突显。具有优越的雷达、红外隐身性能的兵器（如 F-117 战斗轰炸机、B-2 战略轰炸机）也只敢在夜间出动，实现武器和作战平台在"光天化日"之下自由行动是各国军界梦寐以求的目标。实现视频隐身的主要技术途径有：

1. 特殊的涂料

可见光探测技术与许多因素有关，如观测者的位置、视角、太阳的位置以及云雾分布情况等。飞机飞得越高，散射到飞机上的光线就越多，为实现隐身，就应该给高空飞机涂敷能吸收光线的暗色涂料。晴天呈浅灰色，阴天呈绿色，夜间或在红外线照射下呈黑色，使舰船在各种情况下都能与水面背景相融合。美军还采用特种涂料，使机场跑道随季节和天气变化而自动变色，形成隐身机场。

2. 奇异的蒙皮

在武器平台的蒙皮中植入由传感器、驱动元件和微处理器组成的控制系统，可监视、预警来自敌方的威胁，使武器平台达到电磁和光电隐身。美空军正在实验一种能够吸收雷达波的电磁传导性聚苯胺基复合材料蒙皮，它在不充电时可以透光，并改变亮度和颜色，从而使飞机与上方的天空和下方的地面相匹配；充电时能使雷达波发生散射，使敌方雷达的跟踪距离缩短一半。美国军方正在实验另一种蒙皮是可欺骗导弹的"闪烁蒙皮"，它涂敷一种能使可见光和红外光的反射强度发生变化，从而产生"闪烁"感的特殊涂料，可使飞机变成能对付导弹的干扰机。

3. 变色的材料

为了消除目标与背景的色差，美国佛罗里达大学已研制出一种电致变色聚合物材料，并制成薄板覆盖在目标表面。这种薄板在充电时能发光并改变颜色，在不同电压的控制下会发出蓝、灰、白等不同颜色的光，必要时还可产生浓淡不同的色调，以便与天空的色调相一致。

4. 特殊的照明

在兵器和作战平台上，可用传感器测试目标各部位的亮度，并用灯光照射低亮度部位，以消除不同部位的亮度反差，并使整个目标与背景的亮度相匹配。实验证明，沿着机翼前缘和发动机整流罩边缘安装一些光束可控的照明灯，通过调节灯光的强度使之与天空匹配，飞机就与背景浑然一体了。最新研制的热寻的导弹带有视频传感器，可以通过鉴别飞机轮廓区分诱饵照明弹和目标飞机，但如果飞机装上使轮廓变模糊的照明灯，并且涂上抑制散热的油漆，导弹将很难发现它。

5. 烟雾的屏蔽

将含有金属化合物微粒的环氧树脂、聚乙烯树脂等高分子物质，随发动机尾焰的热气流一起喷出，在空气中遇冷雾化形成悬浮状气溶胶；或将含有钨、钠、钾等易电离金属粉末的物质喷入发动机尾焰，在高温下形成等离子区，均可用来屏蔽发动机的尾焰。上述方法可实现对可见光、雷达波、激光、红外探测的全谱隐身。随着纳米技术的发展，多种纳米气溶胶全谱烟雾将投入隐身战场。

（二）红外隐身

1. 红外隐身技术的发展

红外隐身技术是通过降低或改变目标的红外辐射特征，实现对目标的低可探测性。这可以通过改变结构设计和应用红外物理原理来衰减、吸收目标的红外辐射能量，使红外探测设备难以探测到目标。

红外隐身技术于 20 世纪 70 年代末基本完成了基础研究和先期开发工作，并取得了突破性进展，已从基础理论研究阶段进入实用阶段。从 80 年代开始，国外研制的新式武器已广泛采用了红外隐身技术。

2. 红外隐身技术原理与实现途径

目前，红外隐身技术主要采用以下三种实现途径：

（1）降低目标的红外辐射强度

由于红外辐射强度与平均发射率和温度的 4 次方的乘积成正比，因此，降低目标表面的辐射系数和表面温度是降低目标红外辐射强度的主要手段。它主要通过在目标表面涂敷一种低发射系数的材料和覆盖一层绝热材料的方法来实现，包括隔热、吸热、散热和降热等技术，从而减少目标被发现和跟踪的概率。

（2）改变目标红外辐射的大气窗口

改变目标红外辐射的大气窗口主要是改变目标的红外辐射波段。大气的红外窗口有以下三个波段：$1 \sim 2.5\mu m$，$3 \sim 5\mu m$ 和 $8 \sim 14\mu m$，红外辐射在这三个波段外基本上是不透明的。根据这个特点，可采用改变己方的红外辐射波段至对方红外探测器的工作波段之外，使对方的红外探测器探测不到己方的红外辐射。具体做法是改变红外辐射波长的异型喷管或在燃料中加入特殊的添加剂；用红外变频材料制作有关的结构部件等。调节红外辐射的传输过程是改变目标红外辐射特性的手段之一，具体做法是在某些特定的结构上改变红外辐射的方向，例如在具有尾喷口的飞行器的发动机上安装特定的挡板来阻挡和吸收飞行器发出的红外辐射，或改变辐射方向。

（3）采用光谱转换技术

将特定的高辐射率的涂料涂敷在飞行器的部件上，以改变飞行器的红外辐射的相对值和相对位置；或使飞行器的红外图像成为整个背景红外图像的一部分；或使飞行器的红外辐射位于大气窗口之外而被大气吸收，从而使对方无法识别，达到隐身的效果。

（三）激光隐身

从目前主要激光威胁源的工作特点来看，激光侦测、跟踪和激光火控是依靠目标的激光回波工作的，激光半主动制导是依靠目标的激光双向反射波工作的，因此，目前实现激光隐身的主要措施是最大限度地降低目标对激光的反射率、减小目标散射截面、增大目标散射波束立体角，以有效地降低激光雷达、激光测距机、激光制导武器的作用距离。

目前激光隐身采取的技术措施如下：

1. 外形技术

外形设计原则：改变外形减小激光散射截面是武器装备设计的重要方面。根据激光隐身理论，在外形设计时应重点做到：消除可产生角反射效应的外形组合，变后向散射为非后向散射；平滑表面、边缘棱角、尖端、间隙、缺口和交叉接面，用边缘衍射代替镜面反射，或用小面积平板外形代替血边外形，向扁平方向压缩，减小正面激光散射截面积；缩小外形尺寸，遮挡或收起外装武器，减少散射源数量等。

2. 材料技术

激光吸收材料（LAM）的作用在于对激光有强烈吸收从而减小激光反射信号或改变激光频率。吸收材料按材料的成型工艺和承载能力分为涂覆型和结构型。

（1）涂覆型

降低目标对激光的后向散射，如利用涂料降低目标表面的光洁度，或在目标表面涂覆吸收材料，使目标反射信号强度减弱；或在网上涂覆吸收激光的涂料，制成激光伪装隐身网。

据报道，国内激光隐身涂料对 $1.06\mu m$ 波长的激光吸收率已高达 95% 以上，可以使激光测距机的测距能力降低近 70%，起到激光隐身的作用。

（2）结构型

将结构设计成吸收型的多层夹芯，或把复合材料制成蜂窝状，在蜂窝另一端返回，这样既降低了反射激光信号的强度，又延长了反射光的到达时间。结构型吸波材料的研制起始于 20 世纪 60 年代，其在武器装备上的应用是 70 年代末和 80 年代初，在隐身飞机上应用较为广泛。目前，结构吸波材料正积极地朝着宽频吸收的方向发展。

3. 减小"猫眼效应"

兵器上各种光学孔径（如红外前视热像仪、微光夜视仪、各种光学观瞄器材等）的激光雷达散射截面积比背景要大几个数量级。减小"猫眼效应"的主要措施有：适当调整离焦量，当离焦量达到 $100\mu m$，光学系统回波强度比无离焦时至少减少两个数量级；减小入射透镜、探测器或分划板表面反射率，在其表面镀增透膜；还可以在光电设备中采用无"猫眼效应"的结构，避免入射表面为曲面时造成的"猫眼效应"。

（四）毫米波隐身

毫米波隐身涉及对外源毫米波的隐身和内源毫米波的隐身，内源毫米波是目标自身产生的毫米波辐射。

1. 外源毫米波的隐身

（1）毫米波伪装

毫米波等离子体、毫米波吸收层、毫米波吸收网可形成良好的毫米波伪装。

毫米波吸收层就是利用涂在被保护目标上材料的电导损耗、高频介质损耗、磁滞损耗来吸收毫米波能量，以减少反射，或是利用材料的干涉和散射特性使反射消失或减少，以达到隐身目的。

毫米波吸收网是采用散射或吸收的机理降低探测雷达回波信号的强度，达到隐蔽真实目标的目的。散射型防护网就是在基布中编织金属片、铁氧体等，或是基布上镀涂金属层，粘接在基网上，并对基布进行切花、翻花加工成三维立体状，可以强烈地散射入射电磁波，使入射电磁波很少一部分反射回电磁波发射点，达到隐蔽目标的目的。吸收型是在基布夹层中充填或编织一定厚度的吸波材料，将其粘接在基网上，并对基布进行孔、洞处理，以吸收电磁波，达到以防毫米波制导系统探测和识别的目的。

（2）毫米波隐身

毫米波隐身技术是利用特殊的目标外形设计、反雷达涂层或采用非金属材料及复数加载等多项技术来最大限度地减少目标的有效散射面积，以使制导雷达根本发现不了目标，或推迟发现目标的时间。

2. 内源毫米波的隐身

以单个地面目标的探测为例。毫米波雷达的探测距离与目标毫米波段的RCS（目标辐射截面积）的1/4次方成正比，应用于末制导的毫米波辐射计探测距离则与目标的毫米波 RCS 的1/2次方成正比。将毫米波雷达与辐射计的探测距离，以及目标毫米波段的雷达截面、辐射截面归一化，绘出关系曲线，如图4.3所示。

从图4.3可以看出，辐射计探测距离随目标辐射截面的变化，比雷达探测距离随目标雷达截面的变化迅速。当目标的雷达截面下降为原来的1/2时，辐射计探测距离约下降为原来的84%；而当目标的辐射截面下降为原来的1/2时，辐射计探测距离下降为原来的70.7%。因此，正如目标的雷达隐身，实质是目标雷达截面的缩减；目标被动毫米波隐身，实质是目标辐射截面的缩减。

毫米波自适应伪装技术是目标根据环境的变化而改变自身毫米波辐射特性的技术。这种技术可由以下技术途径实现：

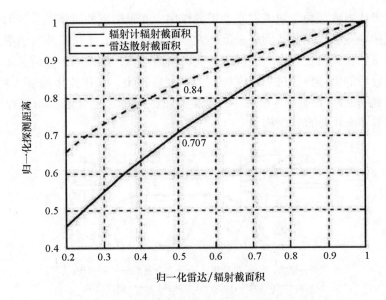

图 4.3　归一化距离与雷达截面/辐射截面的关系曲线

（1）改变发射率涂层，根据目标所处的具体环境，目标涂层的发射率可以在一定程度上改变，有效缩短毫米波系统的探测距离。

（2）自适应伪装系统，如智能伪装网等。

（五）紫外隐身

紫外隐身是 20 世纪 90 年代末国外兴起的新的隐身技术研究，曾研究使用诱饵干扰弹，干扰导引头为紫外凝视的空空导弹偏离目标，研究成果曾经在 F/E 18 电子对抗机上使用过。白色伪装网（或白色斑点）近紫外光谱反射率不小于 0.5，具有一定的紫外隐身效果。在涂料研究方面，发现两种纳米氧化锌粉体均能有效地屏蔽紫外光中的 UVB 和 UVC，但在屏蔽 UVA 方面，使用聚乙二醇－400 作为改性剂得到的纳米氧化锌效果要更好。

（六）引射技术

战斗系统的动力系统是红外探测的主要热源，而排气系统的温度最高，红外辐射信号最强。红外隐身主要是通过降低动力系统排出的废气温度，以达到红外隐身的目的。目前在红外隐身中大多都采用了引射外界冷空气技术。引射器是一种输送流体的装置，它主要由工作喷嘴、接收室、混合室及扩散室等部件组成，如图 4.4 所示。由动力装置排出的废气，经过喷嘴提速、降压后进入接收室形成射流。由于射流的紊动扩散作用，卷吸周围的流体而发生动量、能量的交换。被吸入接收室的引射流体大多是环境大气，工作流体与引射流体进入混合室，在流动过程中速度场和温度场渐渐均衡，这期间，伴随着压力的升高，混合后的流体再经过扩散室的压力恢复后排出，工作流体温度大幅降低，从而达到降低红外强度的效果。为了提高掺混效率，更好地提高红外抑制效果，一般多采用复合管结构。

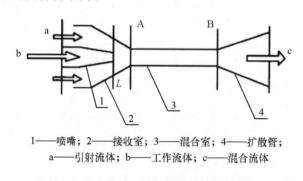

1——喷嘴；2——接收室；3——混合室；4——扩散管；
a——引射流体；b——工作流体；c——混合流体

图4.4　引射器装置结构示意图

（七）外形隐身

外形隐身技术主要包括以下方面：

1. 仿生学隐身技术

在自然界中，许多动物都有天生的隐身本领，为隐身研究提出了一些有趣的课题。比如燕八哥与海鸥的大小相近，但其雷达截面只是海鸥的1/200；蜜蜂的体积远小于麻雀，但雷达截面反而比麻雀大16倍。科学家们正通过研究这些现象，以寻求新的隐身机理和技术。

2. 等离子体隐身技术

实验证明，飞机、舰船、卫星等兵器的表面形成等离子体层后，雷达波会被吸收或折射，从而使反射到雷达接收机的能量减少。等离子体不仅可吸收雷达波，还能吸收红外辐射，具有吸收频带宽、吸收率高、使用简单、寿命长等优点。等离子体隐身技术已在俄罗斯部分战斗机上使用，隐身效果可与美军目前的隐身战斗机相媲美，解决了隐身性能与气动系统的矛盾，为飞机隐身开辟了一条新途径。

3. 微波传播指示技术

微波传播指示技术是利用计算机预测雷达波在不同大气中的传播特点来实现的。大气层的湿度、温度等环境因素的变化能够改变雷达波的作用距离，使雷达波在传播过程中发生畸变，以致在雷达覆盖范围内产生"空隙"，即盲区。同时，雷达波在大气中以"波道"形式传播，能量集中于"波道"内，"波道"外几乎没有能量。如果掌握了不同天气条件下的微波传播规律，通过计算和预测，使突防兵器在"走廊"内或"波道"外通过，就可以避开敌方雷达的探测，达到隐身目的。

四、光电假目标

光电假目标是利用各种器材或材料仿制而成，在光电探测、跟踪、导引的电磁波段中与真目标具有相同特征的各种假设施、假兵器、假诱饵等。在真目标周围设置一定数量的形体假目标或目标模拟器，主要为降低光电侦察、探测、识别系统对真目标的发现概率，并增加光电系统的误判率（示假），进而吸引敌方精确制导武器的攻击，大量地分散和消耗敌方精确制导武器，提高真目标的生存概率，故也有人把目标模拟器称为干扰伪装。随着光电侦察和制导武器效能的日益提高，假目标的作用愈加显突。

（一）光电假目标的分类

光电假目标按照其与真目标的相似特征的不同一般可分为形体假目标、热目标模拟器和诱饵类假目标。

形体假目标就是制作成与真目标的外形、尺寸等光学特征相同的模型，如假飞机、假导弹、假坦克、假军事设施等，主要用于对抗可见光、近红外侦察及制导武器。

热目标模拟器就是与真目标的外形、尺寸具有一定相似性的模型，且与真目标具有极为相似的电磁波辐射特征，特别在中远红外波段，主要用于对抗热成像类探测、识别及制导武器系统。

诱饵类假目标就是仅求与真目标的反射、辐射光电频段电磁波的特征相同，而不求外形、尺寸等外部特征相似的假目标，如光箔条诱饵、红外箔条诱饵、气球诱饵、激光假目标、角反射体等，主要用于对抗非成像类探测和制导武器系统。

（二）光电假目标的工作原理

形体假目标现已发展为利用多种材料制作的防可见光、近红外、中远红外及雷达的综合波段的假目标，主要有薄膜充气式、膨胀泡沫塑料式和构件装配式。

薄膜充气式即目标模拟气球，如海湾战争中伊拉克使用的充气橡胶战车，就是用高强橡胶，内部敷设电热线，外部涂敷铁氧体或镀敷铝膜，最外层喷涂伪装漆而制成的。

膨胀泡沫塑料式为可压缩的泡沫塑料式模型，解除压缩可自行膨胀成假目标，如美国的可膨胀式泡沫塑料系列假目标，配有热源和角反射体，装载时可将体积压缩得很小，取出时迅速膨胀展开成形，并且不需专门工具，具有体积小、质量轻、造型逼真的特点，同样具有模拟全波谱段特性的性能。

构件装配式（如积木）可根据需要临时组合装配，如瑞典的装配式假目标，是将涂聚乙烯的织物蒙在可拆装的钢骨架上制作的，用以模拟假飞机、假坦克、假火炮等。

五、其他无源光电对抗措施

（一）红外动态变形伪装

传统的红外防护措施，如红外迷彩服、红外隐身、红外遮障和红外伪装网技术，大都是非动态的，当环境温度变化时，由于目标和伪装两者的红外辐射率随温度的变化未必一致，伪装后的目标和背景的差异可能会随着温度的变化而变得非常明显。

动态变形伪装是传统伪装技术的延伸和发展，动态变形伪装系统可以根据被保护目标周围的红外辐射特征，动态改变目标的红外辐射特征。从一种伪装状态迅速变化到另外一种伪装状态时，各种伪装状态下的图像特征相关性很弱，可使敌方光学侦察和跟踪、制导系统难以掌握目标真实的红外特征，无法完成对目标的侦察与打击，从而提高各类目标的战场生存能力。因此，动态变形伪装可作为重要军事经济目标防精确制导武器打击系统中的重要防护环节，配合其他主动或被动防护措施，提高目标对付红外成像侦察和防成像制导武器打击的能力。

（二）光谱变换

任何一种物体在平衡温度下，都会辐射出该物体的特征光谱，如果通过采用一定的技术，如在钢板上涂一层漆，使它的辐射光谱不是钢板的辐射光谱，而是表面漆的特征光谱时，这种技术称为光谱转换技术。

为了对抗红外制导导弹，在较热部位上，涂覆一层几十微米厚的材料，这种材料在 $3 \sim 5\mu m$ 和 $8 \sim 14\mu m$ 波段上的辐射率很低而在其他波段上辐射率很高，这样使导弹工作波段上的辐射大大降低，而大量"热"从导弹不敏感波段上辐射出去，达到对抗红外制导导弹的目的。

（三）环境自适应伪装

环境自适应伪装可分为三个层次：外形调整、视觉隐身、多光谱或多模自适应。

所谓外形自适应调整，是指在信息化战争条件下，基于对周围地貌环境特征进行分析研究的基础上，对伪装支撑装置进行结构优化设计，并精确设定伪装区域外形，保证伪装变化后的地貌与周围地貌实现融合，且伪装外形能够根据地貌环境的不同进行适当的自动调整，以提高兵器装备的伪装效果。

视觉隐身就是研究和利用自然界变色生物（如变色龙）的变色机理，使作战装备能够自适应地生成与周围环境相匹配的颜色，实现伪装。具体可以通过热致色变、光致色变材料实现。

多光谱或多模自适应技术是指形成的假目标与真实物体有一致的红外辐射和光谱特性，能与环境快速自适应成型并保持一定的时间，并能够根据环境的变化而改变自身毫米波辐射特性。

（四）广谱自适应隐身

复合隐身是隐身技术中的一大热点和难点，因为现代战场上探测和制导手段具有多样化。一方面，多模制导和复合制导技术迅速发展，多模复合制导已成为目前制导技术抗干扰的重要手段之一；另一方面，即使是对付单一的探测或制导手段，由于对敌方探测手段的不可预知性，也要求自身具有多方面的隐身功能，即复合隐身功能。所以，复合隐身是隐身技术发展的趋势。

第三节 光电对抗有源干扰技术

光电有源干扰技术是光电对抗的重要组成部分，又称为光电主动干扰，它采用发射或转发光电干扰信号的方法，对敌方光电设备实施压制或欺骗。光电有源干扰可以分为可见光有源干扰、红外有源干扰、紫外有源干扰、毫米波有源干扰、激光有源干扰、GPS 有源干扰等。对可见光的干扰，除了前一章讲过的烟幕弹外，还可采用眩光弹；红外有源干扰则包括红外干扰弹、红外有源干扰机；毫米波有源干扰、GPS 有源干扰则有相应的干扰机；激光有源干扰分为激光欺骗干扰和强激光干扰等技术。

一、红外干扰弹

红外干扰弹又称为红外诱饵弹或红外曳光弹。1973 年，在越南战场上，美军为了对付 SA－7 型单兵肩扛式地空红外制导导弹，在战机上装备了红外干扰弹，起到了立竿见影的效果，几十美元的红外诱饵弹，往往能使几万、十几万美元的红外点源制导导弹失效。从此，展开了红外制导与红外干扰之间的对抗与反对抗。红外干扰弹是目前应用最广泛的红外干扰器材之一。

（一）红外干扰弹的分类和组成

红外干扰弹按其装备的作战平台，可分为机载红外干扰弹和舰载红外干扰弹。按功能来分，又可分为普通红外干扰弹、气动红外干扰弹、微波和红外复合干扰弹、可燃箔条弹、无可见光红外干扰弹、红外和紫外双色干扰弹、快速充气的红外干扰气囊等具有特定或针对性干扰功能的红外干扰弹，等等。

红外干扰弹由弹壳、抛射管、活塞、药柱、安全点火装置和端盖等零部件组成。弹壳起到发射管的作用，并在发射前对红外干扰弹提供环境保护。抛射管内装有火药，由电点火起爆，产生燃气压力以抛射红外诱饵。活塞用来密封火药气体，防止药柱被过早点燃。安全点火装置用于适时点燃药柱，并保证在膛内不被点燃。

（二）红外干扰弹的干扰原理

红外干扰弹是一种具有一定辐射能量和红外光谱特性的干扰器材，用来欺骗或诱惑敌方的红外侦测系统或红外制导系统。投放后的红外干扰弹可使红外制导武器在锁定目标之前锁定红外干扰弹，致使其制导系统跟踪精度下降或被引离攻击目标。图 4.5 所示为日本海上自卫队反潜巡逻机施放红外干扰弹的图片。

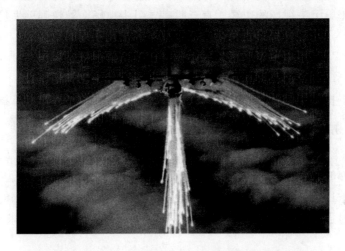

图 4.5 日本海上自卫队反潜巡逻机施放红外干扰弹

红外诱饵弹大多数为投掷式燃烧型，燃烧时，能在红外寻的装置工作的 1

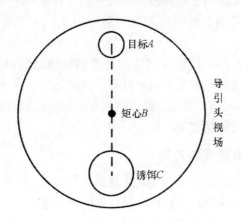

图 4.6 红外干扰弹干扰示意图

~3μm 和 3 ~5μm 波段范围内产生强烈的红外辐射，其有效辐射强度比被保护目标的红外辐射至少大 2 倍。由于大多数红外制导导弹采用点源探测、质心跟踪的制导体制，当在其导引头视场内出现多个红外目标时，它将跟踪这些目标的等效辐射中心（质心）。如图 4.6 所示，被保护目标——对应于光点 A，与红外诱饵——对应的光点 C 点，同时处在来袭导弹的红外导引头视场内，其有效红外辐射强度比被保护目标的红外辐射强得多，等效辐射矩心 B 偏向诱饵一边，导弹的跟踪也偏向诱饵。随着诱饵与目标之间距离的逐渐增大，目标越来越处于导引头视场的边缘，直至脱离导引头视场，导弹则丢失目标转为只跟踪诱饵。

（三）红外干扰弹的技术要求

红外干扰弹若需有效地干扰红外导引头，它的性能要满足以下技术要求：

1. 辐射特性

目前，红外导引头的工作波段一般在 1.8 ~3.5μm 和 2.5 ~5.5μm，舰载红外干扰弹的光谱可以达到 8 ~14μm。理想的红外诱饵弹红外光谱辐射特性应与被保护目标在这些导引头工作波段内有相似的光谱分布，但辐射强度应比目标的辐射强度大 K 倍以上。这一比率 K 称为压制系数，一般要求 $K>2$ 至 $K \geqslant 10$。

2. 起燃时间和燃烧持续时间

诱饵弹从引爆至达到额定辐射强度的一半所需时间称为起燃时间。为保证诱饵形成时能处在导引头视场内而吸引着导引头，一般要求起燃时间为 0.5 ~1s。

燃烧持续时间，即保持诱饵的额定红外辐射强度的时间，对单发诱饵来说，必须大于敌方红外导引头的制导时间。目前，红外空空导弹在其常用射程内的飞行时间为 10 ~20s，因此，红外诱饵弹的燃烧持续时间应为 8s 以上。舰艇用诱饵弹燃烧持续时间需 40 ~60s。

3. 诱饵弹射出速度和方向

诱饵弹射出速度和方向的选择，应使敌方导弹在击中诱饵或诱饵燃完时，导弹不能伤及目标或重新跟踪目标。投放速度也不能过大，速度过大则可能超出导引头的跟踪能力，使导引头无法跟踪诱饵，起不到诱骗的作用，投放速度一般取 15 ~30 m/s。

4．投放时刻和时间间隔

如果飞机上有准确可靠的红外报警设备，则一旦发现导弹来袭，便可尽快投放诱饵弹。如果飞机上无报警设备，则为了安全起见，一旦发现敌机占据攻击位置，便可投放红外诱饵弹，这时需多发定时投放。如果带弹量允许，飞机进入战区后，为了抑制敌方发射红外导弹，也可盲目定时投放诱饵弹。在前面给出的燃烧时间和投放速度条件下，投放时间间隔取为 5～10s 即可。定时多发投放可以对付敌方连续发射的红外导弹。

（四）新型红外诱饵

为了有效干扰新型红外点源制导导弹，近年来又发展了新型红外干扰弹。

1．拖曳式红外干扰弹

拖曳式红外干扰弹由控制器、发射器和诱饵三部分组成。飞行员通过控制器控制诱饵发射，诱饵发射后，拖曳电缆一头连着控制器，另一头拖曳着红外诱饵载荷。诱饵由许多1.5 mm厚的环状筒组成，筒中装有由燃烧材料做成的薄片，当薄片与空气中的氧气相遇时就发生自燃。诱饵产生的红外辐射强度由电机转速来调节，由于战术飞机发动机的红外特征是已知的，故不难通过电机转速的控制产生与之相近的辐射。在面对两个目标时，有的导引头跟踪其中较"亮"者，而有的则借助于门限作用跟踪其中较"暗"者。针对这点，诱饵被设计成以"亮—暗—亮—暗"的调制方式工作，以确保其功效。

2．气动红外干扰弹

针对先进的红外制导导弹能区分诱饵和目标的特点，红外干扰弹增加了气动或推进系统，构成了一种新型的气动红外干扰弹。气动红外干扰弹投放后，可在一段时间内与飞机并行飞行，使红外制导导弹的反诱饵措施失效。气动红外干扰弹通过对常规红外诱饵结构的改动，来改进其空气动力特性，进而改变红外诱饵发射后的弹道。图4.7给出了一种改进后的气动红外干扰弹的结构。

3．喷射式红外干扰诱饵

喷射式红外干扰诱饵当前主要有"热砖"诱饵和等离子体喷射式诱饵两种。

（1）"热砖"诱饵

"热砖"是喷油延燃技术的俗称。以机载情况为例，当飞机受红外导弹威胁时，突然从发动机喷口喷出一团燃油，并使之延迟一段时间后燃烧。燃烧时

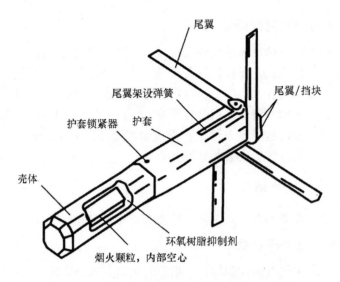

尾翼

尾翼架设弹簧

尾翼/挡块

护套锁紧器　护套

壳体

环氧树脂抑制剂

烟火颗粒，内部空心

图4.7　气动红外干扰弹的结构

产生与飞机发动机及其排气相似的红外辐射（但强度更高），似乎形成了一块由飞机上抛出的热砖，它引诱来袭导弹偏离飞机。

（2）等离子体喷射式诱饵

所谓等离子体喷射式诱饵，就是机载导弹告警识别系统在感知敌导弹的辐射、外形等特征，大致识别其类型后，自行启动专用喷射系统，将燃料喷射到载机的尾喷气流中。燃料在高温热气流中蒸发，并与空气中氧气混合，在载机后方一定距离上迅速燃烧，形成一个与载机保持一定距离但具有相同运动状态的燃烧区。燃烧区的红外辐射光谱与载机尾喷焰相同或相近，但强度可能更高。这就是一个很好的"伴飞"诱饵，它将把敌红外导弹引向由燃烧区和尾喷焰两者形成的等效能量中心。

4. 面源（仿真）红外诱饵

面源（仿真）红外诱饵形为块状并系有配重，发射后在空中组成"十"字形、三角形、"黑桃"形等轮廓，模拟飞机的外形和热图像，诱骗敌成像寻的器。通过依序发射或一次齐射多发，能在预定空域形成大面积红外干扰"云"，这种"云"不仅能模仿被保护体的红外辐射光谱，还能模仿其空间热图像轮廓和能量分布，造成一个假目标，以欺骗敌成像制导导引头。

二、红外有源干扰机

红外有源干扰机是针对导弹寻的器的工作原理而采取相应措施的有源干扰设备，其干扰机理与红外制导导弹的导引机理密切相关，其主要干扰对象为红外制导导弹。红外有源干扰机常安装在被保护平台上，使其免受红外制导导弹攻击，既可单独使用，又可与告警设备或其他设备一起构成光电自卫系统。

（一）红外有源干扰机的分类和组成

根据分类方法的不同，红外有源干扰机可分为许多种类。

按其干扰对象来分，可分为干扰红外侦察设备的干扰机和干扰红外制导导弹的干扰机两类。目前各国装备的大都是干扰红外制导导弹的干扰机。

按其采用的红外光源来分，可分为燃油加热陶瓷、电加热陶瓷、金属蒸气放电光源和激光器等几类。

按其干扰光源的调制方式来分，可分为热光源机械调制和电调制放电光源红外干扰机两种典型形式。前者采用电热光源或燃油加热陶瓷光源，红外辐射是连续的，而后者的光源则通过高压脉冲来驱动。

1. 热光源机械调制红外干扰机

热光源机械调制红外干扰机由红外源、光学增强系统、机械调制式高速旋转部件等组成。红外光源发出能干扰红外点源导引头的红外辐射（$4 \sim 5\mu m$ 波长）；热光源机械调制红外干扰机的光源是电热光源或燃油加热陶瓷光源，其红外辐射是连续的。由干扰机理得知，想要起到干扰作用，必须将这些连续的红外辐射变成闪烁、调制的红外辐射。能起到这种断续透光作用的装置，就叫作调制器，它由控制机构、斩波控制、旋转机构、红外光源和斩波圆筒构成。可控调制器有多种形式，较为典型的是开了纵向格的圆柱体，它以角频率 ω_j 绕轴旋转，辐射出特定的调制函数的红外辐射。图 4.8 为该类型干扰机一般结构组成。

2. 电调制放电光源红外干扰机

电调制放电光源红外干扰机由显示控制器、光源驱动电源和辐射器三部分构成。其光源是通过高压脉冲来驱动的，它本身就能辐射脉冲式的红外能量，因此不必像热光源机械调制干扰机那样需加调制器，而只需通过显示控制器控制光源驱动电源改变脉冲的频率和脉宽，便可达到理想的调制目的。这种干扰

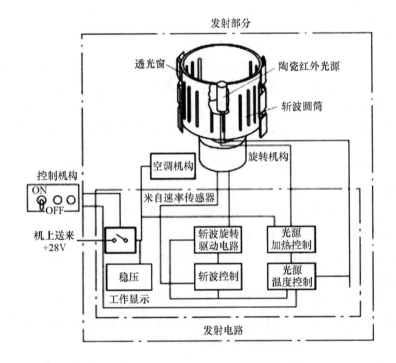

图 4.8 热光源机械调制红外干扰机的组成

机的编码和频率调制灵活，如用微处理器在编码数据库中进行编码选择，可更有效地对多种导弹起到理想的干扰作用。这种干扰机的缺点是大功率光源驱动电源体积、质量较大，而且与辐射部分的结构相关性较小。

电调制放电光源红外干扰机常选择超高压短弧氙灯（见图4.9）、铯灯、蓝宝石灯等强光灯作为光源。

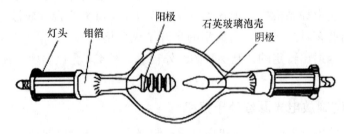

图4.9 超高压短弧氙灯的结构示意图

（二）红外有源干扰机的干扰原理

对于带有调制盘的红外寻的器，目标通过光学系统在焦平面上形成"热点"，调制盘和"热点"做相对运动，使"热点"在调制盘上扫描而被调制，目标视线与光轴的偏角信息就包含于通过调制盘后的红外辐射能量之中。经过调制盘调制的目标红外能量被导弹的探测器接收，形成电信号，再经过信号处理后得出目标与寻的器光轴线的夹角偏差或该偏差的角速度变化量，作为制导修正依据。当干扰机介入后，其干扰信号也聚集在"热点"附近，并随"热点"一起被调制，同时被探测器接收。

对寻的器为同心旋转调制盘寻的系统的干扰，由于干扰机与红外导弹所攻击的目标配置在一起，所以寻的器将对同一方向观察到的假目标和真目标成像。我们必须考虑干扰机的效率和调制频率，当干扰频率与寻的器的频率相同时，那么相位延迟就是非常重要的参数了。为了更有效地打破寻的器的锁定，我们必须控制干扰调制频率和干扰机功率。

对圆锥扫描调制盘系统的干扰，当干扰调制频率与目标调整频率相同，且跟踪误差输出信号竭力使其在平衡点上时，它将不仅调整在调制盘上的时间，而且也调整相位延迟。所以，对于干扰效率来说，相位延迟将是一个重要的参数。

（三）定向红外干扰机

人们从红外对抗的实践中得出规律：红外干扰机产生的光辐射越强，导弹偏离飞机的距离就越大。而随着更先进导弹的不断问世，也迫使人们加大干扰机的输出功率。但是干扰机的输出功率不能无限增大，它受到干扰机体积、输出孔径尺寸和基本功率消耗的限制。这就促使人们开发出定向红外对抗（DIRCM）技术，即将红外干扰能量集中到狭窄的光束中，当红外导弹逼近时，导弹逼近报警系统（MAWS）将光束引向来袭导弹方向，使导弹导引头工作混乱而脱靶。

三、强激光干扰技术

强激光干扰通过发射强激光能量，破坏敌方光电传感器或光学系统，使之饱和、迷盲，以致彻底失效，从而极大地降低敌方武器系统的作战效能。强激光能量足够强时，也可以作为武器击毁来袭的导弹、飞机等武器系统。因而，从广义上讲，强激光干扰也包括战术和战略激光武器。

强激光干扰的主要特点如下：

（1）定向精度高。激光束具有方向性强的特点，实施强激光干扰时，激光束的发散角只有几十个微弧度，能将强激光束精确地对准某一个方向，选择杀伤来袭目标群中的某一个目标或目标上的某一部位。

（2）响应速度快。光的传播速度极快，干扰系统一经瞄准干扰目标，发射即中，不需要设置提前量。这对于干扰快速运动的光学制导武器导引头上的光学系统或光电传感器以及机载光学测距和观瞄系统等，是一种最为有效的干扰手段。

（3）应用范围广。强激光干扰的激光波长从可见光到红外波段都能覆盖，而且作用距离可达几十千米。根据作战目标的不同，强激光干扰可用于机载、车载、舰载及单兵携带等多种形式。强激光干扰的作战宗旨是破坏敌方光电传感器或光学系统，干扰敌方激光测距机和来袭的光电精确制导武器，其最高目标是直接摧毁任何来袭的威胁目标。

（一）强激光干扰的分类和组成

强激光干扰有很多种类。按照激光器类型来划分，有 Nd：YAG 激光干扰设备（波长为 $1.06\mu m$）、倍频 Nd：YAG 激光干扰设备（波长为 $0.53\mu m$）、CO_2 激光干扰设备（波长为 $10.6\mu m$）和 DF（氟化氘）化学激光干扰设备（波长为 $3.8\mu m$）等。

按照装载方式来划分，有机载、车载、舰载及单兵携带等多种形式。

按作战使命来划分，有饱和致眩式、损坏致盲式、直接摧毁式等形式。

强激光干扰系统根据类型的不同，其组成也大不相同，但都包括激光器和目标瞄准控制器两个主要部分。如单兵便携式激光眩目器，一般用来干扰地面静止或慢速运动目标，主要由激光器和瞄准器组成。而以干扰光电制导武器为目的的干扰设备最为复杂，通常由侦察设备、精密跟踪瞄准设备、强激光发射天线、高能激光器和指挥控制系统等组成。

（二）强激光毁伤效果

1. 激光致盲

空中目标，如飞机、导弹，通常配备精密光学元件，如瞄准镜、夜视仪、前视红外装置、测距机、跟踪器、传感器、目标指示器、光学引信等。针对脆弱的光学元件，激光致盲是重要的光电攻击手段，它所需平均功率仅为几瓦至几万瓦，即可达到干扰、致盲敌方光学器件，破坏敌侦察、制导、火控、导航、指挥、控制和通信等系统的目的。

（1）光电探测器的致盲

在飞机和导弹的光电装置中，整流罩、滤光片、物镜、场镜、调制盘和光电探测器等都易受激光损伤。由于光学系统的聚焦作用，探测器与调制盘更易损坏，因此，只需相对小的功率就可以使光电传感器损毁，从而达到"致盲"的效果。

1983 年，美国一台 400 kW 的 CO_2 激光器，成功地拦截了 5 枚 AIM - 9 "响尾蛇"空对空导弹。该激光器使制导系统失效，5 枚导弹全部偏离了方向。

（2）人眼致盲

激光武器用于防空时不可避免地要对有人驾驶飞机进行辐照，此时飞行员的眼睛容易受损，包括视网膜损伤、角膜损伤以及病变等。

视网膜受损程度是由人眼光学系统的透射率与视网膜吸收率的乘积，即视网膜有效吸收率来决定的。实验表明，$0.53\mu m$ 激光对人眼视网膜的损伤最严重。

中远红外激光的能量主要被角膜吸收，所以会造成角膜部位的损伤。

激光引起的人眼病变包括角膜发生凝固水肿和坏死溃疡、晶状体混浊、视网膜损伤等。

2. 激光摧毁

随着上靶激光能量的增加，对目标的破坏由致盲加剧到摧毁。激光摧毁主要靠三种破坏效应：热破坏效应、激波破坏效应和辐射破坏效应。

（1）热破坏

目标被一定能量（或功率）密度的激光辐照后，其受照部位表层材料因吸收光能而变热，出现软化、熔融、汽化现象甚至电离，由此形成的蒸气将以很高速度向外膨胀喷溅，同时把熔融材料液滴和固态颗粒冲走，在目标上造成凹坑甚至穿孔。这种主要出现在表层的热破坏效应叫作"热烧蚀"，是连续波激光武器的主要破坏效应。有时目标表面下层的温度比表面更高，致使下层材料以更快的速度汽化；或者下层材料汽化温度较低而先行汽化或化学反应。以上两种情况都会在材料内部产生强大的冲击压力，以致发生爆炸，这种热破坏效应叫作"热爆炸"，它使目标外壳出现裂纹或穿孔。由于结构应力向裂纹、穿孔部位强烈地集中，使破坏作用急剧强化，对于运动目标，这种"强化"会被倍增，从而加剧了目标的受损，目标速度越高，则被损毁程度越甚。"热爆炸"现象多出现于采用脉冲式激光武器的情况，由于其形成比"热烧蚀"要难，故不常出现。

高能激光武器的"热烧蚀"效应对导弹、飞机、卫星等飞行器的破坏主要表现为直接烧蚀破坏、结构力学破坏和对光电器件的破坏。导弹、飞机、卫星的壳体一般都是熔点在 1 500℃左右的合金材料，功率为 2 ~ 3MW 的脉冲高能激光只要在其壳体表面某固定部位辐照 3 ~ 5s 就可将其烧蚀熔融甚至汽化，使目标内部的燃料燃烧爆炸或元器件损伤遭毁。这种破坏称为直接烧蚀破坏。

（2）激波破坏（力破坏）

激波破坏效应是脉冲高能激光特有的物理效应，指目标的表层材料吸收脉冲射线能量，产生高温高压后在材料中所形成的冲击波对目标的破坏作用。由于高空空气稀薄，对射线的传输吸收很少，在反导弹系统中可以利用强激光或高空核爆炸产生的 X 射线照射来袭导弹，造成热激波效应，破坏对方来袭导弹壳体。核爆炸产生的 X 射线，其脉冲宽度约为 10^{-9} s，强度随距爆心距离的平方减弱。当 X 射线照射固体表面时，大部分能量在表面薄层内被吸收，并使压力升高，形成具有陡峭阵面的热激波。热激波的超压与表面层吸收的能量成正比，其波阵面陡峭程度与 X 射线能量和材料性质、厚度有关。热激波生成后在靶材中传播，强度随传播距离增加而减弱，当热激波超压大于靶材的抗压强度时，靶材碎裂破坏。如对于合金材料，X 射线的能注量超过约 2 kJ/cm 时，将造成层裂破坏。热激波在靶材与空气（或真空）之间的界面被反射时，反射波为稀疏波，即压力为负值的拉伸波。如果界面反射的拉伸波的拉应力大于靶材的抗拉强度，靶材表层也将出现层裂破坏，其破坏形体类似于不同厚度的片状结构。因此，当飞行器受到一定强度的脉冲射线照射时，其壳体将出现层裂和应力集中所造成的断裂，而使飞行器解体。在非核脉冲型的定向能武器（如激光武器等）对靶材的破坏过程中，热激波的破坏也起重要作用。

（3）辐射破坏

目标受强激光辐照后形成的高温等离子体有可能引发紫外线、X 射线等，这些次级辐射可能损伤或破坏目标的本体结构及其内部的电子线路、光学元件、光电转换器件等，这就是辐射破坏效应。

相对于热破坏和力学破坏而言，辐射破坏效应是次要的。以反坦克装甲为例：高能激光聚焦于装甲表面，使被辐照区域的装甲材料由固态熔为液态，进一步的激光辐照使之达到沸点而汽化。汽化物因高温、高压和高速膨胀作用而强烈地向表面外喷射（因为其他方向受阻，只有向外喷射最为容易），喷射冲走熔融材料和部分固态颗粒，形成热烧蚀凹坑。与此同时，喷射对坦克本体形成很强的反冲作用力，使其内部生成应力波，造成力学破坏，并把这种破坏向坦克装甲内层推进。由于表层的汽化溅射，表层升温速率降低，而浅表下层区域急剧升温形成过热层。过热层的急骤膨胀产生很大压强，于是形成热爆炸。爆炸伴随着大量汽化或液化颗粒的喷射，喷射又带走周围的物质……后续辐照的激光使上述过程逐层深入，直至把坦克装甲打穿成洞。

从以上对激光武器杀伤破坏机理的三个主要破坏效应的分析中得出结论：热烧蚀破坏效应是激光对导弹、飞机、卫星等空中目标毁伤的主要手段，激波破坏效应只对飞行器上很薄的金属壳体部位构成物理性损伤威胁，辐射破坏效应只对滞留空中时间较长的卫星构成多方面的严重威胁。不同飞行器防御高能激光武器的毁伤，应根据激光的破坏机理采取不同的相应措施。

（三）强激光干扰的关键技术

影响激光干扰武器作战性能的因素很多，如跟瞄精度和环境适应性等，但最关键的因素还是到达目标上的远场激光功率及其密度，这是对目标实施干扰或损伤的基础。因此，在设计、改进激光对抗武器系统时，一切都是以计算与分析到达远场目标之上的激光功率密度为基本出发点。

到达目标传感器上的激光功率密度与三个方面的因素有关：对方光学系统与探测器的技术参数；激光对抗武器采用的激光器和光学系统的参数；大气传输情况和作用距离。

强激光干扰的主要关键技术包括以下方面：

1. 高能量、高光束质量激光器技术

强激光致盲干扰系统是通过激光器发射强激光来实现对目标的干扰与致盲。远场情况下，激光远场处的激光能量密度与距离和光束发散角乘积的平方成反比，与激光器的初始输出能量成正比。因此，高能量、高光束质量激光器是强激光致盲干扰系统的核心。

2. 精密跟踪瞄准技术

激光干扰设备用强激光束直接照射目标使其致盲或损坏，这要求设备具有很高的跟踪瞄准精度。对于空对地导弹等运动较快的光电威胁目标，强激光干扰设备的跟踪瞄准系统还应具有较高的跟踪角速度和跟踪角加速度。强激光致盲干扰设备所要求的跟踪瞄准精度高达微弧度量级，需采用红外跟踪、电视跟踪、激光角跟踪等综合措施来实现精密跟踪瞄准。

3. 质量轻、抗辐射激光束控制发射技术

强激光发射天线是干扰设备中的关键部件，它起到将激光束聚焦到目标上的作用。发射天线通常采用折返式结构，反射镜的孔径越大，出射光束的发散角越小，但是，孔径过大，使制造工艺困难，也不易控制。因此，制作反射镜时还应考虑质量轻、耐强激光辐射等问题。

4. 激光大气传输效应研究及自适应光学技术

大气对激光会产生吸收、散射和湍流效应，湍流会使激光束发生扩展、漂移、抖动和闪烁，使激光束能量损耗，偏离目标。对于强激光，大气对激光的非线性作用会使其发生漂移、扩展、畸变或弯曲。自适应光学技术采用信标激光系统实时探测大气参数，波前传感器用以分析信标回波，估算大气抖动，在通过一个可变形的反射镜纠正即将发射的激光束波前，使激光束以最佳方式聚焦在干扰或打击目标上。

四、激光欺骗干扰技术

激光欺骗干扰通过发射、转发或反射激光辐射信号，形成具有欺骗功能的激光干扰信号，扰乱或欺骗敌方激光测距、观瞄、跟踪或制导系统，使其得出错误的方位或距离信息，从而极大地降低光电武器系统的作战效能。

激光有源欺骗式干扰的价值体现在其相关性和低消耗性上。为实现有效的欺骗干扰，要求干扰信号必须与被干扰目标的工作信号具有多重相关性，这些相关性包括：

（1）特征相关性。激光干扰信号与被干扰目标的工作信号在特征上必须完全相同，这是实现欺骗干扰的最基本条件。信号特征包括激光信号的频谱、体制（连续或脉冲）、脉宽、能量等级等激光特征参数。

（2）时间相关性。激光干扰信号与被干扰目标的工作信号在时间上相关。这要求干扰信号与被干扰目标的工作信号在时间上同步或包含与其同步的成分，这是实现欺骗干扰的一个必要条件。

（3）空间相关性。激光干扰信号与被干扰目标的工作信号在空间上相关。干扰信号必须进入被干扰目标的信号接收视场，才能达到有效的干扰目的，这是实现欺骗干扰的另一个必要条件。

此外，激光欺骗式干扰以激光信号为诱饵，除消耗少量电能外，几乎不消耗任何其他资源，干扰设备可长期重复使用，因而具有低消耗性。

（一）激光欺骗干扰的分类和组成

按照原理和作用效果的不同，激光欺骗干扰可分为角度欺骗干扰和距离欺骗干扰两种类型。其中，角度欺骗干扰应用较多，干扰激光制导武器时多采用有源方式；距离欺骗干扰目前主要用于干扰激光测距机。

（二）角度欺骗干扰

对制导武器的干扰通常是角度欺骗干扰。干扰系统通常由激光告警、信息识别与控制、激光干扰机和漫反射假目标等设备组成，如图4.10所示。

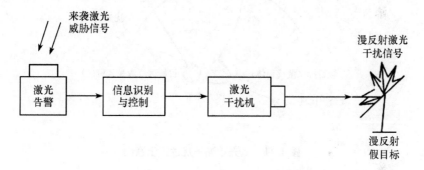

图4.10　激光欺骗干扰系统的组成框图

系统的工作过程是：激光告警设备对来袭的激光威胁信号进行截获，信息识别与控制设备对该信号进行识别处理并形成与之相关的干扰信号，输出至激光干扰机，发射出受调制的激光干扰信号，照射在漫反射假目标上，即形成激光欺骗干扰信号，从而诱骗激光制导武器偏离方向。图4.11为激光欺骗干扰过程示意图。

激光有源欺骗干扰可分为转发式和编码识别式两种。

1. 转发式激光有源干扰

半主动激光制导武器要想精确击中目标，激光指示器必须向目标发出足够强的激光编码脉冲。该激光脉冲信号被设置在目标上的激光有源干扰系统中的激光接收机接收到，经实时放大后立即由己方激光干扰机进行转发，让波长相同、编码一致、光强一定的激光通过设置的漫反射假目标射向导引头，并被导引头接收。此时，导引头收到两个相同的编码信号：一个是己方激光指示器发出的被目标反射回来的信号，另一个是干扰激光经过漫反射体反射过来的信号。两个信号的特征除光强上有差异之外，其他参数一致。半主动激光制导武

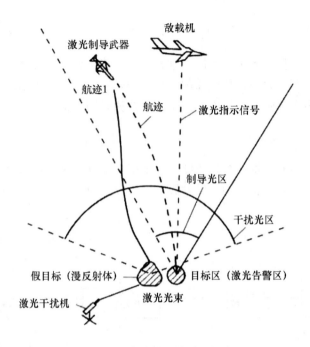

图 4.11　激光欺骗干扰过程示意图

器一般采用比例导引体制，因此，它受干扰后的弹轴指向目标和漫反射板之间的比例点，从而达到把激光半主动制导武器引开的目的。转发式干扰不仅要求干扰激光器的重频高，而且要求出光延迟时间尽量短。

2. 编码识别式激光有源干扰

由于转发式激光有源干扰存在一定的延时（从接收敌方激光信号到发出激光干扰脉冲，有一个较长时间的延时），因此，这种干扰方式很容易被对抗掉，只要在导引头上采取简单波门技术就可把转发来的激光信号去掉。编码识别式激光有源干扰克服了上述不足，它在敌方照射目标的头几个脉冲中，经计算机解算，把敌方激光指示器发出的激光编码参数完全破译出来，并按照已破译的参数完全复制成干扰激光脉冲，让该激光脉冲通过假目标射向导引头，使导引头同时收到不同方向的两个除辐值外其他参数都相同的激光信号。导弹仍按比例导引体制制导，使导弹偏离原弹道，达到干扰目的。这种干扰只要使两个脉冲同时进入导引头波门，理论上导引头就很难区分真伪。

实际的激光有源欺骗式干扰系统常将转发式干扰和编码识别式干扰组合使用。

（三）距离欺骗干扰

距离欺骗干扰包括激光测距欺骗干扰和激光制导欺骗干扰两种。

1. 激光测距欺骗干扰

根据欺骗干扰形式的不同，激光测距欺骗干扰技术又可分为产生测距正偏差和产生测距负偏差两类。

（1）产生测距正偏差技术

有源型采用电子延迟和激光器，在受到敌激光测距信号照射后，经极短的电子延迟，照原路发射一个同敌测距信号同波长且同脉宽的信号，有效地对敌方进行干扰。

德国研制的一种激光测距干扰设备是将延迟光纤由电子延迟线路代替，反射镜由激光器代替，如图 4.12 所示。干扰激光器可采用固体激光器，半导体激光二极管产生的激光干扰脉冲信号强，延迟时间精确可调，所以能非常有效地干扰敌激光测距机。

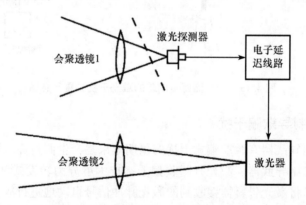

图 4.12　激光测距有源干扰装置部分电路

这种激光测距有源干扰装置的激光探测器置于会聚透镜的焦平面上，以便有效地接收激光能量。激光探测器的输出端接电子延迟线路的输入端，电子延迟线路的输出端接激光探测器的触发器，激光器的光轴应平行于会聚透镜的光轴，以使激光欺骗干扰脉冲能按原方向发射回去。

（2）产生测距负偏差技术

产生测距负偏差，主要是平台向四周预先发射高重频激光脉冲，使敌方测距机接收到一个负偏差/短距离的虚假测距信号，从而有效地隐蔽真目标。

产生测距负偏差的干扰原理是，向警戒空域连续不断地发射高重复频率的激光干扰脉冲，使敌方激光测距机不管在何时开机对我方测距时都会收到干扰脉冲，造成敌方测距错误。

德国研制的这种激光干扰设备原理如图 4.13 所示。在平台的四周均匀地设置许多会聚透镜，每个会聚透镜与光纤 1 相耦合，而所有光纤 1 的另一端接光纤耦合元件，通过光纤 2 与高重频脉冲激光器相耦合。要求激光器重频高，可采用固体激光器，也可采用半导体二极管激光器。

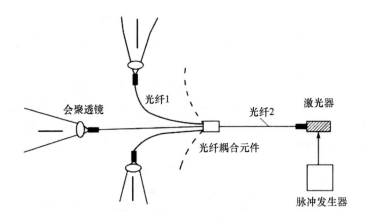

图 4.13　产生测距负偏差的激光干扰装置示意图

2. 激光制导欺骗干扰

对激光制导武器有源欺骗式干扰的预期效果是产生假目标，以假乱真，欺骗或迷惑激光制导武器。激光有源欺骗干扰技术可分为转发式和回答式两种。转发式干扰是将激光告警器接收到的激光脉冲信号自动地进行放大，并由激光干扰机进行转发，从而产生激光欺骗干扰信号；回答式干扰是将接收到的激光脉冲信号记忆下来，并精确地复制出来，从而产生激光欺骗干扰信号。实际的激光有源欺骗干扰系统往往将转发式干扰和回答式干扰综合应用。

激光制导有源欺骗干扰的技术难度很大，其前提条件是灵敏度佳、角精度高、虚警率低、探测波长范围宽及动态范围大的性能先进的激光告警技术，向工作频段日益拓宽、角精度日益增高、设备日益紧凑及体制更为多样化的方向发展。其关键技术主要有：

（1）不同方位多激光威胁源信号分选与信号识别技术。

（2）来袭激光编码（3 位码、4 位码、5 位码、6 位码及伪随机码）与光谱识别技术。

（3）同方位多威胁源重频分选技术。

（4）高精度测定脉冲重复频率技术。

（5）延迟补偿及同步转发技术。

（6）自适应有源干扰技术，以适应半主动激光制导的编码、伪随机码、变波长等反对抗技术。

（7）激光漫反射假目标技术。

（四）激光近炸引信干扰技术

1. 激光近炸引信概述

20世纪20年代末至70年代初，激光近炸引信开始逐步取代无线电引信，大量装备于各种攻击性武器，大大提高了作战性能。激光近炸引信干扰技术的目的在于使来袭导弹在攻击过程中失效或早炸，达到保护被攻击目标的目的。

在激光引信的近炸机理中，控制激光引信起爆距离的主体是引信的信号鉴别及选通系统。该选通系统的判断依据是目标反射的激光回波信号，这就为激光引信干扰提供了良好的条件。激光近炸引信的干扰原理是对激光近炸引信实施有源干扰，一般采用转发式距离欺骗干扰方式。由激光干扰机对来袭目标发射激光干扰信号，使激光干扰信号在远距离上提前进入引信的接收视场，以压制真正的目标回波信号，形成有效的距离欺骗，使引信的信号鉴别与选通系统产生误判，提前输出起爆信号引起导弹早炸，达到保护被攻击目标的目的。有源干扰一般需要与无源干扰配合使用。对激光近炸引信的无源干扰可采用阻断式目标欺骗干扰方式。在目标警戒系统的引导下，发射烟幕、气溶胶或高反射材料等，形成空中假目标来阻断激光引信与目标之间的光路传输，以压制真正的目标回波信号；当装备有激光引信的导弹进入目标警戒区域时，激光近炸引信干扰系统的目标识别单元首先对来袭目标的威胁方位、激光原码信息、激光引信的发射视场及接收视场进行相关识别，并将来袭目标的方位信息和视场相关信息传送给干扰实施控制单元；同时，将激光威胁的原码信息输送至信息处理单元，干扰实施控制单元通过对威胁方位信息和视场相关信息的信息解算，准确识别出激光引信信号选通系统的工作方式；完成方位控制信息转换形成干扰方位选通控制信号，同时生成干扰触发控制信息，完成对激光有源干扰机的触发控制和无源干扰设备的发射控制。

2. 激光近炸引信干扰中的关键技术

（1）目标识别技术

目标识别技术主要包括对来袭威胁目标的定向探测和激光引信发射信号的综合告警两个部分。威胁目标的定向探测是通过目标逼近告警技术和方位定向探测技术来实现对来袭目标的威胁定位。激光引信发射信号的综合告警是通过光电探测技术实现对激光威胁信号的原码识别，以及激光引信发射视场和接收视场的相关识别，引导激光有源干扰机的信号输出方位和发射频率。

（2）信息处理技术

信息处理技术主要采用脉冲时序相关特性分析等信息处理方式，实现对激光威胁信号发射规律的分析判断和激光引信信号鉴别及选通系统工作方式的相关识别，确定激光干扰信号的干扰频率和发射方式，并生成干扰触发控制信息，驱动激光干扰发射机输出激光干扰脉冲。

（3）定向干扰技术

定向干扰技术主要通过威胁方位信息的全向相关解算技术及干扰、方位匹配控制技术，完成对激光干扰信号输出方位和发射视场，以及无源干扰设备的发射方式和空中假目标遮蔽范围的定向控制。

（4）大功率激光干扰源

为保证激光有源干扰的有效实施，必须提高激光干扰机的发射功率，使激光引信的接收系统在远距离能够保持对激光干扰信号的正常接收，以压制其对目标回波信号的正常接收，形成有效的距离欺骗。

五、紫外干扰源

（一）紫外光源与紫外干扰源

紫外光源指以产生紫外辐射为主要目的的非照明用电光源。紫外辐射是波长小于紫色光波长的一定范围的电磁辐射，波长为 1～380 nm，可划分为长波（代号 UV－A，波长 315～380 nm）、中波（UV－B，280～315 nm）、短波（UV－C，200～280 nm）、真空（UV－D，1～200 nm）四个波段，相应的紫外光源分别称为长波、中波、短波和真空紫外光源。

能够运用于对干扰敌方紫外探测器的大功率紫外光源就是紫外干扰源。

（二）紫外光源的分类

（1）长波紫外光源：主要有长波紫外线灯、紫外线高压汞灯、紫外线氙灯和紫外线金属卤化物灯。电源调制的紫外线氙灯或氪灯可制成紫外干扰源，用于军事目的。

（2）中波紫外光源：主要指紫外线荧光灯。它具有红斑效应和保健作用，适用于医疗保健。

（3）短波紫外光源：主要指冷阴极低压汞灯和热阴极低压汞灯（医用消毒灭菌灯）。冷阴极低压汞灯结构形式多样，主要用于荧光分析、医疗和光化学反应等方面。热阴极低压汞灯于1936年问世，是世界上最早使用的紫外光源。

（4）真空紫外光源：主要用作光电子能谱仪的激发源、臭氧发生源和真空紫外波长标准。

（三）紫外干扰

对敌紫外通信进行干扰，一般采用欺骗性干扰、压制性干扰和削弱信号传输效率等方法干扰敌接收机接收效果，从而影响敌方通信活动。

（1）欺骗性干扰。可以在获知敌方紫外通信频段的基础上，采用施放高能虚假紫外信号的方法。但由于紫外信号在大气中衰减很快，要进行远距离干扰很困难，所以可以使用侦察、干扰一体化投放设备或搭载强紫外发射机的无人机进行中近距离干扰，通过转发敌通信内容或编制虚假命令的方式，使敌方接收机无法辨明接收信号的真伪。

（2）压制性干扰。使用侦察、干扰一体化投放设备或搭载强紫外发射机的无人机进行中近距离干扰，向敌方有效通信区域发射由噪声信号调制出的高功率紫外光信号，阻塞敌有用信号通道，压制其正常通信。

第四节　典型光电对抗装备与应用

一、机载光电对抗系统

在第四代战机 F‒22 和 F‒35（JSF）的研制中，采用了真正的综合航空电子系统。F‒22 按常规共需要 60 多根天线，现已优化综合成十几根天线。其中的"综合传感器系统（ISS）"计划，天线孔径、射频、图像、信号处理均采用共用概念；"综合孔径传感器系统"（IASS）用一块红外焦平面阵（IRFPA）就能完成前视红外（FLIR）、红外搜索跟踪（IRST）、电视摄像（TCS）功能；"分布孔径红外系统"（DAIRS）把导弹接近告警装置（MWS）和 IRST、FLIR 等功能综合成一个系统；"综合红外对抗系统"（SIIRCM）、"综合射频对抗系统"（SIRFC）将定向红外对抗和紫外线导弹告警结合起来。飞机上的机电系统（燃油、液压、环控、电源等）也在朝着综合化的方向发展。

（一）第四代战机机载光电干扰系统

1. "彗星"拖曳式红外诱饵

"彗星"拖曳式红外诱饵是由雷声公司开发出的一种新型面源红外诱饵，代表了目前最先进的机载红外诱饵技术。"彗星"由 AN/ALE‒52 对抗投放系统投放，施放时间增加至 30 min。与此前的红外诱饵（如 ALE‒SOV）相比，该系统具有如下显著特点：采用可调节投放技术，对不同的飞机、环境情况投放速度可调；无须导弹告警接收机引导提示，可先行投放以干扰红外制导导弹的发射；增加了多光谱热源、动态轨迹、面燃烧以及双色热源等技术，对红外制导导弹实施宽频段干扰；可施放人眼无法看见的特殊干扰材料。

2. 战术定向红外（TADIRCM）系统

海军研究实验室（NRL）和 BAE 系统公司的桑德斯（Sunders）分部研制的 TADIRCM 系统包括 6 个双色红外凝视传感器、1 个信号处理器、1 个小型红外激光器以及 2 个紧凑型指示器/跟踪仪。TADIRCM 系统由先进威胁定向红外对抗/通用导弹告警系统（ATIRCM/CMWS）发展而来。

TADIRCM 的告警系统能在杂波环境中发现敌方发射的导弹，并迅速锁定目标。一旦锁定目标进入跟踪状态，TADIRCM 就利用桑德斯（Sanders）公司的"敏捷眼"红外多波段激光器作为干扰光源实施干扰，该激光器能够在红外制导常用的 3 个波段同时输出激光，干扰功率分别达到 5W、0.5W 和 5W。TADIRCM 的微型干扰头尺寸小，对飞机气动布局影响小。在干扰头上装有一个导电外壳，以降低表面不均匀性，这种设计同样是为了满足飞行气动性能和隐身性能方面的双重要求。

（二）第四代战机光电隐身系统

由于飞机的发动机、尾喷管以及蒙皮等部位是红外辐射热量最强、最集中、最易遭到红外制导导弹攻击的薄弱环节，美军在第二代隐身飞机上就采取了有效的红外隐身措施，如采用散热量低的涡扇发动机和能够使排气系统的红外辐射快速消散在大气中的二元扁平式尾喷管，使 F-117A 和 B-2 第二代隐身飞机在实战中成功地躲避了敌方红外制导导弹的攻击。F-117 却因机动性受到很大影响而被淘汰，四代机的隐身性是在和另外几项硬指标进行平衡以后获得的。

F-22 基本沿用了第二代较成熟的红外隐身技术。同时，为了提高飞机的机动作战性能，避免因增加加力燃烧室而造成发动机尾焰温度升高，F-22 还采用了矢量可调管壁来降低发动机及其尾焰的红外辐射强度，同时在发动机尾喷管里装设了液态氮槽来降低喷嘴的出口温度。在 F-22 的表面、发动机、后机身及排气系统等红外辐射集中的部位涂覆了工作在 $8 \sim 14\mu m$ 波段的低辐射率红外涂料，使该机具有更好的红外隐身特性。此外，F-22 采用平板式外形和尖锐边缘以及翼身融合的隐身设计结构，并在其机翼尖锐边缘、机身及表面涂覆激光隐身吸波材料，以降低飞机的激光反射特性。

F-35 与 F-22 同为四代战机，其生产成本和隐身维护所需费用比 F-22 大幅度降低。它在推力损失仅有 $2\% \sim 3\%$ 的情况下，将尾喷管 $3 \sim 5\mu m$ 中波波段的红外辐射强度减弱了 $80\% \sim 90\%$，同时使红外辐射波瓣的宽度变窄，减小了红外制导空空导弹的可攻击区。

为适应对地攻击需求，F-35 更加注重可见光隐身技术的应用。目前，美国正致力于一种可见光隐身材料的研发工作。这种用于 F-35 的电致变化材料，可有效降低飞机的可见光特性。这种电致变化材料是一种能发光的聚合物薄膜，在通电时薄膜可以发光并改变颜色，不同的电压会使薄膜发出蓝色、灰色、白色的光，必要时该薄膜可形成浓淡不同的色调。把这种薄膜贴在飞机表面，通过控制电压大小，便能使飞机的颜色与天空背景一致。美国佛罗里达大学已开发出一种具有这种功能的"电致变色"聚合物。

（三）机载高能激光武器系统

高能激光武器不论用于防御还是进攻，都具有其他传统武器不可比拟的优势。高能激光武器以光速传输能量，攻击目标的速度与光速相同，传输时间可以忽略不计，因此在毁伤目标时无须计算提前量，瞬间即中。高能激光武器主要依靠红外探测器捕捉、跟踪目标，作战过程不受电磁波干扰，防御方难以利用电磁干扰手段降低其命中目标的概率。高能激光武器发射时无后坐力，转移火力快，可在360°范围内调整火力，击中一个目标后只需调整一下角度即可攻击另一个目标，从而能在短时间内大批毁伤空中目标。美国军方正是看中了机载高能激光武器的这些优点，从20世纪90年代开始大力开展这方面的研究。

1. ABL 计划

ABL 计划最早可追溯到 20 世纪 70 年代，当时的机载激光实验室（ALL）提出用高能激光摧毁弹道导弹的构想。1992—1996 年是 ABL 计划的概念验证阶段，主要进行 COIL 的小规模试验、强激光大气传输特性和光束控制。1998年1月成功地完成了历时1个月的系列风洞试验。2002 年，在 ABL 载机上安装了飞行转塔、控制计算机、火力、光束控制轻质主镜、满足飞行重量要求的激光模块等硬件，完成了飞机的改装工作。ABL 样机如图 4.14 所示。

图 4.14 ABL 样机（载机为波音 747）

波音公司负责整个 ABL 项目的管理和系统的集成工作，还负责作战管理系统的改进和飞机的改装；TRW 公司负责化学氧碘激光器的建造和地面支持子系统的开发工作；洛克希德·马丁公司负责波束控制/开火控制系统的开发工作。此外，雷声公司作为洛克希德·马丁公司的子承包商，负责该系统中四个重要的激光器之一的 ABL 跟踪照射激光器的开发工作。

2. ATL 计划

波音公司于 20 世纪 90 年代开始研发 "先进战术激光"（ATL）武器，于 1999 年完成了封闭式 20kW COIL 激光器原型机的论证，并于 2002 年获得武器系统研发合同，ATL 被列入国防部先进概念技术演示计划（ACTD）。2006 年 1 月，波音公司接收了一架 C-130H，并对该飞机进行必要改装，用于携带高能化学激光器以及作战管理/光束控制子系统。9 月，高功率 COIL 激光器进行了首次地面发射试验。10 月，波音公司在经过改装的 C-130H 运输机上安装了一台 50W 的低功率固态激光器作为替代品，并进行了跟踪地面固定和移动目标的飞行试验。2007 年 7 月，高能 COIL 激光器已经在柯特兰空军基地的戴维斯先进激光厂房中进行了 50 多次实验室实验，以验证其可靠性。2008 年 5 月，C-130H 飞机上的高能激光器首次发射，展示了稳定的作战能力。8 月，C-130H 飞机通过其光束控制系统发射了高能化学激光，完成了 ATL 整个武器系统的首轮地面测试。于 2009 年 6 月 13 日和 9 月 19 日，在飞行中成功发射大功率激光波束，烧毁了一个地面假目标。

当前，ATL 系统主要用于防御巡航导弹，重点是精确打击地面目标。安装的是高功率 COIL 激光器，总重约 6t，其输出功率为百千瓦级，激光作用距离为 5~10km，作战高度为 0~1500 m，可进行 5~10 次发射。作战过程中，激光器从飞机腹部的一个直径为 127cm 的小孔向地面目标发射直径 10cm 的激光束，且能够控制对目标的破坏程度。ATL 样机如图 4.15 所示。

ATL 的试验历程表明，它有可能成为先于 ABL 部署的激光武器。尽管如此，ATL 仍然面临一些局限和技术挑战：

（1）ATL 的杀伤目标主要是油罐车、普通车辆、通信节点等战术目标，而这些目标在采取隐蔽、反射激光束等对抗措施后，高能激光打击效果将大打折扣。同时，ATL 受通视距离、大气环境等条件影响比较严重。

（2）ATL 的应用目的是实施精确打击，尽量减少附带损伤，因此，光束抖动控制、功率控制等技术至关重要。

图4.15　ATL样机（载机为 C‒130H）

（四）无人机

早在越战时期，美国防部就利用无人机（如 BQM‒34A"火蜂"）和遥控飞行器，进行情报搜集、监视、侦察，以及目标探测等。用无人机平台承载相应多波段光电告警/探测设备，承担重要区域、重要目标等自卫防护的侦察/告警任务，具有覆盖范围大、探测距离远、使用灵活、平台自身稳定性较好、侦察时间长等优点。

在光电对抗中，无人机载小型激光武器可有效干扰或损伤敌方来袭兵器的多种光电制导导引头（电视/红外成像、激光制导及激光目标指示等），使其致盲。无人机可携带并发射精确制导导弹，直接攻击目标；或者携带多种无源遮蔽烟幕等材料，造成光电无源干扰。此外，无人机还用于光电对抗演习。

现代无人机在大小、质量及作业距离和高度上都有很大的区别，有微型无人机、战术无人机、中空长航时无人机、高空长航时无人机之分。

微型无人机通常由手工发射，起飞质量为10g~100kg不等，用于排级的近程战术侦察。通常，微型无人机的总载重量为50g左右。

战术无人机通常装备旅级或师级，用于战场监视和目标搜索，质量为150~500kg，任务设备的质量依无人机的大小为 20~100kg不等。

中空长航时无人机执行战术或战略任务，最大飞行高度为 9000m，续航时间可达 24h。任务设备的质量通常为 250 ~ 500kg。

高空长航时无人机，如"全球鹰"，具有战略、高空监视的能力。最大飞行高度为 18000m，续航时间为 36h 以上，这种重型无人机的载重量可达 1000kg。

美陆军计划为未来战斗系统的无人机和后续设计的机型研制一种综合了激光测距机或激光指示器能力的新型光电/红外传感器。该系统收集的图像将在无人机上进行预处理，再由陆军分布式通用地面系统（DCGS-A）的地面处理部分进行处理。DCGS - A 是一种对战术数据的收集、处理和分析进行综合的系统。

有限的载重量意味着无人机的适用传感器只能是小型视频摄像机。例如，EADS 公司的微型飞行器（MAV）的重量只有 500g，装载的 512×582 像素摄像机的质量只有 50 g。将红外传感器压缩到这种轻型的装置中是很不容易的，不过红外传感器的质量也减轻了。热视公司的"脚"红外摄像仪（以前称为"欧米伽"）现已装备在美陆军的"渡鸦"无人机（由 Aero Vironment 公司研制）和海军陆战队的"龙眼"无人机（由 Aero Vironment 公司和 BAI 航空公司研制）上。"μm"红外摄像仪以非制冷式辐射热测温器为基础，仅重 120g，工作波段为 7.5 ~ 13.5 μm，视频输出为 160×120（RS 170A）或 160×128（CCIR）。

图 4.16 为 RQ - 1"捕食者"无人机。

图 4.16　RQ - 1"捕食者"无人机

"2005—2030 年美国无人机系统发展路线图"指出无人机光电平台的关键技术主要有：高清晰度电视视频技术；焦面阵列和视轴稳定技术；传感器的自主控制/自我提示技术；多光谱/超光谱成像技术；光探测与距离成像技术。

二、舰载光电对抗系统

舰载光电对抗系统的作用是保护水面舰艇不受光电制导武器和激光武器袭击，同时确保己方光电设备能够正常工作。其功能包括：对敌光电信号的侦察、识别和截获并及时告警；对敌光电设备进行干扰，使其无法正常工作；针对敌我双方特点，实施反侦察、反干扰措施等。

（一）舰载光电干扰系统

舰载光电干扰系统通常分为有源系统和无源系统两类，如红外干扰机、红外诱饵、激光干扰机、光电假目标及烟幕器材等。目前，这些光电干扰手段和器材已不同程度地装备于各国海军。

1. 有源光电干扰设备

（1）激光有源干扰设备

激光有源干扰设备包括舰载激光致盲武器、激光干扰机和破坏性高能激光武器等。

①舰载激光致盲武器。美国在这方面的研制与发展已相当成熟，种类繁多、功能齐全。如 AN/PLQ-5 便携式激光致盲武器，可小型船载、车载或直升机载，组成中包括激光照射器和昼/夜瞄准具，采用灯泵钕玻璃激光器或变色宝石激光器，发射短波红外激光。

英国的舰载"激光眩目瞄准具"系统由激光发射器、双目测距仪、电视摄像机和电气机柜等部分组成，装在舰艇船桥两侧。其第一代产品主要采用可致伤人眼的蓝绿激光器，眩目距离约为 2.75km；第二代产品增加了发射 0.7~1.4μm 近红外光的激光器，主要用于毁坏光学系统透镜保护膜和对抗飞行员佩戴的激光护目镜。据悉，俄罗斯也在研制先进的舰载激光致盲武器。

②激光干扰机。舰载激光干扰机包括舰上设备和舰外设备，舰上设备主要由激光器、光学发射系统、调制器和控制器等部分组成；舰外设备包括一个假目标激光反射体。激光干扰机用于实施激光距离欺骗干扰和激光角度欺骗干扰。

美海军一直在积极开展舰用激光定向红外干扰机的开发研究。根据其

"多频带反舰巡航导弹防御战术电子战系统（MATES）"计划，在下一代舰艇自卫系统中，将包括用中、远红外波段激光系统来对付光电制导反舰导弹。目前，美海军研究所已为该项目研制出由闪光灯泵浦的高效率倍频钕钇铝石榴石（Nd：YAG）激光器，脉冲标准波长为 2.1μm，输出效率高于 5%，每个脉冲的输出能量为 3J，足可以对付红外制导导弹。

（2）红外有源干扰设备

红外有源干扰设备包括红外诱饵和红外干扰机。

①红外诱饵。美、英、法、德、意等国针对不同的舰艇，相继研制了多代红外诱饵对抗系统，典型装备有英国的"海盗"和"超级路障"系统，俄罗斯的 TST-47 和 TST-60U 红外弹、SOM-50 红外/激光混合弹、SK-50 箔条/红外/激光混合弹，德国的"巨人"（Giant）、"热狗/银狗"（HotDog/SilverDog），以及美国和澳大利亚共同研制的"纳尔卡"等诱饵系统。其中，"超级路障"是一种以火箭发射箔条/红外诱饵，对付多种威胁的全自动快速反应对抗系统。它既能有效对抗射频、红外和射频/红外制导的反舰导弹，又能有效对抗声自导和线导鱼雷的攻击，是英国为适应 21 世纪海战而研制的最新一代舰载诱饵系统。"热狗/银狗"诱饵系统用来对付射频寻的和红外寻的反舰导弹，模块化的结构使其能根据舰艇大小进行扩展。诱饵弹可手控单发发射、自动连射或遥控发射。"纳尔卡"舰载诱饵可以干扰复合制导和成像制导的反舰导弹。

②红外干扰机。红外干扰机多数用于机载和舰载，少数用于装甲车载；覆盖波段大多在 1~3μm 和 3~5μm；压制系数一般大于 3，少数大于 10；干扰视场一般大于 100°，且多数与告警系统对接，当出现威胁时，由控制系统自动实施或者由人工操作进行干扰。

LAIR（Lamp Augmented IR）舰载红外干扰机是洛拉尔公司根据该公司与美国海军研究实验室（NRL）签订的合同而研制的，它是洛拉尔公司机载红外干扰机的改装型。改装后的干扰机尺寸增大，干扰源为铯灯。美国海军研究实验室重视发展舰载红外干扰机，其原因是廉价的双色或双调制红外寻的器广泛用于反舰导弹，它们能够有效地测出舰外红外曳光弹的温度，转而追踪真正需要打击的目标。美军在役的红外干扰机已形成一个系列：ALQ-132、ALQ-140、ALQ-144、ALQ-146、ALQ-147、ALQ-157，分别装备美国海军的特定机型。

俄罗斯的 L16681A 可装备舰载直升机，设计寿命长达 1200h，红外源寿命达 50h，其舰用 TSHU-17 红外干扰机有多种干扰调制样式，能同时对抗几种制导模式的反舰导弹。

2. 舰载无源干扰系统

国外较先进的典型无源电子对抗装备有美国的"超高速散开箔条诱饵系统"（SRBOC），英国的"盾牌"（SHIELD）战术诱饵系统，法国的"达盖"（DAGAIE）和"萨盖"（SAGAIE）舰载无源干扰发射系统，以及俄罗斯的SOM-50红外/激光复合对抗系统、SK-50箔条/红外/激光复合对抗系统。

美国MK36 SRBOC舰载无源干扰发射系统适用于大型水面舰艇自卫，其固定射角迫击炮式发射装置可自动工作，现已成为美海军标准的舰载无源干扰发射系统。英国的"盾牌"舰载无源干扰发射系统是一种箔条和红外干扰弹发射系统，可在远、中、近程以分散、转移质心方式，对抗主动雷达和红外制导的掠海和大角度俯冲反舰导弹。

法国的"萨盖"舰载无源干扰系统是一种大、中型舰载防御反舰导弹的全自动无源干扰发射系统。与"达盖"舰载无源干扰系统联用后，能以迷惑和冲淡方式对付敌方目标指示雷达，实现远程防御，以分散和引诱方式对付导弹导引头的截获和跟踪系统，实现近程防御，以便"达盖"系统完成质心干扰。英法联合研制的"女巫"（SIBYL）舰载诱饵发射系统采用迷惑、引诱、分散等方式，在近距或远距对抗多种方式制导的反舰导弹，它既适于配备小型巡逻舰，又可配备大型战舰。

3. 海军直升机载光电对抗装备

直升机载光电对抗系统具有导弹逼近告警、信息处理与决策、光电有源、无源干扰等功能，可综合运用激光告警和紫外告警手段实现导弹逼近告警，采用红外干扰机发射红外调制信号干扰红外制导导弹，投放红外/激光烟幕弹干扰来袭的激光威胁和红外制导导弹。

为使英国皇家海军现役的EH101"小鹰HM-1"直升机在全天候条件下，获取实时精确的信息和对难以探测的小型目标进行可靠的识别，2004年，洛克希德·马丁英国公司在直升机右侧下方的现有武器悬挂架上，加装了L-3 WESCAM公司研制的MX-15光电瞄准吊舱。

MX-15光电瞄准吊舱已装备美国海军的P-3、美国海岸警卫队的HU-25、英国皇家空军的"猎迷MR2"等固定翼巡逻飞机。该吊舱内装有高倍昼间摄像机和3~5 μm波长的第3代锑化镉凝视热成像器，吊舱的美军编号为AN/AAQ-35。

（二）舰艇光电隐身技术

1. 冷却

冷却是指降低 $3 \sim 5\mu m$ 波段的红外辐射，燃气轮机和柴油机排放的高温废气是舰艇在 $3 \sim 5\mu m$ 波段最强烈的红外辐射源，因此，国外在舰艇红外隐身领域的工作，大都从降低废气温度，抑制红外辐射开始。对燃气轮机来说，由于其排气量大、排气流速高，所以普遍采用引射技术和烟囱喷水技术。在美国"斯普鲁恩"级驱逐舰采用此技术措施后，在 $3 \sim 5\mu m$ 波段降低了舰艇 90% 以上的红外辐射。柴油机排气的红外抑制目前普遍采用烟道冷却和海水喷射技术，英国的舰艇采用烟道冷却后，舰艇红外辐射降低 60% 以上；德国海军采用海水喷射装置后，可使排气温度由 500℃ 降低到 60℃。

2. 屏蔽

降低 $8 \sim 14\mu m$ 波段的红外辐射，主要采用屏蔽的方法。可采用红外隐身材料，改变舰艇的红外辐射特征，使用隔热材料来阻止舰艇舱内的热源向外辐射；采用喷淋水幕技术，将舰艇笼罩起来，达到降温、屏蔽的效果。如俄罗斯现代级驱逐舰、美国的"杜鲁门"号航母和英国的"海幽灵"护卫舰等，都采用了喷淋水幕技术。

（三）舰载高能激光武器

美国在战术高能激光武器，尤其是在舰载高能激光武器领域，研究成果丰硕，在多项关键技术方面取得了突破。

1. 中红外先进化学激光器/海石光束定向器（MIRAC/SLBD）

1977 年，美国海军开始实施"海石（SeaLite）"计划，其目的就是建造更接近实用的舰载高能激光武器。1983 年初，美军在白沙导弹靶场建立了高能激光武器系统实验装置，作为舰载高能激光武器的试验平台，其中的主要部件包括氟化氘（DF）中波红外化学激光器功率（2.2MW）和"海石"光束定向仪（孔径为 1.8 m）等。经 3 年时间组装起来的 MIRACL 高能激光武器于 1987—1989 年，在白沙激光武器试验场进行了一系列打靶试验，其中包括摧毁一枚飞行中的 $2.2Ma$ 的"旺达尔人"导弹的试验。

MIRACL 是 DF 连续波激光器，光学谐振腔长 9m，输出光斑半径约 10 cm，工作中心波长 $3.8\mu m$，从 $3.6 \sim 4.0\mu m$ 波段之间大约分布有 10 条受激发射谱线，输出功率最大可达2.2MW。截至2006年，MIRACL共进行了150余次试验，总计3000多秒的发光测试，其中有70s在最大功率下运行，已充分证明其可靠性。

2. 舰载自由电子激光器

美海军于1995年1月宣布放弃进一步执行MIRACL计划，而重新启动一项高能自由电子激光武器计划。因此前的MIRACL高能激光器的3.8μm波长激光在沿海环境下的热晕效应较严重，所以应找到一种热晕效应较小的波长来代替。经研究，美海军得出结论：在1~13μm红外波长范围内，只有1~2.5μm波长激光的大气传输性能优于MIRACL的3.8μm波长激光的大气传输性能，最终倾向于选择1.6μm波长为适于沿海环境下的最佳波长，其原理图如图4.17所示。

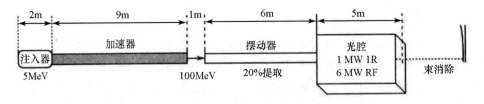

图4.17　直线型自由电子激光器原理图

三、地基激光防空武器系统

激光武器用于防空的试验始于20世纪70年代，最初采用的激光器是CO_2激光器、HF激光器和DF激光器等，后来发展到固体激光器。激光武器用于防空所具有的很多优点是防空导弹所不具备的。激光武器以光速输送能量打击目标，不论是高速飞行的飞机还是导弹，都可以将它们视为静止目标，瞄准时不需要提前偏移量。考虑到辐照时间，激光武器一次作战的时间只有1~2s，并且激光发射时无后坐力，只需旋转镜面就能够照射新的目标，重复打击能力很强，能够防范传统意义上的饱和攻击。此外，激光武器对光学制导导弹和灵巧炸弹有软硬两种不同程度的杀伤效果，激光能足够高时，可以将它们直接摧毁，即使能量降低几个数量级，同样可能对它们的制导系统造成一定的损伤，轻则短时致盲，重则永久损坏，无论如何都能使制导炸弹脱靶。另外，激光防空还具有发射成本低的特点。统计表明，激光单次射击的成本不足防空导弹的1/10，可以用来对付无人机、近程火箭弹等廉价目标。所以，激光武器是对付空中目标的有效武器之一，既可以单独作战，也可以配合其他防空武器进行区域防空。

（一）"鹦鹉螺"计划

"鹦鹉螺"计划（Nautilus Project）的目的是要确定摧毁一特定目标——近程火箭需要多少能量，以及如何使目标遭到破坏或失去作用。另外还将确定激光系统的作用距离、反应速度以及该系统重新瞄准（转向另一个目标）所需的时间。试验所得到的信息将用于系统的方案设计，并将用于美国陆军的战术高能激光系统（Tactical High Energy Laser，THEL）的设计和战术确定。

在美国陆军和以色列国防部资助下，1995 年进行了地面试验，1996 年在白沙导弹靶场进行了飞行试验。试验采用成熟的中红外先进化学激光器（MIRACL）和"海石"光束定向器（SLBD）。

试验最终表明，对从 32km 远处发射的导弹，激光器可在 20km 或更远处有效干扰并损伤导弹探测器；对无制导火箭，可在 5km 距离上将其摧毁。下一步将要发展能摧毁近程火箭的样机激光武器，这将是一个全系统样机，包括能探测近程火箭和迫击炮弹的高灵敏度、高精度雷达。由于像"喀秋莎"这样的小火箭弹横截面非常小（如 BM–21 火箭弹的直径为 122 mm），飞行时间又短，因此，关键的问题是能否使其尽早被雷达跟踪，使激光束有足够的时间照射并摧毁它。

（二）移动战术高能激光

作为"鹅鹉螺"计划的产物，THEL 系统是典型的陆基型激光武器，由于 THEL–ACTD 需要装在 8 个集装箱内，由 6 辆拖车运输，机动性比较差，因此，诺斯罗普·格鲁曼公司（Northrop Gnumman）自 2003 年开始研发机动战术高能激光系统（MTHEL）。

MTHEL 的组成精简为三个主要的子系统：指挥、操控、通信和情报子系统（C^3I Subsystem，C^3IS）、指示追踪器子系统（Pointing and Tracking Subsystem，PTS）和激光发射器子系统（Laser Subsystem，LS）。MTHEL 不仅体积、质量比 THEL 小得多、轻得多，非常机动灵活，更重要的是在射击精度上也有长足的进步。

在测试过程中，MTHEL 能够准确命中长度仅为 0.6m 的火炮炮弹，而 THEL 则只可击中长度达 3m 的俄制 122mm 口径"喀秋莎"（Katyusha）短程火箭，其指挥控制系统可以同时追踪 15 个目标，激光光束只要照射在标靶上数秒，即可予以摧毁，其有效射程为 10～20 km。如果配以更强大而持续的能源供应，还可用于攻击巡航导弹和无人机（UAV）。移动战术高能激光系统如图 4.18 所示。

图 4.18　移动战术高能激光（MTHEL）系统

2004 年 8 月 24 日，诺斯罗普·格鲁曼公司在白沙导弹靶场进行的实弹打靶试验中使用的战术高能激光武器试验台，不但击落了单发迫击炮弹，而且还摧毁了齐射的迫击炮弹。这充分表明，激光武器可以用于战场打击多种常见目标。

2005 年初，美国陆军决定重点研制固体战术激光武器系统。

四、天基光电对抗系统

（一）星载激光告警

预警卫星是一种用于监视、发现和跟踪敌方战略弹道导弹的军用侦察卫星。自 20 世纪 60 年代以来，预警卫星作为战略防御系统的重要组成部分而备受重视，美、苏/俄两国逐步建立了比较完善的天基预警系统。

1961 年 7 月 12 日，美国成功发射第一颗"迈达斯"（Missile Defense Alarm System，Midas）导弹预警卫星。而始于 1970 年的美国"国防支援计划"

（DSP）由 5 颗卫星组成，其中 3 颗工作星、2 颗备用星，实时监测全球导弹发射、地下核试验和卫星发射情况，是 NORAD 北美防空中的一项卫星预警支援计划，它为美国及其盟国在全球的驻军提供导弹入侵预警服务。到 80 年代，DSP 地面站已建立成 3 个固定站、1 个移动站和 1 个技术支持站。美国本土、澳洲和欧洲各 1 个固定站，接收、处理各自地区的 DSP 卫星数据。此外，还有一个美国陆军与海军的移动式联合战术地面站，直接接收 DSP 卫星信号，并与 DSP 地面处理中心相连，以实时获得导弹预警信息。

苏联从 20 世纪 70 年代开始研制卫星预警系统，1976 年开始发射"眼睛"（Oko）预警卫星，运行在近地点 600 km、远地点 40 000 km 的大椭圆轨道上，满编为 9 颗卫星。若要不间断地监视美国弹道导弹发射地域，在来袭导弹发射后 20s 内捕捉到目标并通报防空反导部队，至少需要 4 颗卫星。目前，俄在轨工作的"眼睛"卫星尚有 4 颗，勉强能完成上述任务，但无法对美、英、法国的潜射导弹进行全面监视。1988 年苏联开始发射"预报"（Prognoz）地球同步轨道预警卫星，用来监视美国陆基洲际弹道导弹和海基潜射导弹的发射。

（二）反卫星武器系统

激光反卫星侦察始于苏联。早在 20 世纪 70 年代，苏联就成功用激光干扰美国侦察卫星使卫星上的光学系统饱和，后来，苏联又成功进行了十多次激光反卫星试验。美国在 1989 年 1 月 9 日通过了一项新的反卫星武器发展计划，将激光反卫星武器与动能反卫星武器放在同等重要的位置上，此举将激光反卫星武器推向了高速发展时期。

1. 天基激光反卫星武器

由于天基激光武器对空间目标的拦截距离达数千米，所以具有硬杀伤或软杀伤中低轨道及静地轨道卫星的能力。2000 年 2 月，美国弹道导弹防御局与波音公司、洛克希德·马丁公司和 TRW 公司签订了 18～24 个月激光集成飞行试验（SBL-IFX）的合同，总金额为 1.27 亿美元。

在一年多的试验中，SBL-IFX 对 Alpha 激光器进行优化，使之适合于星载使用，并研制了大型先进反射镜。Alpha 激光器是 20 世纪 80 年代中期设计的一种高功率 HF 激光器，由于受大气传输窗口限制，不适合于大气传输。经过改进之后输出的光束质量得到改善，输出光斑接近圆形，而且能量密度更均匀，非常适合于星载激光武器。SBL-IFX 还进行了多次非冷却变形镜高能激光试验，完成了 4m 的大型发射镜 4.5s 的闭环波前和抖动控制试验。SBL-IFX 也进行了星载激光的光束控制试验，主要采用了机载激光的光束控制技术。

目前提出的天基激光武器构成方案有两种，一种是由约 20 个天基激光武器组成的系统，另一种是由 6 个天基激光武器及 12 个中继反射镜组成的系统。根据美空军天基激光武器计划人员估算，部署由 6 个天基激光武器及 12 个中继反射镜组成的天基激光武器系统所需费用为 700 ~ 800 亿美元。

2. 其他反卫星武器

当前，其他实现反卫星作战的技术途径主要有核能反卫星、卫星反卫星、动能武器反卫星、定向能武器反卫星和航天飞机反卫星。

（1）核能反卫星

核能反卫星是通过核装置在目标卫星附近爆炸产生强烈的热、核辐射和电磁脉冲等效应，毁坏卫星的结构部件与电子设备，从而使其丧失工作能力。由于核能反卫星武器的作用距离远，破坏范围大，在制导精度较差的情况下仍能达到破坏目标的战斗目的，因此被用作反卫星武器最早期的杀伤手段。例如，美国 20 世纪 60 年代研制的第一代"雷神"反卫星导弹就带有核弹头。但由于核能反卫星武器的附加破坏效应大，因此没有继续使用。

（2）卫星反卫星

卫星反卫星武器实际上就是一种带有爆破装置的卫星。它在与目标卫星相同的轨道上利用自身携带的雷达红外寻的探测装置跟踪目标，然后靠近目标卫星，在距离目标数十米之内将载有高能炸药的战斗部引爆，产生大量碎片来击毁目标。卫星反卫星作战方式有共轨和快速上升攻击两种：共轨攻击就是运载火箭将反卫星卫星射入与目标卫星的轨道平面和轨道高度均相近的轨道上，然后通过机动，逐渐接近目标，一般需要若干圈轨道飞行之后才能完成攻击任务；快速上升攻击就是先把反卫星卫星射入与目标卫星的轨道平面相同而高度较低的轨道，然后机动快速上升去接近并攻击目标，这种方式可在第一圈轨道内就完成拦截目标的任务。

（3）动能武器反卫星

动能武器反卫星是通过高速运动物体来杀伤目标卫星。动能反卫星武器通常利用火箭推进或电磁力驱动的方式把弹头加速到很高的速度，并通过直接碰撞击毁目标，也可以通过弹头携带的高能爆破装置在目标附近爆炸产生密集的金属碎片或霰弹击毁目标。动能反卫星武器要求高度精确的制导技术，例如 F - 15 战斗机发射的反卫星导弹就必须直接命中目标。动能反卫星武器可以部署在地面、舰船、飞机甚至航天器上，目前美国正在大力发展这种技术。

（4）定向能武器反卫星

除激光反卫星武器外，定向能反卫星武器通过从地面、空中或太空平台上发射高能粒子束、大功率微波射束，来破坏目标卫星的结构或敏感元件。利用定向能杀伤手段摧毁空间目标具有速度快、攻击空域广的特点，但技术难度较大。

（5）航天飞机反卫星

随着科技的进步，载人航天兵器将进入外空间战场，航天飞机和空间站也可以作为反卫星武器。航天飞机可以飞向目标卫星，向其开火或将其抓获。美国航天飞机于 1984 年和 1992 年在轨道上修理和回收卫星的实践表明，航天飞机既能用来在轨道上捕捉、破坏目标卫星，又能装备反卫星武器。美国准备建立一支配有各种武器的航天机队，作为太空行之有效的作战力量。

五、单兵光电对抗装备

在当今的军事行动中，单兵作战比以往任何时候都显得重要，各国也愈加重视单兵装备系统的研发，一些新材料技术、光电技术、红外技术、夜视技术和信息技术等被综合应用到新型单兵装备中。目前，美国的"陆地勇士"单兵作战系统和法国的 FELIN 未来士兵系统等都已经发展成熟。

信息技术促进了国际新军事变革，单兵即个人或班组，已经作为与坦克装甲车辆、舰船、飞机、卫星并称的五大平台之一，单兵装备的信息化发展应作为近期国内外装备研究的主要内容。

（一）单兵系统的形成

国外从 20 世纪 90 年代开始发展"士兵系统"，也就是以单兵为基本单元，全面考虑防护、武器、信息等因素，对单兵作战能力的改善，采用了各种先进的技术，以一个总体即顶层设计来发展体系化的单兵装备，使士兵、武器、信息装备构成有机的整体，以全面提高单兵的生存力、杀伤力和指挥控制能力。

美国于 1989 年开始实施"单兵综合防护系统"计划，1992 年完成了先期技术演示；1993 年美国陆军、海军陆战队和特种作战部队又共同制订了"陆地勇士"计划。作为典型的"士兵系统"，"陆地勇士"包括综合头盔子系统、计算机/通信子系统、软件子系统、武器子系统、防护服与单兵装备子系统等五大部分，其中，头盔子系统为"关键技术"项目；武器子系统包括模块化步榴合一武器和光电火控系统。随后，美军还独立研究与"陆地勇士"集成的"单兵敌我识别"技术。上述研究成果在阿富汗战争中开始试用,在伊拉克战争中进一步得到验证并提出了可靠性等改进计划。在美军"螺旋"2阶段,重点突破战术分队级别的态势感知能力,通过信息获取和数字地图,了解士兵个人和战友的位置。2004年10月举行了工程试验,测试包括:含地图的态势感知能力;武器昼用视频瞄准具的性能(支持间接瞄准观察和射击);全双路通信;在战争网络通信系统上进行同步语音和数据传输等。

英国的"未来步兵技术计划"开始于1996年,该计划包括武器、信息、供给、医疗、被服等子系统。武器子系统包括步榴合一武器,能够发射榴弹打击直升机、轻型装甲车辆等装甲目标。戴防毒面具的智能头盔上装有与单兵计算机和火控装置连接的微型显示器,火控系统包括陀螺稳定机构、激光指示器、微光像增强器和热成像装置,使头盔能有效地了解信息,观测和瞄准目标,选择优化射击方案。综合系统针对不同士兵有多种配置,在2005年开始部署这些未来步兵技术系统。

法国于1992年制订了"先进战斗士兵系统"计划,SAGEM集团赢得法国国防部的研制合同。法国的士兵系统包括目标识别和火控子系统、地形情报子系统、指挥与控制子系统(连排长用)、单兵计算机子系统。头盔微型显示器与火控系统中的昼夜摄像机相连。法国士兵系统是根据经济性、实用性进行士兵系统设计的,该系统在其国防部所属的试验基地已开展了全面测试。

意大利陆军"未来士兵"项目的演示样机于2004年底开始试验。系统的指挥控制子系统和通信子系统含单兵计算机、安装战术分析、数字地图、GPS导航、通信管理和士兵健康状态监视等软件。未来士兵系统的电源最终将采用燃料电池。武器子系统是模块化的步榴合一系统,配备多功能综合步枪瞄准具(含非制冷热瞄准具、昼用摄像机、近红外激光指示器和可见红点指示器),瞄准图像可以无线传输给士兵,在头盔显示器上显示。自主式榴弹发射火控系统正在研制中,带有破片榴弹、双用途榴弹和烟幕弹等的射表、人眼安全激光测距仪、弹道计算机,采用单色十字瞄准显示。此外,指挥官使用手持式目标捕获装置(包括非制冷热像仪、昼用彩色摄像机、人眼安全激光测距仪、GPS接收器和数字罗盘、照相机);目标数据和图像可以通过无线传输发送到系统计算机上;作战和防护服子系统为三层防护服;模块化头盔(包括话筒和耳机系统)可与防毒面具兼容。

俄罗斯2000年的单兵军事装备计划包括武器弹药、防弹服、通信设备、野战服和保障设备等。加拿大耗资1.87亿加元实施士兵服装计划,该计划包括各种服装、防弹护目镜、背包、高级头盔等项目。澳大利亚1992年开始实施勇士徒步士兵现代化计划，包括多功能头盔、显示屏、微型通信台及制服，配装可编程引信榴弹。

上述"士兵系统"都考虑到了通过增强士兵对战场信息，包括敌方、我方信息的了解来提高生存、打击的能力。信息装备、新型武器和防护系统等已成为各国"士兵系统"的主要组成部分，并已考虑各种功能的装备如何有效地匹配，以减少装备的体积和质量，提高实用性。光电技术、计算机、卫星定位和通信等信息化技术的应用，使士兵可随时通过显示器提供的图像和数字地图的信息了解局部战场敌我位置，掌握武器弹药状态。

（二）单兵平台信息化及对抗

最近10年来，单兵信息技术取得了很大的进展，但目前待发展的领域还相当多。从技术发展的角度看，轻武器领域的信息化所涵盖的信息采集、传输、处理、控制、显示和对抗等环节都需要加强发展。近期国内外单兵光电技术的重点发展方向是单兵信息化平台建设和关键技术攻关。

（1）单兵平台建设。目前的单兵电台传输数据量低，只能满足语音通话的要求。对信息量更大的图像来说，传递一幅有足够清晰度的图片需要20多分钟，即便是传递低分辨率的图像，也做不到连续，更谈不上实时性。目前，单兵系统已经集成夜视夜瞄、激光定位、弹道解算、敌我识别等功能，但实用性尚待进一步改进。

（2）单兵光电系统的轻量化。长期以来，由于坦克装甲车辆、舰船、飞机等武器平台的地位一直得到各国重视，相应的信息装备研究计划安排较多，配套元器件也较为齐全。而单兵信息装备研制起步晚，大多都从其他武器平台上移植过来，虽然功能要求同样多，但从原来相对庞大的装备变为轻巧型困难较大，目前研制的系统均不能满足士兵机动的要求。

（3）现有单兵光电系统的精度改善。基于同样的原因，对于原来大型武器平台的10 km作用距离，精度为10 m时，相对误差为1‰；而对于单兵1 km的作用距离，10 m误差却达到了1%。又因为单兵弹药的作用半径小，系统绝对误差相同时，结果却大相径庭。因此，改善单兵定位定向和火控等系统的精度，便成为当前单兵信息装备技术研究的重要内容。

（4）现有单兵光电系统反应时间的改善。由于单兵常常处于战场的最前线，在城区等复杂环境下作战，对环境和目标的快速反应便成为生死攸关的问题。目前装备的单兵系统快速响应能力差，在研的系统反应时间也较差，不能保障单兵在前线作战的有效战斗力。

（5）单兵个人使用的信息武器。信息对抗或软杀伤武器是光电领域发展的重点，国内外均已开展了一些研究（如借鉴大型武器平台上曾采用的激光炫目武器），但目前的单兵装备中还缺少与信息一体化相符合的系统，现有对抗系统的性能尚待提高。

（6）新环境下的轻武器训练设施。对于城市作战，在有平民的环境下，采用轻武器作战训练已成为士兵适应武器系统、提高作战能力的主要措施，这就要求建设满足信息化作战要求的训练设施。通常以光电技术、计算机技术为手段，结合现行士兵训练条例，建设信息实时获取和监控的训练设施。

第五节　本章小结

本章介绍了光电对抗的基本概念、基本特征和发展趋势，着重介绍了遮障、伪装、隐身、假目标等无源光电干扰技术，以及红外干扰弹、红外有源干扰机、强激光干扰、激光欺骗干扰以及紫外干扰等有源光电干扰技术，最后从机载、舰载、地基、天基、单兵等多种平台角度，介绍了目前国内外典型的光电对抗装备及其应用情况。

实战证明，光电制导武器是当前及未来战争的主要威胁之一。据报道，在"沙漠之狐"行动中，光电制导武器使伊拉克境内的 97 个目标被击中；在北约对南联盟的狂轰滥炸中，投下了无以数计的光电制导武器，造成其严重的经济损失，我国驻南联盟大使馆也遭到数枚激光制导炸弹的袭击。因此，防御和对抗光电制导武器的光电对抗技术和装备，成为各国普遍关注和研究的重点。光电对抗始于 20 世纪 50 年代，经过半个多世纪的发展，光电对抗技术及装备已经形成体系，日趋完善，是主要军事大国特别是美国投资最多、发展最快、技术不断创新、装备不断换代的高科技军事新亮点，已成为新一代综合电子战系统的重要组成部分。光电对抗整体装备力量的优势将为夺取战争的主动权提供强有力的保证，使现代战争模式发生巨大改变。未来，光电对抗技术朝着多光谱、多功能、多层次、综合一体化、通用化、智能化的方向发展。具体而言，在激光对抗方面，主要研究方向是：激光编码识别、光谱识别和相干识别技术；能够遮蔽可见光、红外（含激光）、微波的复合烟幕技术和光致盲技术等。在红外对抗技术方面，主要是探索红外对抗的新技术途径，如开拓远红外波段，用红外成像代替红外点源探测，发展红外焦平面阵列技术，进行凝视列阵技术的研究和自动图像识别技术的探索等。

思考题

（1）光电对抗的基本特征有哪些？

（2）光电对抗无源干扰措施有哪些？

（3）红外隐身的原理是什么？有哪些实现途径？

（4）激光隐身的最主要措施是什么？

（5）光电假目标的工作原理是什么？

（6）光电对抗有源干扰措施有哪些？

第五章
电子对抗战术与指挥

第一节 电子对抗战术运用原则

要确保电子对抗行动能够有效发挥作用，指挥人员则必须恰当把握电子对抗指挥的运用原则，熟练掌握电子对抗指挥的内容，战术运用至关重要。

电子对抗战术运用原则是在一定的历史条件下，从电子对抗活动的规律中抽象出来用于指导电子对抗作战的准则，并得到世界各国军队的广泛认可。虽然各国的电子对抗战术运用原则各有特点，也会因各自特色的不同而存在一定差异，但是目前被广泛采纳的指挥原则主要可以归纳为：侦察先行、集中使用、统一指挥、合理部署、重点打击、密切协同、综合运用、电磁兼容、隐蔽突然、灵活机动、攻防并重、控制快速机动预备队等，如图 5.1 所示。

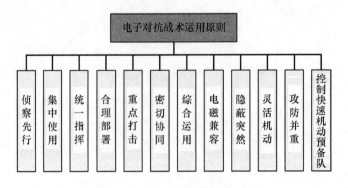

图 5.1 电子对抗战术运用原则

一、电子侦察先行

不同于传统的作战方式，在电子对抗作战中不存在一般所说的军事、非军事或战略、战术界限，即便是电子对抗作战始于何时也不好界定。大多数情况下，战争的双方尚未宣战，激烈的电子对抗斗争就早已展开，预先掌握对手的各种信息对合理布置战斗力，掌握战场主动权具有十分重大的意义，正所谓"知己知彼，百战不殆"。因此，在和平时期就应完成大部分电子对抗领域的侦察任务，即尽可能多地掌握相关情报信息，为战时的全面电子对抗和决战"厉兵秣马"。

在侦察先行方面，以美国和俄罗斯为首的世界军事强国一直公开甚至"偷偷地"利用电子侦察卫星、电子侦察飞机、电子侦察船以及地面电子侦察设施，日夜不停地进行情报收集、态势分析等工作。如美国著名的"全球鹰"无人侦察机（见图 5.2）就长期对我国实施高强度的抵近侦察，仅 2014 年美国就出动侦察飞机超过 1200 架次，比冷战时美军对苏军的侦察强度还要高。此外，世界各国已发射的电子侦察卫星更是不胜枚举，如俄罗斯"莲花–S"电子侦察卫星、法国"神谷"信号情报卫星（见图 5.3）、美国"门特"侦察卫星等。

尽管电子对抗不存在固定的模式，但是可靠的电子侦察所获得的情报却是有效实施电子对抗的基础和根本保障。尽可能详尽地掌握潜在敌方的电子技术设备的装备、运用和配置，是夺取战场制空权，赢得战斗胜利的必要"砝码"。

图 5.2　美军"全球鹰"无人侦察机　　图 5.3　法国"神谷"信号情报卫星

二、合理部署与集中使用

合理部署是正确运用电子对抗兵力必须遵循的重要原则，也是发挥电子对抗武器效能的前提。合理部署电子对抗的兵力、设备和武器系统应根据总体的作战任务及其对电子对抗的基本要求，综合考虑敌方的可能部署、企图和电子技术装备的情况，以及己方电子对抗装备、战争时机、战场地形和气候等诸多因素，采取大小结合、远近结合、正侧结合、高低结合、超短波与短波结合的方法，将各种不同样式的电子对抗设备部署在便于指挥、便于机动、利于协同动作、能够充分发挥效能的有利位置上，建立多层次、全方位的电子对抗部署，形成宽正面、大角度、高密度、交叉重叠的电磁覆盖，弥补由于地形条件限制而造成的侦听、干扰、攻击死角。此外，合理的部署应该能够随着战争进程的改变而随时调整部署方案，优化电子对抗格局，占据电子对抗作战的主导地位。

集中使用是合理部署的重要内涵之一，集中使用兵力、武器系统，是掌握电子对抗主动权，夺取电磁优势的先决条件。正所谓"单丝不成线，独木不成林"，只有合理集中电子对抗的兵力、武器系统在主要的作战方向、重点区域，并紧抓时机，方可形成强大的电子进攻威力。集中使用原则应当依据不同的作战样式而有所调整，如在防御战斗中，应集中力量压制敌方的主要突击方向和空降区域的电子目标，而在进攻战斗中，则应集中压制、打击己方正面进攻方向上的敌方电子设施和武器。总之，要确保集中使用的电子设备、兵力与己方的主要战斗行动和作战意图相一致。

武器系统、战斗力的集中使用能够确保在复杂的战场环境中夺取电子对抗的优势，但必须注意的是优势并不完全取决于数量的集中，质量的集中在夺取优势方面更为重要。在现代高技术战场上，在不同层次、不同角度合理布置电子设备、武器系统的数量和类型，完成战术上的集中使用，才是夺取电子对抗优势的根本。

三、统一指挥与密切协同

统一指挥是保证集中使用电子对抗力量和协同作战的需要，没有统一指挥的队伍就是一盘散沙，无法集中己方电子设备和武器系统的优势夺取战场电磁频谱争夺的胜利。实现统一指挥的基本方法是统一组织、分级实施。统一组织是指由电子对抗部队的专业指挥员制订电子对抗计划，明确电子设备、武器系统的部署和任务分工，统一下达电子对抗的指示和命令。待分属电子对抗部队接收到命令后，再由各级人员按照规划好的方案在特定的时机具体实施电子攻击、电子侦察或电子防护任务，即所谓的分级实施。

密切协同、主动配合是发挥电子对抗威力、形成整体打击能力的关键。诸军兵种在统一意图下，按照任务、时间、地点协调一致的行动，相互配合和支援是密切协同的基本要求。参与电子对抗作战的人员必须增强整体观念和大局意识，在统一指挥、分级实施的前提下，密切系统，主动配合，特别是在通信、雷达和技术侦察、武器系统运用等方面的协同。这不仅妥善解决了电子对抗作战与通信、情报的矛盾，而且还做到了"软、硬"杀伤协调一致，可呈现出武器系统 $1 + 1 > 2$ 的效应，从而使电子对抗大显神威。

电子对抗中多个分部之间的协同原则如下：其一，电子侦察分队与电子对抗分队的协同，即以电子对抗为主，电子侦察主动配合、积极保障的战斗行动；其二，电子对抗分队与火力分队协同，即按照协同计划的规定主动配合和支援。此外，各分部之间必须严格依据协同计划，并积极发挥主观能动性，给予支援和配合，实现联合作战，确保对敌电子对抗计划的有效实施。

四、重点打击与攻防并重

在未来战场上，电子进攻的目标对象很多，因此，必须将有限的电子对抗力量集中到需要重点打击的电子目标上。在统一指挥、集中使用兵力的基础上，抓住重要战斗时节，重点打击敌方要害目标，方能一击制敌。当同一时节有多个要害目标时，应正确区分使用己方的电子对抗力量，即便己方的电子对抗设备充足，亦须分清主次。当兵力不足时，更应根据各个电子目标的性质和威胁程度，衡量确定电子进攻重点，集中主要电子干扰力量，对其实施压制。对其他威胁目标，酌情分配电子对抗力量。为适应主、次方向和要害、非要害目标的转化，应适时转换或调整兵力，以求对新要害目标保持电子对抗力量的集中，不失时机地进行重点打击，把握战场主动权。

军事斗争的目的是消灭敌方作战力量，同时也要尽量保存己方作战力量，这也是一切军事行动的基本原则。在电子对抗作战中，攻防并重主要指电子攻击和电子防护的同时进行，两者相辅相成、紧密结合。电子防护和电子攻击在获取和保持电磁制空权、夺取战争胜利方面具有同等重要的作用和意义。在电子对抗作战过程中，要积极、时刻组织电子侦察，并采取电子防护措施，否则很有可能陷入"后门失火"的被动局面。可以断言，没有有效电子防护的电子对抗作战亦不能实施有效的电子进攻。因此，制电磁权的夺取和保持，一方面取决于以主动出击为代表的电子干扰和欺骗等行动，另一方面取决于隐身、反辐射等成功的电子防护，两者缺一不可。

五、综合运用与电磁兼容

尽管高技术武器系统的作战能力日益提升，但必须承认的是任何单一的电子进攻力量都存在其固有的局限性，这就要求在电子对抗作战中综合运用各种电子对抗力量，将不同类型、不同频段、不同用途的电子设备巧妙结合，相互取长补短，充分发挥整体威力，实现多手段、全频段、立体化的对敌电子对抗，构成具有多种作战功能的电子对抗系统，从而适应现代战场时变的复杂电磁环境。如法国"幻影2000－5"飞机内装式一体化电子对抗系统（见图5.4），对其平台上的侦察与告警，有源与无源干扰，雷达、通信与广电对抗，电子干扰与反辐射摧毁等设备和武器实行统一管理与控制，提高了电子对抗装备的快速反应能力，减少了装备的体积、重量和功耗。

图5.4 法国"幻影2000－5"飞机内装式一体化电子对抗系统

此外，综合运用的原则还体现在其他方面，比如：多种手段结合，即因时、因地且根据作战任务需要和武器系统的性能等，将电子干扰和火力摧毁等电子进攻手段进行巧妙的综合运用；不同进攻力量的结合，即空中、地面、水面等各种电子进攻力量的结合（见图5.5），相互支援，扩大电子进攻效果。此外，值得指出的是在电子对抗的进攻、侦察和防护各个阶段，都必须综合运用各种手段和武器力量，构建综合电子对抗系统，优化电子对抗效果。

电磁兼容是电子对抗作战区别于其他军事斗争形式的重要方式，也是电子对抗的特殊要求。信息技术的不断发展使得武器系统的设备集成度日益提高，

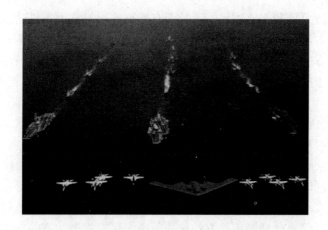

图 5.5　海面、空中力量综合运用

具备电磁频带宽、功率大、灵敏度高等优点，提高了电子对抗武器系统的作战性能，同时也带来了诸多挑战，如在对敌实施电子进攻和电子防护的过程中必须同时考虑己方的电子设备不受其干扰，该问题若不解决，就会形成"杀敌一千，自损八百"的局面，严重降低己方电子对抗的效能。为解决这一问题，除了改善武器系统参数，提高抗干扰性能外，更需合理地利用电磁频谱和运用抗干扰的方法和手段，严格遵守同一区域内电子设备的频率使用规则，最大限度地减少己方电子设备之间的干扰，采取空间合理分配电子侦察、电子对抗、电子防护力量等手段，尽量使己方电子对抗力量间的相互干扰最小化。

六、灵活机动与隐蔽突然

灵活多变的战术手段，是夺取电子对抗主动权的"法宝"。从某种意义上讲，电子对抗作战不仅是技术的较量，更是智慧的抗衡。灵活机动、快速反应可在一定程度上保证早期发现敌方威胁且实现自身隐蔽，这也是实现克敌制胜的重要条件。如在老山地区防御作战中，我方干扰部队针对敌方采取的种种电子防御措施，采取了"声东击西""以静制动""以近贴制紧靠"等战术手段，取得了显著效果。被我方佯动干扰的敌 818 步兵团，惊慌失措，虚报战况；被我方重点干扰的敌 168 炮旅、457 炮团、150 炮团，难以及时下达射击口令，基本上没有对我军出击作战构成威胁，受我军出击分队重创的敌 122 团，在我军突击队回撤三个多小时后才判明我军真实企图。

现代战场，电磁情况变化急剧，电子对抗的灵活机动必须在快速反应的基础上实施，做到以快制敌，以变克敌，掌握时机先发制人。总体而言，灵活地使用电子对抗力量和变换战术，适时而有效地使用对抗力量机动，是夺取和保持电子对抗主动权，达到出奇制胜的重要条件。

隐藏己方的作战意图和兵力部署等重要军事情报，出乎意料地发起电子攻击，置敌方于措手不及，是夺取电子对抗作战胜利的关键。"隐蔽"是"突然"的前提，为成功实现隐蔽，在人员方面，要强化保密意识，严格保密制度；在设备方面，要有效控制电磁辐射，必要时实施无线电静默，并实施雷达隐身和进行可见光伪装等，严防敌人的电子侦察和光学侦察。

孙子兵法有云"出其不意，攻其不备"，这也是隐蔽突然的核心思想。在隐蔽突然的同时，要注意灵活巧妙地采取电子欺骗和电子佯动等迷惑敌人的措施，对敌隐真示假，为达成高效的电子进攻的突然性创造有利条件。为取得这种突然性，不仅要严密制定己方的作战策略，更要把握敌方的弱点、部署、行动和周围的作战环境，协调一致地发起突然的电子攻击。此外，在电子对抗作战的过程中也必须提高警惕性和加强反敌袭击准备，避免陷入敌方的陷阱。

除以上电子对抗战术运用原则外，还有如控制快速机动预备队等多种电子对抗战术运用原则，此处不做一一介绍。此外必须指出的是，电子对抗的战术运用原则并不是永恒不变的，它不仅是一个历史的范畴，随着电子对抗作战的发展而不断丰富和变换，它也需要根据具体情况具体分析，不拘泥于形式而不断发展和创新，既不天马行空，也不循规蹈矩。在未来的电子对抗作战中，根据己方、敌方的特点以及战场环境等多种因素，灵活地运用和发展各种电子对抗原则，才是夺取电子对抗作战胜利的根本保障。

第二节　电子对抗指挥原则

电子对抗指挥是电子对抗作战中使用兵力、运用战术完成电子对抗的组织领导活动。指挥员应在正确战斗决策下积极灵活地指挥作战，既不可优柔寡断，也不可武断专横。作战指挥的基本要求是主观指挥符合电子对抗的客观实际。当前电子对抗指挥原则主要有：知己知彼，审时度势；细致周密，准备充分；掌握关键，顾全大局；迅速、坚定、不间断；集中统一，整合力量；积极主动，灵活运用等，如图 5.6 所示。

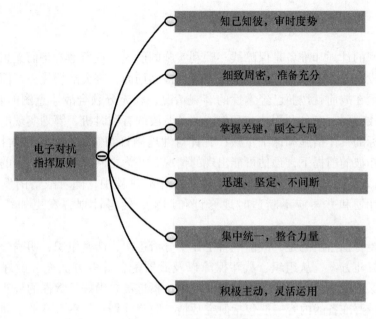

图5.6 电子对抗指挥原则

一、知己知彼，审时度势

在电子对抗作战中，指挥人员和武器系统面临的战场广阔，电磁情势复杂，这就要求电子对抗作战中的各级指挥员必须紧密结合战斗任务，首先，在作战之前要对己方的电子对抗行动要求、作战意图、电子对抗装备和兵力的性能、配备、部署以及战备程度等情况了然于心；其次，根据有关情报资料和即时的电子侦察情况，判明敌方在作战区域内电子对抗装备的性能、数量、配置、编制情况以及战术使用特点等信息；最后，指挥员还必须熟悉战斗自然环境，了解地形条件、气象条件，认识其对敌我双方的利弊关系。

在作战中，应密切注视敌我情况的发展变化，审时度势，适时补充或修改行动计划（方案），使主观指导符合不断变化的客观情况，使主观与客观两者很好地结合起来，趋利避害，力争主动。当情况不明时，应采取措施，尽快查明，切忌主观臆断，鲁莽行事。知己知彼是正确指导战争的先决条件，审时度势是夺取战场主动权和取得战争胜利的根本保障。

二、细致周密，准备充分

周密的计划和准备是保障战斗顺利实施的前提，正所谓有备而无患。战场上，若没有充分的准备，必然使己方陷入被动局面，丧失战场优势。因此，指挥员必须在战前就按照已经掌握的客观情况，在充分领会战斗意图的基础上，根据作战需要，充分利用战前和作战准备阶段的有利时机，筹划实现电子对抗决策目标的具体措施和详细步骤，有针对性地制订切实可行的电子对抗计划。在知己知彼的前提下，预估可能出现的情况，并为之制订不少于两套的解决处置方案，以应付错综复杂的现场局面。在作战过程中，随着战情的发展与变化，对计划和方案应不断适时地修订和调整，使得计划方案更加符合客观战情。

需要特别指出的是，战前准备工作要分清主次，严密组织，明确分工，更要按照战斗方案，从组织、战斗保障以及武器配备等多方面充分做好落实工作。为保证能够迅速投入突如其来的战争，指挥员要做好经常性的战斗和临战准备。需要准备的内容一般包括研究敌情、明确计划、熟悉方案、全面检查侦察、干扰和防护设备等情况。

三、掌握关键，顾全大局

电子对抗作战中，任何一级指挥员在实施作战决策时，必须在总的作战意图下，抓住并解决那些对整个作战行动具有决定性意义和重大影响的关键问题，并时刻顾全大局，既不能舍本逐末，也不能买椟还珠。掌握关键，要求指挥员时刻了解并关注决定战争发展方向的突变点和转折点，如电子进攻的目标选择、时机的确定、战机的转换以及预备队使用等情况。通常作战情况变化不定，任务转换频繁，关键问题并非一成不变，这就要求指挥员必须根据情况的变化，通观全局，审时度势，能够照顾到电子对抗作战的各个方面和各个阶段。在必要的情况下，为实现全局目的，可以牺牲局部利益。

四、迅速、坚定、不间断

在任何一场战斗指挥中，迅速、坚定和不间断都是电子对抗指挥的根本要素。迅速，可为武器系统等作战力量争取宝贵的行动时间，确保不失战机。迅速的指挥就是定下决心要及时果断，传达讯息要迅速准确，指挥员要善于适时、简明、准确地下达指示，接收命令者更要迅速执行，否则无法从容应对瞬息万变的电磁环境，造成严重后果。坚定，才能不致使充分周密的计划和决策落空。坚定的指挥就是指挥员在情况没有发生根本变化时，坚定贯彻既定的决心，保持清醒的头脑，具体分析问题，不为表面现象所迷惑。不间断，可保证作战力量在任何复杂多变的形式下都能应变自如。不间断的指挥要求指挥员随着情况的发展变化，随机应变，不间断地采取恰当的措施，指挥部属的战斗行动。

五、集中统一，整合力量

集中统一，整合力量是指尽可能地集中电子对抗力量，建立统一的指挥机构和指挥关系，最大限度地发挥各种电子对抗力量的整体合力，弥补单一作战力量的不足。信息化条件下作战的特点之一是各种作战力量既相对独立，又相互关联。为使多种作战力量协调一致地行动，必须进行统一指挥，发挥整体作战的威力。指挥过程中要善于将各种作战力量合理组合起来，并能够顺利实施协调工作，使其整体作战功能得以充分发挥。没有集中统一的力量整合，在一定程度上会造成各种电子对抗力量之间相互掣肘、相互干扰，限制电子对抗力量的运用。贯彻集中统一指挥原则，应做好以下几点：其一，建立统一的电子对抗作战指挥机构；其二，将统一指挥与适当分散指挥相结合；其三，以联合作战的目标和意图为基础。通过实施统一指挥，达到统一思想、统一行动，提高电子对抗的整体作战效能。

六、积极主动，灵活运用

积极主动，灵活运用是指在复杂多变的作战环境中，及时全面地观察、研究电子对抗及与之相关事物的现状，正确有效评估敌我双方的电子对抗形势，以积极主动的态度，实施稳定、有效的指挥，并根据客观情况灵活运用各种作战指挥方式，以便把握战机。在现代信息化条件下作战，战场可变因素多、随机性大，敌对双方所面临的电磁环境复杂，要使电子对抗在瞬息万变的战场中适应作战需要，电子对抗指挥必须审时度势，积极主动，且能够按照战场需求和作战意图独立自主地进行指挥，将集中指挥与分散指挥相结合，将按级指挥与越级指挥相并用。

第三节　电子对抗指挥内容

根据作战需求，电子对抗作战指挥的基本程序和指挥内容主要有：了解任务和判断情况，组织现场勘察，下定决心、制订计划和下达命令，组织对抗协同，进行战斗编组，组织各种保障，并督促检查作战行动和对命令的执行情况，如图 5.7 所示。

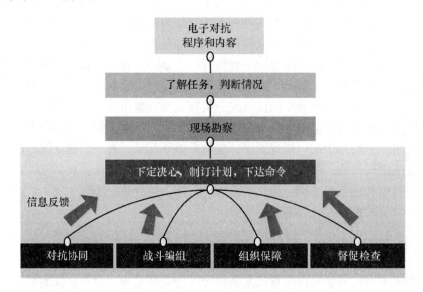

图 5.7　电子对抗指挥的程序和内容

一、了解任务，判断情况

为夺取电子对抗的胜利，电子对抗指挥的基本内容之一就是了解作战任务，判断敌我双方和战场的基本情况。在电子对抗正式开始前，需要了解的任务主要有：

（1）本次对抗作战的意图和电子进攻、侦察以及防护的要求。

（2）本部队电子进攻的主要方向和目标。

（3）电子进攻的时机和电子进攻效果的要求。

（4）各作战部门和单位相互支援、相互协调的规定。

（5）完成电子对抗准备的时限等电子对抗的要求。

在充分掌握作战任务的基础上，要对敌我双方的情况以及作战环境等可能影响电子对抗的各种因素进行判断和掌握，需要判断的情况如表 5.1 所示。

表 5.1　电子对抗中敌我双方、作战环境等需要判断的情况

分　类	事　项
敌方情况	态势和企图，电子对抗装备的型号、数量、性能和配备，电磁频谱使用范围，电子进攻、防护和侦察样式手段，兵力组成、配置以及对我方的可能威胁等
己方情况	各电子对抗分部的作战实力、作战特长、作战准备的时间、作战设备的性能和优势以及友军的相关战斗准备情况等
战场情况	战场地形、地貌和气候条件，地面的无线电放射装置，地物对信号接收和反射的影响，可能的攻击死角，隐蔽伪装条件，道路和水源等天然的或人工的障碍等

二、现场勘察

现场勘察主要由电子对抗总指挥人员组织所属的分队指挥员在指定的部署地域内按前方干扰群、基本干扰群和后方干扰群的顺序实施勘察。现场勘察通常既可在定下电子进攻决心前进行，有时也可在定下电子进攻决心后进行。现场勘查的步骤：首先判定方位，明确方位物，观察和判明敌情、地形，明确包括电子进攻在内的己方和友方的电子对抗任务；然后明确主要干扰方向和各对抗群的配置位置。倘若时间紧迫时，可只对担负主要电子进攻任务的设备部署地域进行勘察，确保电子对抗指挥的顺利进行。

三、下定决心，制订计划，下达命令

电子对抗决心指挥过程中对电子对抗目的和行动所做出的决定，是电子对抗指挥的基础，实施下定正确决心是对抗指挥的中心任务和基本职责之一。电子对抗决心通常由电子对抗指挥机构提出报告和建议，指挥员在听取报告和建议的基础上，全面科学地了解战场情况，综合分析判断，并在定下联合或合同作战决心的过程中定下电子对抗决心。电子对抗决心的具体内容有：电子对抗企图、电子对抗部署、电子对抗目标及电子对抗战法等。

电子对抗计划是为完成电子对抗任务而制订的指导电子对抗准备和电子对抗行动的计划，是电子对抗决心的具体体现，是进行电子对抗作战准备和行动的根本依据。制订电子对抗计划是一个非常复杂且极富创造性的工作，它必须建立在客观的基础之上，拟制总计划和分计划。电子对抗计划的内容如图5.8所示。

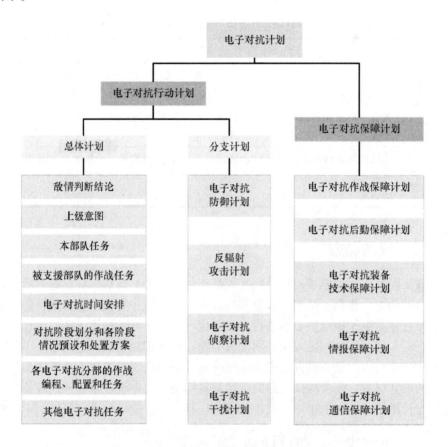

图5.8　电子对抗计划分类

下达命令是电子对抗决心和计划的具体体现形式。下达命令通常以当面、口头、书面或通信工具等方式下达，下达命令的原则为保密、迅速、简明、准确。下达命令通常应包含的内容有：接收命令战斗组的任务以及协同规定；完成电子对抗的时限；电子对抗的决心和实施方案等相关信息。

四、组织对抗协同

组织电子对抗协同，是发挥参战电子对抗力量整体威力的重要措施，对夺取电子对抗胜利具有重要作用。指挥员和电子对抗指挥机构应周密组织电子对抗协同。协同作战的重点是在充分明确协同作战任务的基础上，掌握各自的任务、行动方法、作战区域以及完成任务的时限等，并以分清主次为电子对抗协同的主要原则，如电子对抗部队之间的协同以执行主要任务的部队为主；电子对抗专业部队支援其他部队时，以被支援的部队为主。此外，在协同作战时还应把握的依据包括：上级作战方案，敌方作战企图及其电子设备运用特点等可能影响电子对抗的其他因素。

协同作战中的常用方法可分为两种，分别是计划协同和目标协同。计划协同是按照预先制订的协同计划而进行的协同动作。为确保电子对抗行动与整个作战行动的统一，应将电子对抗协同动作计划纳入整个作战协同动作计划中。目标协同是指以电子对抗目标为制约因素而进行的协同动作。在组织筹划阶段，指挥员根据电子对抗计划，将电子对抗中所涉及的各类目标分为若干个子目标，并为之分配相应的电子作战力量，在作战中灵活调整电子对抗行动，完成统一目的下的协同电子对抗。

五、进行战斗编组

合理的战斗编组不仅能够提高电子对抗的效率，更能够发挥电子对抗各部的主要优势。组织战斗编组通常按照以下方案实施：当执行电子进攻任务时，通信对抗部队通常编成电子对抗兵群；雷达对抗部队，特别是地对空雷达对抗部队通常按建制部署遂行电子进攻任务；航空兵电子对抗部队和海军电子对抗舰船，可组成单独的支援干扰编队，也可与攻击机（船）混合编队，进行掩护空中和海上攻击编队的任务。反雷达攻击飞机可以单机或双机以游猎方式压制敌防空武器系统，也可与携带爆破弹的强击机共同编成双机或四机编队，压制敌防空火力，掩护攻击编队突防。组织战斗编组的规则并非一成不变，指挥人员应根据客观的对抗任务和战场环境组织战斗编组，合理的战斗编组是电子对抗指挥的关键所在，也是体现电子对抗指挥技巧的环节。

六、组织保障和督促检查

全面周密地组织电子对抗保障，对于巩固和增强电子对抗的效能具有重要的意义。在定下电子对抗决心、制订计划并下达命令后，为保障电子对抗计划顺利而有效的实施，应根据电子对抗指挥机构提出的建议和计划实施的具体反馈情况，由专人负责组织实施计划内或突发的相关保障工作，主要包括情报保障、通信保障、装备技术保障以及可能需要的保障工作等。

电子对抗情报保障是以电子对抗为主要内容而展开的情报获取、传递和处理工作。在情报保障方面，一方面要集中情报侦察力量，建立多方向、多层次的电子情报侦察体系；另一方面注重情报共享工作，建立纵向和横向共同工作的情报网和高效灵敏的情报分发系统。

通信保障要求组织建立有效的通信联络，是确保电子对抗指挥协同顺畅，发挥电子对抗整体力量的基础和前提。要建立以联合作战或合同作战通信系统为依托，以电子对抗指挥协同为重点，立体覆盖、多路迂回的电子对抗通信保障体系，确保主要作战方向和重要作战时节的通信联络顺畅。

在电子对抗作战中，装备种类繁多，技术复杂，作战过程中会出现不可预见的破坏和损毁。因此，在整个电子对抗过程中要组织实施及时、全面的设备技术保障工作，根据不同作战区域的武器系统和人员配备的特点组织技术保障力量，提高电子对抗装备的技术保障效益。

在下达命令、组织协同和保障工作后，相关人员也要切实做好督促检查工作，电子对抗中的作战情形多变且复杂，切实有效的督促检查是电子对抗计划方案实施的保障，对电子对抗力量的发挥具有重大的作用。

第四节　电子对抗指挥实施

前两节介绍了电子对抗指挥的原则和基本内容，而这些原则和内容只有付诸实践才具有实际的意义，才能为电子对抗指挥提供明确方向，提供指导。

电子对抗指挥实施是电子对抗指挥运行机制中的核心环节。指挥的实施就是根据战场情况，保证指挥活动按照既定的规则运行，进而实现电子对抗决心。在经过细致周密的组织筹划后，电子对抗一旦开始，就必须时刻获取新的战场情况信息，经过科学分析和综合判断后，及时完善和修订既定的决心，并以此为依据控制电子对抗作战行动的开展，适应复杂多变的战场环境。电子对抗指挥实施应重点把握以下问题：

（1）电子对抗行动事关作战全局，联合作战指挥员必须亲自组织指挥。

（2）电子对抗行动时效性强，需提供实时而准确的情报信息。

（3）需精心选择配置作战地域，降低暴露风险。

（4）电子对抗要抢占先机，灵活组织兵力。

（5）电子对抗协调关系多，应全程精心组织实施。

（6）电子对抗设备和武器装备技术性强，需做好技术保障和阵地防护工作。

在充分理解和掌握以上问题后，电子对抗指挥的实施可以着重从如图 5.9 所示的三个方面进行。

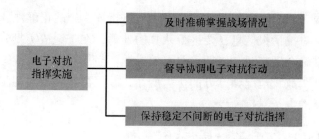

图 5.9　电子对抗指挥实施内容

一、及时准确掌握战场情况

电子对抗作战开始后，电子对抗指挥进入实施阶段，面对情况复杂多变、通信联络和协同动作易遭打击和破坏的问题，指挥员必须在贯彻既定决心的前提下，及时、不间断地掌握最新战场态势，防患于未然。及时准确掌握战场情况可从以下三个环节出发：

1. 组织不间断的电子侦察

在电子对抗实施阶段，应在已有电子侦察情报的基础之上，重点核实战前所侦察的敌方电子目标情报及各重要电子目标的最新变化，包括：敌方重点电子设备的性能、数量、配置和使用情况；敌人进攻和防御的主要方向和可能运用的兵力部署；敌方可能采取的战术手段和技术措施，及其对己方可能构成的威胁；敌方变更的部署、最新的动向；敌方预备电子对抗力量的位置及动向等情报信息。战争开始后双方电子设备和武器系统的战场对抗必然异常激烈，电子侦察力量必须多渠道、大范围、高速度地搜集各方面资料，以确保情报收集工作的迅速及时、全面完整和准确可靠。

2. 及时获取上级和友邻的情况通报

信息化条件下，电子对抗与联合作战中的其他作战行动联系更加紧密，只有准确地掌握上级和友邻情况通报，才能增强电子对抗指挥决策的科学性，确保围绕联合作战任务的需要，灵活运用电子对抗力量，打击敌关键性的电子目标，充分发挥电子对抗这一重要作战手段的效能，为夺取联合作战的胜利创造有利条件。如果不及时与上级和友邻沟通，势必会造成电子对抗作战指挥决策的片面性，造成电子对抗行动与联合作战行动的脱节。

3. 科学地分析判断与处置实际问题

获取情报、及时沟通的目的在于电子对抗指挥实施的正确性。对从各个来源获得的电子对抗情报信息，要进行认真的处理，在查记核实、分析研究的基础上，做出准确合理判断，以便采取有效措施。当战场电子对抗态势发生突变时，应快速判明敌我情况和己方的优劣所在，并根据实际情况调制电子对抗部署，下达最新的电子对抗命令。

二、督导协调电子对抗行动

督导协调是电子对抗指挥的重要环节，大多数情况下，既定的电子对抗信息很可能与实际情况无法完全吻合，解决这两者矛盾的关键就在于指挥过程中的督导和协调，及时发现问题，并进行纠正和解决。监督、指导和协调是确保电子对抗行动有序进行的必要条件。

1. 监督指导电子对抗行动

监督是指挥活动的中间环节，在电子对抗中对相关部队和人员实施有效的监督是实现其战斗决心，保证计划顺利进行的重要措施。为此，指挥员应适时监督所属分队的重大行动，指挥机关应不间断地督促指导分队的战斗行动。监督指导工作主要包括：督促指导分队在规定的时间、地域和频率范围内协调一致地进行战斗任务；掌握电子对抗部队任务开展情况和指挥情况，并提出建议等。

2. 组织电子对抗协调

组织电子对抗协调是贯穿作战全程的基本指挥工作之一。在电子对抗开始前，协调各部分之间的任务分工并明确协同规则；电子对抗实施过程中，当战情与预想变化不多时，按照预先的协调方案进行，并及时优化。若由于突发情况导致协同遭到破坏时，需立即查明原因，分析事态，并采取行动，迅速恢复协调。由于影响电子对抗的随机因素多，更需有指挥员具备随机应变的临机协调素质，根据不断变化的战场情况适时进行协同。

三、保持稳定不间断的电子对抗指挥

保持稳定和不间断的指挥是实现指挥员决心的关键。稳定是指在任何条件下都能保证电子对抗指挥行动的有效实施；不间断是指能够通过对部属及时下达指令，不断地对作战过程施加影响。因此，稳定与不间断，两者既有联系，又各有侧重。为确保电子对抗指挥稳定而不间断的实施，应做到以下几点：

1. 提高电子对抗指挥机构的生存能力

"射人先射马，擒贼先擒王"是两军对战中经常使用的策略之一，作为电子对抗作战部队的大脑——"指挥机构"，必然是敌方武器打击的重点目标，提高指挥机构的生存能力，是保持稳定而不间断指挥的关键。因此，在电子对抗中要从内部和外部两个方面着手提高指挥机构的生存能力：内部方面，指挥机构要具备小型化、机动化和隐身性的特点；外部方面，要合理利用地形、工事对指挥机构进行隐蔽，提高指挥机构的战场生存能力。

此外，提高指挥机构战场生存能力的另外一种方法是适时组织指挥机构转移和电磁机动。作为指挥战斗的神经中枢，当战场情况发生变化时，可以根据指示和具体情况实施指挥机构之间的电磁机动，如改变对抗的频率、方向和工作方式等。当原有位置已经无法有效实施指挥或原位置暴露时，必须立即转移指挥机构，可在技术条件的保障下边转移边指挥，确保指挥的稳定性和不间断性。

2. 保持通信联络顺畅

电子对抗作战中各电子对抗部队的配置通常相对分散，顺利实施指挥控制的手段就是通信联络。为了确保不间断的指挥，就必须采取有效措施，保持顺畅的通信联络。首先，要切实掌握各分部的通信情况，确保通信畅通；其次，及时修复被破坏的通信线路，更换通信密码；最后，灵活运用多种通信手段，采取有效的反侦察、反干扰措施，以确保作战中，特别是电子对抗部队机动、部署变更时的通信联络畅通。

第五节 电子对抗的指挥方式

一、电子对抗指挥方式分类

电子对抗指挥方式，是电子对抗指挥机构和指挥员在电子对抗指挥活动中对己方的电子对抗力量实施指挥与控制的方法和形式，其本质是如何运用指挥权。实践证明，指挥方式的选择和运用不仅直接关系到电子对抗指挥的质量和效率，甚至会影响电子对抗的成败。电子对抗指挥的方式是实施正确合理指挥的重要环节，对提高指挥效能具有重要的作用。竞争激烈的信息化战场对电子对抗指挥的方式提出了更高的要求。

电子对抗指挥方式可以从不同的角度和层面进行分类，如图 5.10 所示。按指挥权限的掌握程度，可分为集中式指挥、分散式指挥和指导式指挥；按主体对客体行使职权，可分为按级指挥和越级指挥。尽管分类方法不同，但是电子对抗指挥方式的根本就是战场指挥权的"统"和"放"问题，下面重点从指挥权的掌握程度介绍电子对抗指挥的基本方式。

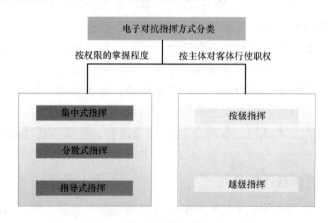

图 5.10 电子对抗指挥方式分类

（一）集中式指挥

集中式指挥，又称集权式指挥或指令式指挥，它是指挥员集中控制、统一协调运用指挥权的一种指挥方式。它是在统一的指导思想下，对部队实施高度集中统一的指挥，指挥员不仅明确任务，而且还规定完成任务的具体方法和步骤。集中统一是这种指挥方式的主要特点，通常是由指挥员直接掌握和控制部队。适合集中式指挥的时机通常有：

（1）作战初始阶段。在作战初始阶段，电子对抗准备较充分，作战计划较详细周密，并基本符合战场实际，战场态势也多在意料之中，为形成初始的强大的电子进攻震撼力，力争抢占先机并控制全局，应以集中指挥为主。

（2）具有决定意义的作战方向、关键时节和重要地域。在较大规模的作战中，参战的隶属于各个军种的电子对抗力量多，电子对抗"软杀伤"手段与"硬摧毁"手段多，若军兵种编制内的电子对抗兵力各自为战，不仅会分散力量，而且还会造成相互干扰，产生内耗，降低电子对抗的作战效能，故适合采用集中指挥方式，在作战的主要方向、在影响作战全局的关键时节、在影响作战全局的重要地域，适合集中指挥充分发挥各种作战手段的优势。

（3）其他相关时机。包括：对在作战全局中居重要地位的电子对抗部队，通常实施集中指挥；在编制内统一执行电子对抗任务时，通常实施集中指挥；通信通畅时，通常以集中指挥为主；电子对抗部队和被支援的部队须协调一致地行动时，通常以集中指挥为主。

表 5.2 列出了集中式指挥的优点和缺点。

表 5.2　集中式指挥的优缺点

集中式指挥 的优点	· 便于统一组织作战行动，形成整体合力 · 便于关照全局，把握关键 · 便于贯彻指挥员的决心和意志，防止下级因局部利益而损害全局利益 · 便于协调各种战斗力量的行动，协调一致地达成作战目的 · 便于指挥员统揽全局，抓住重心，随时对作战进程施加影响
集中式指挥 的缺点	· 对通信联络依赖较大，上传下达的信息量大，处理不当时极易丧失有利战机 · 限制下级指挥员的机断指挥，不利于发挥其主动性和创造性，甚至会使下级产生依赖心理，降低完成任务的责任感 · 缺乏弹性，难以适应随时变化的战场情况，从而使作战行动开始后的协调任务加重 · 指挥员和指挥机关的工作量大，易延长组织战斗的时间，不利于下级进行充分的战斗准备

(二）分散式指挥

分散式指挥，又称分权式指挥或委托式指挥，通常是在分散行动或没有较可靠的通信联络手段时采用。这是一种将指挥权适当下放的指挥方式，这种指挥方式是在上级明确基本任务的前提下，由下级指挥员独立地计划和指挥本级所属部队行动。分散式指挥方式的特点是上级只给下级明确任务、下达原则性指示及完成任务的时限，提供完成任务所需要的兵力兵器，但不规定完成任务的具体战法、步骤和行动计划，下级可根据上级总的意图和战场实际情况，独立实施指挥和控制。适合分散式指挥的时机通常有：

（1）纵深作战阶段。在纵深作战阶段，作战异常激烈，情况纷繁复杂，电子对抗的战场态势可能超出预料和战前准备，应强调因地制宜，应以分散指挥为主。当己方战机十分有利，又不便与上级联系，或是战场态势十分危急，无法取得联系时，适合分散式指挥。

（2）实施电子防御时。在实施电子防御时，由于不同军种电子对抗部队具有不同装备和特点，需要根据敌攻击方法与程度的不同，采取灵活的防御方式，因而需要采取分散指挥的方式，由其自行处置。

（3）对作战全局影响不大的电子对抗部队，可视情况实施分散指挥。

（4）其他时机。当通信受到干扰，无法与上级取得联系时或来不及向上级报告战情时，均可采用分散指挥方式。

此外，实施分散式指挥还必须具备一定的条件，主要包括：第一，要规定明确职权范围；第二，上下具有统一的作战思想，相互信任，具有默契；第三，指挥员具有较高的指挥素质和较强的随机应变能力。分散式指挥的优缺点如表5.3所示。

表5.3　分散式指挥的优缺点

分散式指挥的优点	· 充分发挥下级指挥员的主动性和创造性 · 有利于争取时间，缩短指挥时间，抓住战机 · 对通信的依赖大大减小，利于处置紧急情况 · 有利于适应复杂多变的战场环境 · 将总指挥员从复杂烦琐的指挥任务中解脱出来，将精力用于统观全局，运筹帷幄
分散式指挥的缺点	· 上级指挥员对下级指挥员的及时指导减少 · 不同指挥员之间的意图不易得到集中有效的落实 · 不同作战单位的协同作战难度增大 · 对指挥员独立作战和处理复杂问题的能力提出更高要求

（三）指导式指挥

指导式指挥是一种介于集中式指挥和分散式指挥之间的指挥方式，属于集中指挥和分散指挥的结合。由于战场情况变化迅速，对抗双方的作战力量构成复杂，作战行动多种多样，单一的集中式指挥或分散式指挥样式都很难满足电子对抗作战指挥的需要，因而必须根据法战场情况，灵活快速地转换指挥方式，提高指挥的时效性和有效性，最大限度地发挥电子对抗的威力。

在指导式指挥中，总指挥员在把握关键的前提下，并不对各部队完成任务的方式做出具体规定，下级可灵活地开展电子对抗作战行动。指导式指挥的特点是上级既不统得"过死"，又不"撒手不管"；既给下级以很大的创造空间，又在关键问题上加以控制；下级在统一的作战意图的指导下，实施机断指挥。指导式指挥所追求的效果是统而不死，活而不乱。

指导式指挥的关键问题是要把握好"统"和"放"的关系，要注意运用好以下"四法"：指令控制法，意图控制法，时间控制法，地域控制法。在统一作战意图和对抗决心的基础上，根据作战区域和作战阶段的有限度"放"，既给下级创造较大的自由发挥空间，又使其有所遵循；既赋予较大权限，又不使其脱离整体作战部署。唯有灵活地运用集中式指挥和分散式指挥，才能充分发挥整体的作战威力，从而有利于统筹全局和把握关键，夺取电子对抗的胜利。

二、电子对抗指挥方式的选择依据

在电子对抗指挥过程中，指挥员采取何种指挥方式是一个十分重要的问题，直接关乎电子对抗指挥的效力。选择指挥方式通常可从 8 个依据出发，进行适当合理的选择，如图 5.11 所示。

1. 依据作战类型和作战规模

不同的作战类型不仅对电子对抗提出了要求，而且对指挥方式也提出了不同的要求。在进攻作战中，电子对抗部队多处于运动之中，实施集中指挥难度大；在防御作战中，电子对抗兵力兵器配置相对稳定，便于实施集中指挥。在联合作战中，参战的各军种电子对抗力量在联合作战指挥部统一计划下，通常由各军种实施分散指挥。在现代局部战争中，能否有效地夺取和保持制电磁权，将对战争的结局产生重大影响，以高层统一决策指挥为主的方式是局部战争电子对抗指挥的一个显著特点。

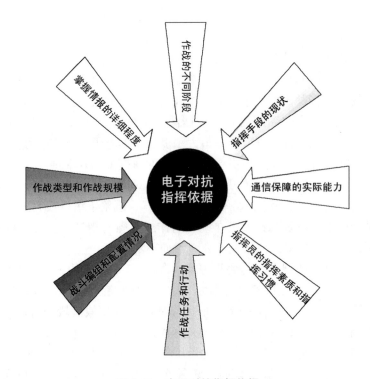

图 5.11　电子对抗指挥依据

2. 依据作战的不同阶段

作战通常具有阶段性特点，应依据不同阶段的情况和特点确定相应的电子对抗指挥方式。在作战准备阶段，应围绕联合作战指挥员及电子对抗指挥机构的统一作战意图来筹划、组织战前各项电子对抗准备工作；在作战实施阶段，则应根据电子对抗进展情况，灵活运用不同的指挥方式。另外，对作战主要方向上的电子对抗部队，应坚持集中指挥，以求最大限度地形成合力；对次要方向上的电子对抗部队，可采取分散指挥，结合实际情况灵活处置，以求缩短指挥周期，提高反应速度。

3. 依据作战任务和行动

具体任务和行动，也是确定电子对抗指挥方式的重要依据。对于担负主要方向和关键时节的电子对抗行动，通常采用集中式指挥；而对于次要方向的电子对抗行动，通常采用分散式指挥。如果电子对抗行动分散，对统一行动要求不高时，则可以采用分散式指挥。比如：车载式侦察、干扰分队执行固定干扰任务时，可采用集中式指挥；而便携式侦察、干扰分队执行机动干扰任务时，可采用分散式指挥。当干扰分队实施抵近干扰或渗透干扰时，可采用分散式指挥。对于一些紧急情况，执行任务所允许的时间较短，采用集中式指挥可能会延误时间，失去稍纵即逝的战机，此时则可采用集中式与分散式指挥相结合的方式。

4. 依据战斗编组和配置情况

不同的作战编成形式要求指挥员在指挥活动中必须采取不同的指挥方式。当电子对抗部队建立群指挥所，下级编有雷达干扰群和通信干扰群时，指挥员应通过群指挥机构对所属电子对抗力量实施指挥控制，可采用集中式与分散式指挥相结合的方式，以提高群指挥员的工作主动性，增强电子对抗的及时性。电子对抗部队的配置形式和距离也对指挥方式的选择产生直接影响，特别是疏散配置时，各群间距增大，对通信工具的依赖程度随之增强，加之战场上强烈的电子干扰，仅仅采用集中指挥方式反而容易产生指挥失控。因此，究竟采取何种指挥方式，需依据作战编成和配置情况灵活确定。

5. 依据通信保障的实际能力

通信保障是电子对抗指挥信息传输的基础。通信保障能力不同，电子对抗指挥方式的运用也应有所不同。通信保障能力较强时，选择指挥方式的余地就大，既可以运用集中式指挥，也可以运用分散式指挥；通信保障能力较弱时，实施集中式指挥往往"鞭长莫及"，一般只适合采取分散指挥的方式。

6. 依据掌握情报的详细程度

掌握情报的详细程度是影响指挥方式选择的重要因素之一。当对敌方电子对抗情报掌握得比较详细的时候，联合作战指挥员就可以据此定下比较完整细致的作战决心，指挥控制诸军种的权力就可以相对集中于联合作战级电子对抗指挥机构。一般来说，情报越准确详细，则越有条件实施集中指挥。

7. 依据指挥手段的现状

指挥手段是实施战斗指挥的重要基础，制约着指挥方式，主要包括通信指挥器材和指挥信息系统。电子对抗作战指挥员选用指挥方式时要考虑通信指挥器材和指挥信息系统的现实状况，如情报侦察器材的落后使上下指挥之间不能充分了解迅速发展变化的战场情况，不能进行及时而充分的沟通等，因而需采取分散式指挥。集中式指挥需要数量较多、质量较高的指挥器材进行保障，指挥中在选择集中式指挥与分散式指挥时要充分考虑这一点。

8. 依据指挥员的指挥素质和指挥习惯

指挥员的指挥素质和指挥习惯与指挥方式的选择密切相关。对于具有一定指挥经验和独立指挥能力的部属，可视情况运用分散式指挥或越级指挥的方式；对于指挥经验不足或缺乏独立指挥能力的部属，适于实施集中式指挥。同样，对于上级指挥员来说，也必须根据不断变化的战场情况，具有灵活运用集中式指挥和分散式指挥的高超艺术。此外，指挥方式的选取，还与指挥员的指挥习惯有关，有些指挥员习惯对部属实施集中式指挥，而有些指挥员则习惯对部属实施分散式指挥。当然，这种习惯必须服从或服务于客观实际情况的需要，任何对部属不负责任和独断专行的态度都是不可取的。

第六节　本章小结

本章首先介绍了电子对抗战术运用与指挥的基本原则，然后介绍了电子对抗指挥的主要内容和组织实施方式。《孙子兵法》曾说"兵无常势，水无常形"，在实际的应用中，这些原则和方法还需要和战场实际相结合，才有可能在信息对抗的争夺中占得先机。

信息化武器是未来战争的主导，这对于电子对抗指挥来说，其影响主要体现在以下三个方面：一是指挥系统的时效性更加明显，信息化作战使时机稍纵即逝，电子对抗作战指挥的时间十分短暂，这和传统的指挥方式存在很大的区别，只有迅速做出反应，才能占得主动；二是专业性更加突出，电磁频谱的斗争，是时域、空域、频谱等多个领域的对抗，只有熟悉武器装备，熟悉对抗专业技能，才有可能做出正确的指挥；三是指挥活动的对抗性更加激烈，虽然是看不见的斗争，但对抗双方的战术、技术随时都在变化，电子对抗从单台装备扩展到多个武器系统，对抗空域从太空到水下，激烈的对抗无处不在，而且鲜有一招制敌的情形出现，因此，必须进一步增加对抗的综合实力，才能占得先机。

思考题

（1）简述电子对抗指挥的基本原则。

（2）简述电子对抗指挥的主要内容。

（3）设定一个典型作战场景，设计电子对抗作战案例。

第六章
典型战场中的电子对抗

电子对抗在现代化信息战场上呈现出打击范围广、打击精度高、打击速度快、误伤率低等优良的性能。正确运用和把握电子对抗的作战指挥原则和作战实施方式，是充分发挥电子对抗作战效能的保障。此外，在不同的作战场景下，电子对抗的特征、作战方法及其运用都有所不同，研究典型场景下的电子对抗，对把握电子对抗作战具有十分重要的意义。本章将详细介绍陆、海、空三种典型场景下的电子对抗战争，分析电子对抗作战在这三种典型场景下的技术装备、基本特征和对抗方法。

第一节　陆战中的电子对抗

随着电子技术的发展，在现代战争的陆战场上，对电子设备实施电子干扰和火力摧毁的手段和方法不仅越来越多，而且日益新颖，为夺取和保持陆战场的作战主动权创造了条件。

一、陆战中电子对抗的任务

针对不同的陆战任务，有其特定的电子对抗实施方法，下面首先简单介绍典型电子对抗作战任务下的对抗方法。

（一）电子侦察任务

电子对抗侦察的主要任务是：对敌电子设备的技术参数和战术等进行搜索、发现和测定，对其位置实施测向定位，并为电子干扰实施引导，为火力摧毁提供实时情报。电子对抗侦察任务可分为预先侦察和直接侦察两类。直接侦察的方法可分为抵近侦察、游动侦察和监视侦察。对各种方法，应根据任务和当时的战场情势，正确选用。

（二）电子干扰任务

电子干扰的主要任务是：对敌电子设备和武器系统中的电子装置实施电子干扰，配合和支援战役、战斗中的部队集结、开进、展开、火力准备、突击及分割包围等军事行动。遂行电子干扰任务的方法有抵近干扰、遮断干扰、伴随干扰、跟踪干扰、堵塞干扰和试探干扰。各种干扰方法要依据敌情、任务和装备特点，周密组织实施。

（三）电子欺骗任务

电子欺骗的主要任务是：给敌人示以虚假的或错误的电磁信息，制造敌人的错觉，使其对我方作战意图和行动判断失误。遂行电子欺骗任务的方法有：电子佯动、电子伪装及电子冒充。

（四）火力摧毁任务

电子对抗火力摧毁的主要任务是：通过电子对抗侦察定位引导火力摧毁敌方精密探测雷达、警戒雷达、炮瞄雷达、制导雷达、通信枢纽和干扰我方电子装备的电子干扰源。组织实施电子对抗火力摧毁的主要方法有：与有关火力分队密切协同，使用辐射源精密定位系统引导下的火炮、炸弹、子母弹和导弹等火力；使用反辐射导弹和定向能武器等，以破坏敌方电子设备的使用效能和保护己方电子设备效能的正常发挥。

二、陆战中电子对抗力量和技术装备

从整个电子对抗领域看，外军对陆军电子对抗设备的投入比例相对较少，相关资料显示美国仅有 10% 的经费用于陆基电子战系统。尽管如此，陆军电子对抗在现代战争中所起的作用仍然不容小觑，军事强国始终加紧对先进陆基电子对抗设备和陆战电子对抗技术的研究。

现代战场上，陆战的主要目的是防空和地面战斗，陆战中电子对抗的主要任务是保障指挥、控制、通信和情报工作的正常展开，实施有效的目标搜索和火力压制，以及破坏敌方的通信、电子和光学侦察系统。此时，己方电子对抗力量所要实施的侦察和干扰对象主要有：地面活动目标侦察雷达、火炮侦察校射雷达、地面目标的飞机引导系统、炮弹的无线电引信和各种通信系统等。

为有效对敌实施侦察和打击，陆军都编有专门的电子对抗部队。以美国为例，其陆军的司令部、军、师和旅四级均配备了电子侦察或电子对抗部门，如图6.1所示。

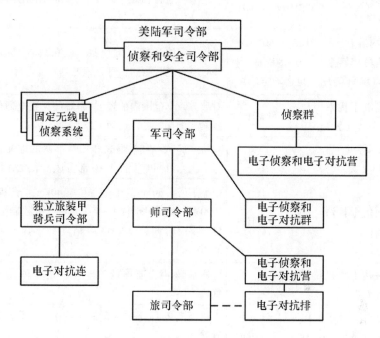

图6.1　美国陆军电子对抗组织结构图

俄罗斯、德国、法国以及北约陆军也不例外，其陆军中都编制有各自的电子对抗连（团/营）和电子侦察连（团/营）。相关资料显示，北约陆军在中欧战区的电子对抗连所配备的技术装备能够确保对100km范围内的地面、空军雷达及无线电通信系统进行侦察和干扰。

根据陆军作战原则，在战场上必须综合运用电子侦察、电子干扰、抗干扰和火力摧毁等电子对抗力量，因此，陆战中的电子对抗部队应配备各种电子对抗设备，其中包括各种侦察设备，有源和无源干扰设备，假目标投放装置，雷达、红外、光学隐身和伪装器材等。为保证电子对抗设备在作战中的电子对抗性能，还必须采用各种抗干扰技术和设施。美、俄陆军典型电子对抗装备及其功能如表6.1所示。

表 6.1 美、俄陆军典型电子对抗装备及其功能

装备（国别）	工作频率	功能、性能
电子情报系统 MSQ‐103A（美）	300MHz～40GHz	收集战场监视雷达、防空雷达和火炮定位雷达的情报
综合短波和超短波无线电通信侦察系统 TSQ‐114A（美）	0.5～150MHz（20～80MHz 内可自动定位）	对敌方实施通信对抗侦察，截获敌方通信信号，并对电台进行测向，每分钟可测六部电台的方向
综合无线电干扰系统 TLQ‐17A（美）	1.5～80MHz	对敌方频率范围内的短波/超短波无线电通信进行搜索和干扰，可行进间工作
雷达干扰设备 ALQ‐143（美）	8.5～17GHz	对防空部队、野战炮兵和侦察部队的地面雷达进行干扰，可同时干扰 4～6 部雷达，干扰距离 30km
甚高频通信干扰站 P‐330B（俄）	30～100MHz	侦察距离 30km，干扰距离 40km，干扰功率 1000W，可同时干扰 1～4 个目标，并控制 10 个目标，反应时间为 3s，测向精度优于 3°，测向时间 10ms
大功率雷达干扰机 GKP‐14（俄）	工作波长 10cm	可实施噪声、准连续波干扰，是一种多功能干扰机
坦克载红外干扰机 TSU‐1‐7（俄）	0.7～1.2um 和 1.7～2.44um	干扰距离 2～4km，能同时干扰多种型号红外制导导弹
无线电引信干扰设备 SPR‐2（俄）	90～420MHz	反应时间 100ms，干扰功率 25W，可干扰声波、调频波，可破坏调频、调幅、脉冲调制、连续波和脉冲多普勒等体制的无线电引信

除以上提到的陆战电子对抗装备外，当前世界上较先进的陆基电子对抗系统当属俄罗斯"克拉苏哈‐4"陆基电子干扰系统，如图 6.2 所示，该系统可压制间谍卫星、地面雷达、预警机、无人机等空天、陆基探测系统。2015 年，俄罗斯在对叙利亚反政府组织实施打击时，为了致盲北约的侦察和情报搜集系统，该系统就派上了用场。

正确和合理地运用电子对抗力量是提高电子对抗作战力的一个重要因素。在作战期间，正确使用电子对抗的方法及其实施至关重要，这要根据不同的作战类型、敌己双方电子装备的特点和地理条件等多种因素共同决定，下面就对陆战中的电子对抗方法及其实施进行介绍。

图6.2 俄罗斯"克拉苏哈-4"陆基电子干扰系统

三、陆战中电子对抗方法

在西方陆战行动中，组织和实施电子对抗的特点是：在军和师的作战行动地域集中使用主要的电子对抗力量。为破坏敌人指挥控制系统和侦察系统，电子对抗力量和技术装备要按照计划，与对敌指挥所和各种电子对抗设备进行火力打击的力量协同使用。与此同时，要采取措施有效保护己方的指挥控制系统、雷达系统、通信系统等设备免遭敌方的电子干扰。因此，敌方的电子干扰设备是火力打击和电子干扰的首要目标。

通常，要根据战斗行动的样式、作战区域环境和电子对抗装备工作特征，选择不同的电子干扰力量和技术装备的运用方法，这样才能有效地保证顺利完成电子对抗作战任务。

（一）大规模集中的方法

当己方电子对抗力量和装备充足时适用大规模集中法。该方法是指在指定时间、方向或进攻方向上，同时对最有威胁的敌方无线电通信、雷达系统和电子对抗设备进行干扰。这种方法主要适用于陆战中突破敌方防线，歼灭被围之敌或击退敌方反击等其他类似的作战，这些作战行动需要在某一指定方向集中大量的电子干扰力量和技术装备。大规模集中的方法在实战中也得到广泛运用，例如，以色列军队在1967年6月进攻埃及的作战行动和在1982年进攻黎巴嫩的作战行动中都曾使用过这种方法。

（二）重点选择法

重点选择法，是在作战行动地域或者在某一独立作战方向有选择地实施电子干扰。这种方法在实施过程中需要首先对敌无线电技术设备进行精确的侦察和识别，然后进行无线电干扰。这种电子对抗运用方法在防御战役中，以及在还没有发现敌军主要集中方向时或者可供使用的电子干扰力量和技术装备有限时最为有效。

（三）集中选择结合法

所谓集中选择相结合，就是将以上两种电子对抗方法综合运用。在使用这种方法实施电子对抗时，电子干扰的主要力量和技术装备集中使用在主要作战方向，而其他的电子干扰力量和技术装备，则是有选择地干扰敌方的无线电电子设备。通常，当发现了敌方的主要部队的作战方向，但地形条件、道路状况和现有的时间不允许将电子对抗力量和技术装备集中，需要重新编组部署到这个方向时，最适合运用集中选择相结合的方法。

第二节　海战中的电子对抗

海上电子对抗在现代战争中的分量举足轻重。21世纪的水面作战将是软硬杀伤武器相结合的高技术战争，除了以导弹为代表的硬攻击外，电子对抗势必在现代海战中占主导地位，在海战的各个阶段，海上、空中、水下等各个战场均离不开电子对抗。

海上电子对抗与陆上电子对抗之间不存在截然的区别，但是海上作战具有其独特的特点：海面舰艇装备价格昂贵，保护价值大；无论是编队作战还是单舰作战，均表现为目标集中；海战中作战存在装备隐蔽与伪装条件差、机动性有限等弊端。因此，电子对抗在海战中的作用比在陆战中更加突出和重要。

一、海战中电子对抗力量和技术装备

相比于其他军种，海军的构成十分复杂而庞大，其作战力量主要由潜艇、水面舰艇、航空兵、岸防兵、陆战队等兵种和专业部队组成。海上作战的任务主要有：

（1）协同陆军、空军进行反袭击。

（2）保卫海军基地、港口和沿海重要目标。

（3）消灭敌战斗舰艇和运输舰船。

（4）破坏敌海上交通运输。

（5）袭击敌基地、港口和岸上重要目标，削弱敌方战争潜力。

（6）协同陆军、空军进行登陆与抗登陆作战。

（7）协同陆军坚守岛屿、要塞，支援陆军濒海翼侧的行动等。

可以看出，海上作战具有小"海、陆、空"的综合性质，且高技术集中，装备复杂，这就使海军作战的电子对抗力量和技术装备十分丰富，范围广泛。从装备系统上可分为雷达、光电、通信、水声和指挥系统电子对抗，从兵种上可分为潜艇、水面潜艇、海军航空兵、海军陆战队、岸防兵电子对抗，从辐射形式上可分为有源电子对抗和无源电子对抗，从作战类型和任务上可分为电子进攻和电子防御两个范畴，构成了一个纷繁复杂的海上电子对抗环境。海战中的典型武器装备如图 6.3 所示。

图 6.3　海战中的武器装备

在西方国家的海军中，其水面舰艇、潜艇、飞机、直升机、岸防部队和海军陆战队中通常都装备有综合电子对抗系统，用于有效对抗敌方电子设备。其系统包括：侦察设备和雷达照射告警装置，电子情报分析和干扰控制设备，有源和无源干扰设备，反雷达导弹引导系统，雷达、红外假目标，以及气溶胶云产生装置等。下面介绍几种先进的海战电子对抗装备。

（一）电子侦察设备

雷达侦察设备已广泛应用于舰艇上，如美国 AN/SLQ－32 电子对抗系统中的电子侦察设备，该设备采用介质透镜多波束天线，有利于发现多目标，并有专门的两个高频段侦察功能，用于防敌方导弹。在舰载直升机的电子侦察设备配合下，AN/SLQ－32 可发现很远处的目标，并可在不发射电波条件下对目标进行三角定位。

（二）电子干扰设备

Nulka 悬停式舷外有源诱饵（见图 6.4）是美国与澳大利亚联合开发的产品，1997 年开始大规模生产，2000 年前后成为美海军"伯克"级驱逐舰的标准电子战装备。

Nulka 采用数字储频技术，储频精度高、储频时间长，且由于数字化中频处理模块具有十分丰富的处理资源，加之 Nulka 能够与舰载侦察设备实时交流，系统能够针对不同体制末制导雷达信号，控制干扰信号的各种参数，产生多种假目标组合样式，干扰灵活性和可扩展性强。

图 6.4 Nulka 舷外有源诱饵

（三）声呐对抗系统

声呐对抗系统是海上作战独有的电子对抗武器，它主要对侦察声呐和反潜武器的声呐制导系统进行干扰，以及模拟潜艇机动的声呐特征和运动特征。美国专门为潜艇研制和装备了声呐干扰系统，能够对声呐设备进行探测和干扰。美军的声呐对抗系统主要包括：声呐设备侦察探测站 WLR – 9A，拖曳式、投放式和自航式假声呐目标和声呐诱饵，潜艇模拟器 SLQ – 25 等。

相关资料显示，美海军海上系统司令部日前宣布，将于 2016 年 12 月 16 日向工业界发布招标书，以设计、建造和测试一种名为"声干扰装 MK5"（ADC MK5）的下一代鱼雷对抗系统，用于保护美国及其盟国潜艇免遭声自导鱼雷攻击，典型鱼雷作战场景如图 6.5 所示。据悉，该装置采用自适应干扰等先进技术，并具有单独的对抗单元，多达六个对抗单元组成一组，由潜艇同时发射出去，其中，有的作为声干扰器，有的则作为复杂诱饵设备。此外，该系统还具备再编程能力，能够与己方其他鱼雷系统共同操作，并在不断变化的环境条件下通过声学通信链路改变战术。

如前所述，海战中的电子对抗力量和装备是一个十分复杂而庞大的家族，以美国、俄罗斯为代表的世界军事强国始终加紧对先进海面电子对抗技术和装备进行着研究，限于篇幅原因，本小节仅从三个角度，主要选取了美国几种先进的海战电子对抗装备加以介绍。

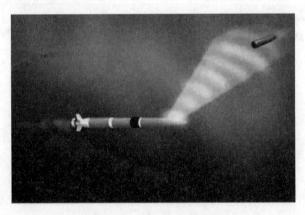

图 6.5　鱼雷作战场景

二、海战中电子对抗方法

海军电子对抗战术同其他战术一样，没有一成不变的实施模式，应根据敌我双方的武器装备、作战任务和具体战场情况，在瞬息万变的复杂电磁环境下，因地制宜、因时制宜、因人制宜地具体实施和运用。下面主要介绍三种不同情况下海战电子对抗的基本运用方法。

（一）反舰作战情况

在近几次局部战争的海战中，反舰导弹击沉了大量水面舰艇，使反舰导弹成为对抗水面舰艇的撒手锏武器。反舰导弹可以从多种平台发射，包括水面舰艇、水下潜艇、战斗机、直升机以及岸边的固定阵地和机动车辆，且其攻击方法多种多样。典型反舰导弹作战场景如图6.6所示。

一般情况下，应保持攻击从多方向同时实施，或低弹道掠海飞行，降低对方雷达的发现概率，使目标舰艇措手不及。为达到突然性，通常可采用电子对抗的欺骗手段，如发射诱饵弹、撒布大量金属箔片等，干扰对方导弹警戒雷达，使对方难以辨别反舰导弹的真实位置，以掩护导弹的攻击。

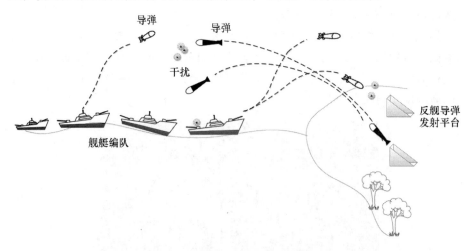

图6.6 反舰导弹作战示意图

（二）反潜作战情况

随着大规模集成电路技术、计算机技术以及一系列新技术在潜艇上的广泛应用，使潜艇能自动收集、处理和显示各探测设备探测到的信息，协助指挥员处理信息、决策与实施战术指挥，并解算武器的射击诸元和控制多种武器攻击多个目标。至今，反潜作战仍是海战中最复杂的问题之一。

反潜直升机、猎潜舰艇和具有反潜作战能力的其他舰艇和飞机必须有效地对付敌潜艇的声呐侦察和声呐干扰，充分发挥其声呐探测系统的功能，才能准确地使用反潜鱼雷和深水炸弹去攻击敌潜艇。典型潜艇、舰艇作战场景如图6.7所示。

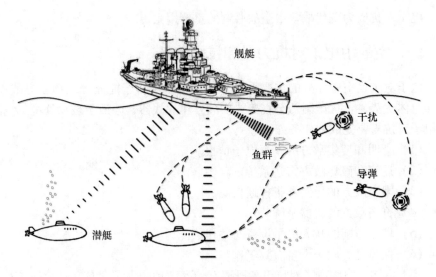

图6.7　潜艇、舰艇作战示意图

（三）防空作战情况

在现代海战中，敌机既可以单机实施突击，又可以多机突破水面舰只的防空系统，对付这种威胁，需要使用前方警戒侦察机、截击机和导弹组成的多层次电子防空配系。在舰队防空方面要特别注意发挥空中预警机的作用，它是舰队防空不可缺少的部分，同时，舰队防空在结构上要平行发展空中预警能力和电子对抗手段。使用电子对抗手段破坏敌机的空地（舰）通信联络、雷达瞄准和空对舰导弹的制导，其效果甚至可以超过舰载防空硬武器。在对付空地反舰导弹方面，电子对抗则是最主要也是最有效的方法。

第三节　空战中的电子对抗

现代信息化战场上，面对极为复杂的电磁环境，夺取制空权在一定程度上成为决定战争成败的关键。实战经验和军事演习均证明，空军所有类型作战任务的顺利完成，在很大程度上取决于其利用电子对抗设备战胜敌方防空系统的能力。可见，电子对抗在空中作战中并不是一个辅助部分，而是整个战斗能力的有机组成部分，比海战、陆战更加突出地显示出电子对抗对战斗力的倍增作用，电子对抗成为现代战争中空战胜利的重要因素。

一、空战中电子对抗力量和技术装备

电子对抗是空中作战的重要手段，其主要作用在于能充分发挥己方战役、战斗总体优势，干扰压制乃至直接毁伤敌方作战兵器，陷敌于被动处境。空战中电子对抗需要完成的任务如下：

(1) 查明和搜集敌方的军事电子情报。

(2) 迷盲和破坏敌方雷达系统。

(3) 阻断敌方的导航和指挥通信。

(4) 打击敌方的武器系统。

(5) 摧毁、削弱敌方电子设备对空作战能力。

(6) 保障己方电子设备有效工作。

从上可知，空中电子对抗设备既要有侦察防护能力，同时又必须具备对敌干扰、实施软硬打击的能力。这对空中作战人员编配、电子设备、武器系统提出了更高的要求，下面就美国为例，详述其空战中的人员编配和电子对抗设备。

在人员编配方面，美国的每一个空军军通常编制有 3 个侦察航空兵大队、1~2 个电子对抗航空兵大队、无人机航空大队、地面电子对抗群或者空军安全和电子对抗中队，且这些大（中）队都会配备相应的电子侦察或电子对抗飞机。

在电子对抗装备方面，美国始终处于领先地位。20 世纪 60 年代初期，美军的电子对抗装备主要装载在战略轰炸机 B–52 上。B–52 战略轰炸机是美国"三位一体"战略力量的主要机种之一，其主要装备了主动式遮盖和模仿干扰装置、自动箔条和红外诱饵投射装置、雷达和红外照射告警装备、制导导弹攻击告警装备和电子侦察装置等，此外，美军的 B–1、EF–111 轰炸机上也均装备了以上电子对抗设备，B–52G 型和 B–1B 型轰炸机如图 6.8 所示。表6.2 详细列出了 B–52 型和 B–1 型战略轰炸机上装备的电子对抗设备。

图 6.8　B－52G 型和 B－1B 型轰炸机

表 6.2　B－52 型和 B－1 型战略轰炸机上装备的电子对抗设备

装备平台	电子对抗系统构成
B－52 战略轰炸机	· 侦察干扰频段：30～10900MHz · 2～3 个遮盖和摹仿电子干扰装备 ALQ－117 和 ALQ－122 · 截听站和战斗机瞄准系统 · 1～2 个电子干扰设备 ALQ－71 和 ALQ－72 · 3 部自动抛射装备 ALE－24（可抛掷箔条、红外诱饵和一次性干扰设备等） · 2 部 ALR－18（ALR－19、ALR－20）和 1 部 APR－36 · 红外辐射接收机 ALR－21 和 ALR－23 · 假目标 SCAD · 导弹诱饵 ADR－8A，及其发射装备 ALE－25 · 4 部雷达、近 100 个红外诱饵和 1000 包箔条
B－1 战略轰炸机	· 侦察干扰频段：50～18000MHz · 主动式干扰设备 ALQ－I61 · 自动投射装置 ALE－29 · 无线电侦察站 · 飞机雷达照射告警装置 · 自动制导防空导弹的告警装置 · 反辐射导弹标准 ARM

此外，美军还大量使用专用的电子对抗飞机，专用电子对抗飞机装备电子侦察和电子干扰设备，可够侦察、探测和干扰几乎所有类型的防空部队雷达和无线电设备。如美 EB－57、EB－66B 和 EF－111 等专用电子对抗飞机上都装备有不同型号的电子侦察设备、无线电和雷达干扰机、自动投射装置等，能对

空中目标探测雷达和防空部队战斗指挥控制系统进行侦察和干扰。

纵观世界，能够与美国空中打击力量相抗衡的非俄罗斯莫属。俄空军机载电子对抗装备中均搭载有雷达告警设备（主要有"警笛"和 SPO 两个系列）、有源干扰设备（主要有 TP、SPS 和 GKB/GPK 三个系列）和箔条/红外诱饵投放设备（主要有 ACO – 16/18 和 BVP 两个系列）等先进的电子对抗设备。同时，俄罗斯大力发展电子对抗无人机，其电子对抗无人机至今已经发展了三代，从最初的超音速巡航无人攻击机，到亚音速战役战术无人机，再到小型战术无人机，俄军电子对抗无人机成为纵深大的空中战场上的佼佼者。

电子对抗直升机具有机动性好、使用灵活、垂直起降、低空隐蔽飞行、侦收情报可靠，并能够悬停在空中进行干扰或侦察等特点。俄军十分重视电子对抗直升机的发展，其研制和装备了一系列侦察、干扰及预警电子对抗直升机，典型的电子对抗直升机有"米 – 8"系列（见图6.9）、"米 – 17CR"和"卡 – 31"预警机等。

图 6.9 "米 – 8"电子对抗直升机

以上简单介绍了美、俄军几种典型的空中电子对抗力量，这只是其打击力量的冰山一角，美、俄军空中电子对抗技术的先进程度、装备的数量之多可以想见。面对美、俄强大的空中电子对抗力量，只有大力发展我国的空中电子对抗装备，才能赢得现代空战的主动权。

二、空战中电子对抗方法

西方国家在空战中都十分关注在军事演习和武器试验场上研究使用空中机载电子对抗设备的作战方法，特别是美国曾部署 100 多套设备，模仿其他国家防空系统和歼击航空兵的各种无线电设备的工作。在对历年的军事演习进行总结后，西方军队认为，在空军作战中实施电子对抗应遵循以下基本原则：

（1）使用假目标和无线电欺骗隐蔽己方指挥员的作战企图和空军的作战行动。

（2）及时发现无线电设备的技术特征和配置地域。

（3）在重要的作战方向突然和集中地使用电子对抗力量和技术装备，确保最重要作战任务的达成。

（4）对敌方防空系统的所有重点目标要同样实施干扰。

（5）要使空军处于敌方防空系统的雷达探测区域和火力打击区域的时间最小。

根据上述的战术空军作战原则，确定了使用电子对抗飞机的三种基本方法：防区外实施电子干扰、在空中突击编队内实施电子干扰和在空中突击编队前方实施电子干扰。

（一）防区外实施电子干扰

在防区外实施电子干扰时，电子对抗飞机位于敌方防空武器的打击范围之外，为保护空中突击编队的安全，应对敌方的侦察探测雷达、防空导弹和歼击航空兵的制导系统实施电子干扰，空中突击编队应当在其整个飞行过程中处于对敌防空系统进行干扰所形成的干扰扇区内，其示意图如图 6.10 所示。

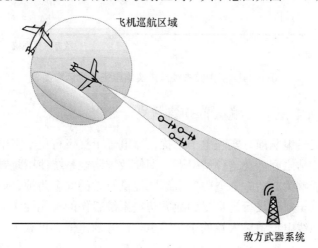

图 6.10　防区外实施电子干扰示意图

（二）在空中突击编队内实施电子干扰

在空中突击编队队形内实施电子干扰时，电子对抗飞机作为空中突击编队内的一部分，在编队攻击目标和返回时实施伴随式电子干扰，在这种情况下，电子对抗飞机应当与整个编队保持相同的飞行速度，以保证能够为编队提供安全防护。当电子对抗飞机以伴随方式与空中突击编队共同执行任务时，它可能会遭到敌方防空武器的攻击，其中可能会包括反辐射导弹的攻击，以及敌方歼击航空兵的袭击，因此，要在空中突击编队的队形配置上保证电子对抗飞机的安全。同时，为了确保能够为整个空中突击编队提供可靠的安全防护，电子对抗飞机的配置位置要能够保证所有的飞机处于它干扰敌方防空系统无线电设备所形成的干扰扇区内。其示意图如图 6.11 所示。

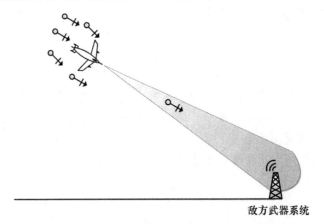

敌方武器系统

图 6.11　空中突击编队内实施电子干扰示意图

（三）在空中突击编队前方实施电子干扰

在空中突击编队前方实施电子干扰，即电子干扰飞行位于空中突击编队与被干扰的雷达站之间。在这种情况下，即使敌方防空系统使用跳频雷达，电子对抗飞机也能够为其后方的空中突击编队提供有效的安全防护，但与上述两种方法相比，电子对抗飞行自身受到敌方防空系统毁伤的可能性明显增大。为了提高被干扰无线电设备输入端的干扰噪声与信号的比值，机载干扰站通常使用窄波束的天线方向图，确保空中突击编队在整个飞行过程中，始终指向被干扰的雷达站。其示意图如图 6.12 所示。

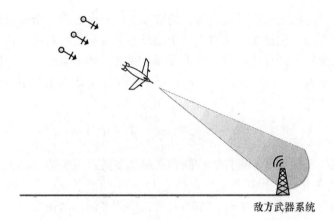

图 6.12 在空中突击编队前方实施电子干扰示意图

第四节　海湾战争电子对抗行动分析

　　1991 年，长达 40 多年的冷战结束，而人类信息化战争的开端——海湾战争也在这一年爆发。海湾战争是人类战争史上现代化程度最高、使用新式武器最多、投入军费最多的一场大规模局部战争之一。

　　在 1990 年 8 月，萨达姆下达了入侵科威特的命令，在联合国对伊实施决策无果之后，以美国为首的西方世界打着维护区域和平的口号，于 1991 年 1 月 16 日正式向伊拉克宣战。由此，一场精心准备的电子对抗作战拉开序幕。

一、电子战装备简析

　　海湾战争中，伊拉克有 4000 多门高射炮、700 余部防空导弹发射装置、140 多枚"霍克"式防空导弹和 700 余架作战飞机，然而这支貌似"强大"的军队在以美军为首的多国部队进行的 42 天空袭和地面打击下就彻底土崩瓦解了。究其原因，是由于伊军的预警系统、导弹雷达系统、通信系统和指挥控制系统被多国部队的电子对抗系统压制和干扰而无法工作，甚至"连巴格达市的无线广播都听不清楚"。在整个作战过程中，电子对抗起到了十分重要甚至是决定性的作用，电子对抗设备在整个武器装备中所占比例可以想见。从外层空间的卫星，到空中作战、侦察飞机，乃至地面坦克、水面战舰和水下潜艇，都配备了先进的电子对抗设备，构成多层次、全方位、全频段严密的立体配系。既有有源干扰设备，又有无源干扰设备，既有雷达对抗设备，又有通信和光电对抗设备，既有软压制，又有硬杀伤武器。在使用的电子对抗装备中，以美军装备量最大、现代化水平最高。下面以美军装备为主介绍海湾战争中电子对抗装备情况。

（一）空间卫星与地面设备构成完善的 C^3I 系统

美军在战区的侦察、指挥、控制和通信主要通过卫星实现，美军为此至少使用了 12 种卫星，在伊拉克上空保持有 15～18 颗侦察卫星，对伊方重要设施和通信等进行广泛侦察，监视伊军的调动，协调多国部队作战。

侦察卫星有：2 颗"大酒瓶"和 1 颗"小屋"电子侦察卫星，负责监视无线电通信；4～5 组共 12～15 颗"白云"电子情报卫星；1 颗"长曲棍球"合成孔径雷达侦察卫星，见图 6.13（a），对伊拉克实施有源侦察；3 颗 KH-11 光学成像侦察卫星沿不同轨道运行，保证每天白天多次通过伊拉克上空。此外，还有两颗更先进的 KH-12 光学成像侦察卫星，见图 6.13（b）。

(a) "长曲棍球"侦察卫星　　　　　　(b) KH-12光学成像侦察卫星

图 6.13　美国侦察卫星

侦察卫星将截获的电子情报和拍摄的图片传送至有关部门处理后，再送到军事机关和国家安全局等部门，从而为军事行动提供了重要情报支撑。

（二）种类齐全的电子战飞机和机载电子对抗装备

美军为海湾战争投入约 100 架电子战飞机。驻海湾的陆海空部队都装备有专用电子战飞机，并且所有直接作战的飞机都装备自卫干扰装置，以满足战场上不同的作战需要。美军使用的电子战飞机和预警机有 30 架 E-2C 舰队防空预警侦察机、10 架 E-3 远程预警和指挥控制飞机、2 架 E-8A 预警指挥控制飞机、30 架 EA-6B 电子战飞机（见图 6.14）、4 架 EC-130HC（U3）对抗飞机、12 架 EF－111A 电子战飞机、36 架 F－4G "野鼬鼠" 反雷达飞机（见图 6.15）、4 架 RC－135 电子情报飞机、6 架 TR－1 电子侦察飞机等。

图 6.14　EA－6B 电子战飞机　　　　图 6.15　F－4G "野鼬鼠" 战机

其中，十分著名的 EA－6B 舰载电子战飞机装备的 ICAP－Ⅱ 干扰设备为当时机载最大功率干扰机，使用多波束天线，产生的功率密度达 1kW/MHz。改进后使频率范围扩展为 64MHz～18GHz，可对付多种苏制雷达。此外，有些 EA－6B 还装备有 AN/ASQ－191 通信干扰设备，其通信干扰能力大幅提高。除装备电子对抗设备外，EA－6B 和 EF－111A 等电子战飞机上还加装了 AGM－88 反辐射导弹，可对伊方的武器系统实施精确打击。

（三）技术先进的地面和舰载电子战装备

在美军派往海湾的地面部队中，有 8 个电子对抗情报营，5 个电子对抗情报连，共约 5000 余人。投入的地面电子装备有 AN/MSQ－103A 雷达侦察系统、AN/TSQ－114A 通信侦察测向系统、AN/GLQ－3B 通信干扰系统、AN/MLQ－34 战术通信干扰系统和 AN/TLQ－17A 通信干扰系统。其中，AN/MSQ－103A 为电子战情报营主要装备，该系统可通过保密电话和数传系统与前方控制中心联络，还可与 AN/UIQ－14 多目标电子对抗系统的地面装备和 AN/TSQ－109 地面移动式辐射源识别系统协同工作。

集结在海湾的美军各类战舰都装备有先进的电子对抗装备，以保护舰船免遭反舰导弹的袭击。主要装备有 AN/SLQ－29 舰载组合式电子战系统、AN/ULQ－6 舰载干扰机、AN/SLQ－32 系列舰载一体化电子战系统、AN/SLQ－30 舰载电子战系统和 MK36 SRBOC 无源干扰投放系统。潜艇上装备有 AN/WLR－8（V）电子战监视接收系统。其中，AN/SLQ－32 是现代较为典型的一体化电子战系统，如图 6.16 所示，具有对付最先进雷达的能力，能与 MK36

SRBOC 无源干扰系统结合，是一种很有效的对抗反舰导弹的电子对抗系统。

图 6.16　SLQ-32（V）2 综合电子对抗系统

除美国外，英国等盟国也都投入了大量的电子对抗装备。如英国部署在巴林的 24 架"旋风"飞机装有"天影"干扰吊舱和 BOZ107 箔条/红外闪光弹投放吊舱；另有 12 架"美洲虎"飞机装有 AN/ALQ-101（V）-10 雷达干扰吊舱和"菲玛特"箔条投放吊舱等。

为了应对"盟军"强大的电子对抗攻势，伊拉克也采取了相应的措施，如伊军装备有 2 架 IL-76 空中预警和指挥飞机、机载"警笛"系列雷达告警接收机和无源干扰设备、苏制地面移动式干扰设备和大量的电子伪装器材等。然而，面对"盟军"周密的计划安排，广泛的电子侦察和打击，先进的武器系统，伊拉克最终寡不敌众，只得缴械投降。

二、电子对抗战术分析

海湾战争为美军的高技术电子战装备提供了"表演场"。以美国为首的多国部队针对伊军特点，为这场战争做了长期周密的准备，使电子对抗取得空前成功。这场战争中的电子战有如下特点：

（一）战前周密的电子侦察

早在海湾战争爆发以前，电子对抗就已经开始。在"沙漠盾牌"实施的同时，美军就对伊拉克实施了广泛的电子侦察，从而较全面地掌握了伊军无线电联络和雷达部署情况，保证战时能有效地干扰伊军防御系统和 C^3I 系统。太空中各种侦察卫星对伊拉克进行大量侦察，编制出要攻击目标的详尽而精确的地形图和电子数据地图，并输入"战斧"巡航导弹和其他作战武器和飞机中，保证攻击的成功率。

此外，预警卫星还对伊军的导弹发射预警，为"爱国者"导弹成功拦截提供情报支援。美军还动用 E－2C 和 E－3B 飞机对伊军的导弹和飞机攻击提供预警，同时每天至少出动 5 架次 RC－135 电子侦察机来截获电子情报。沙特飞机还多次有意侵入伊领空，引诱伊雷达开机，从而查明伊军雷达部署情况。

除空中侦察以外，美军还通过地面设备对伊军进行侦察，部署在阿曼、塞浦路斯等地的地面侦察站也全面开动。通过电子侦察和密码破译等手段，掌握大量伊军情报，为决战做好了充分的准备。

（二）全面实施干扰——外科手术式打击

以美国为首的多国部队首战运用的电子战战术，与袭击利比亚有很多相似之处，即采用外科手术式打法。多国部队针对伊军的军事特点，首先打击伊军 C^3I 系统和其他战略目标。

多国部队结合战前的信号侦察，在开战前就运用空中和地面干扰设备对伊军全面实施强烈的压制性干扰，使伊军通信中断、雷达迷盲。然后运用 F－117 隐身战斗机对巴格达通信中心投下第一枚炸弹，同时发射大量巡航导弹，集中打击伊军指挥中枢、通信中心和一些战略目标，作战飞机还发射大量反辐射导弹摧毁伊军雷达。

由于 C^3I 系统受到破坏，伊军在受到空袭后反应迟缓，不能组织有效反击。多国部队在战前施放强烈干扰，使伊军不能发现大机群起飞和编队，并且长时间的干扰也在一定程度上麻痹了伊军。与此同时，首批攻击飞机保持无线电静默，而且派出具有隐身性能的 F－117A 战斗机打头阵。运用这些战术，达成了进攻的突然性，由于成功实施电子干扰，盟军的首轮空袭只损失了一架飞机。

（三）协同运用各种电子对抗手段

多国部队在作战中，通过电子战飞机与战斗机、轰炸机密切配合，支援干扰与自卫干扰协同进行，软硬杀伤同时实施，使电子对抗充分发挥其威力。

首轮空袭中，EA－6B 升空实施远距离支援干扰，EF－111 主要进行近距离和随队支援干扰。EF－111 先期进入伊拉克境内约 50 公里，对伊雷达实施干扰压制，然后按一定航线飞行，支援主攻机群的作战，同时出动 F－4G 反雷达攻击机对伊军雷达和防空系统实施软硬压制，一旦发现雷达开机就予以摧毁。B－52 轰炸机在有飞机护航的情况下仍使用了大量的箔条干扰，作战飞机还运用了大量的欺骗干扰和假目标诱饵，使伊军误认为打下很多敌方战机。

（四）随机应变的电子对抗手段和电子防御能力

美军的快速应变能力主要表现在计划的制订、电子战部队和装备的部署、设备的生产和改进，以及侦察情报的应用。

伊拉克入侵科威特不久，作为"沙漠盾牌"计划一部分的电子对抗作战计划很快制订出来，电子战部队和装备迅速进入中东，与原侦察站一起展开广泛的侦察。美国空军还就如何更快将一些新式电子战系统部署到海湾做了专门研究。此外，美国海军根据中东信号环境，重新为 AN/ALQ－126B 编制软件，并将侦察到的威胁数据存入系统内。卫星侦察的情报也能在 1 小时内输入"战斧"导弹的制导头，迅速将电子情报转换成战斗力。

正是美国等国家对电子对抗方法和武器系统的有效运用，才使其在损失极小的情况下，赢得了战争的胜利。

第五节　叙利亚战争电子对抗行动分析

从 2015 年 9 月 30 日起，俄罗斯对叙利亚境内"伊斯兰国"极端组织和反政府武装展开空袭，俄罗斯动用了完备的陆海空天电作战力量，电子对抗再一次显现出在军事斗争中"国之利器"的重要地位。

2015 年 9 月 30 日，俄罗斯战机从叙利亚机场起飞，对叙境内"伊斯兰国"目标展开空袭，在随后两三个月内，俄罗斯军事打击力度逐渐加强，攻击范围和目标不断扩大。俄罗斯在叙利亚的此次军事行动，是自苏联解体以来前所未有的一次重大军事行动，电子对抗在这次冲突中引人瞩目。俄罗斯部署使用了先进的电子战装备，展现出其强大的电子战能力。

俄罗斯在针对叙利亚境内反政府组织的军事行动中，部署了大量先进的电子对抗装备，从某种角度看，叙利亚成为了俄罗斯电子对抗武器的试验场。

一、电子对抗装备简析

（一）陆基电子对抗系统

俄罗斯在叙利亚的军事行动中高度重视电子对抗的应用，除了作战平台携带的电子战装备外，还部署了先进的专用电子对抗系统，包括"克拉苏哈－4"地空干扰系统、"鲍里索格列布斯克－2"通信干扰系统（见图6.17）等。

图6.17　"鲍里索格列布斯克－2"通信干扰系统

2015年10月4日，俄军装备有"鲍里索格列布斯克－2"通信干扰系统的9辆MT－LB装甲运输车秘密进入了叙利亚，将该系统部署在叙利亚西北部滨海平原海拔最高的山上，以实现广域的宽频谱监控。

俄罗斯耗费5年时间研制"鲍里索格列布斯克－2"，并于2015年初首次在乌克兰应用，俄方称其是世界上该类型中最先进的系统，能截获和干扰几乎所有军事或民用无线电通信。

（二）舰船电子对抗装备

俄罗斯海上作战舰船都具有一定的电子战能力，其中，"莫斯科"巡洋舰是此次俄罗斯出动的最先进的战舰。其舰载电子战系统主要包括MP－403"边球"大功率雷达干扰机，以及MP－404"甜酒桶"电子支援设备和PK－2干扰物投放系统。"莫斯科"巡洋舰具有直升机搭载能力，因而在理论上可以使用Mi－8MTPR－1电子战直升机，该电子战直升机装备有新型的"杠杆－AV"电子战系统，能对抗"爱国者"和"霍克"等雷达制导地空导弹。

（三）机载电子对抗装备

俄罗斯部署在叙利亚的作战飞机基本上都装备了雷达告警接收机和无源干扰物投放器等电子战系统。报道称，至少发现 1 架苏－30 装备了 SPS－171/L005S "索伯契亚" 干扰机。

此外，苏－24/苏－34 飞机可装备 "希比内" 电子战系统。俄方称，2014年，苏－24 战机采用 "希比内" 电子战系统瘫痪了美国 "库克号" 驱逐舰上的 "宙斯盾" 系统。俄罗斯还应用了无人机，但没有透露其数量、型号和载荷。

（四）专用电子侦察装备

在此次军事行动中，俄罗斯动用了大量的专用电子侦察装备，其中包括 "伊尔－20M" 侦察机（见图 6.18）、"瓦西里·塔季谢夫号" 侦察船（见图6.19）等。

"伊尔－20M" 侦察机是俄空军机队中最神秘的飞机，其留空时间长达 8～12 小时。"伊尔－20M" 侦察机安装有先进的电子侦察系统、红外和光学传感器、侧视机载雷达和卫星通信设备，可实现远程、全天时和近全天候条件下的情报收集，不仅能向俄军提供叙利亚境内详细的地面情况，而且能侦察以色列境内的军事部署和调动。其在叙利亚的主要任务包括侦听 "伊斯兰国" 和反政府武装分子的通信，探测各种辐射源的频率和位置，确定电子战斗序列，为战斗机分配攻击目标。通过机载通信系统，该侦察机还可以将战场上的数据传回莫斯科或传输至俄驻叙利亚拉塔基亚空军基地的指挥中心。

图 6.18 "伊尔－20M" 侦察机　　图 6.19 "瓦西里·塔季谢夫号" 侦察船

俄海军 "瓦西里·塔季谢夫号" 侦察船在行动期间部署在地中海东部。该船是一艘情报侦察船，设计用于搜集包括通信情报在内的多种信号情报，搜集的数据可以通过卫星链路传输给岸上指挥部。该侦察船主要用于从海上为驻叙俄军提供广域态势感知，侦察、监视叙利亚周边北约及以色列的战机、舰船行踪。

　　此外，俄军总参谋长格拉西莫夫表示，在此次军事行动中，俄军还动用了10颗卫星从太空对叙利亚进行侦察和监视，外界分析其中很可能包括 Persona 系列军用光电成像侦察卫星和"罗特斯－S"（Lotos-S）电子情报卫星等。

　　2014 年 12 月 25 日，俄罗斯发射了其新一代电子情报卫星"罗特斯－S"（见图 6.20），该卫星可以利用截获敌方信号对各种设施和军用平台实施定位和特征分析。

图 6.20　"罗特斯－S"电子情报卫星

二、电子对抗战术分析

　　俄罗斯将先进的电子战装备部署到叙利亚，形成了强大的电子监视和打击力量。分析俄罗斯在叙利亚的电子战应用，其行动和作用主要包括：

（一）电子攻击

　　鉴于"伊斯兰国"和反政府武装不具备先进的雷达及雷达制导武器系统，俄罗斯的电子攻击很大层面上集中在通信领域。在 2011 年内战爆发前，叙利亚通信基础设施就十分落后，经过数年的战乱，有限的网络遭到大规模破坏，因此，"伊斯兰国"武装和叙利亚反政府武装使用的基本都是邻国土耳其的通信网络，这意味着土耳其南部的移动通信网络可能会成为俄罗斯电子攻击的潜在目标，这些网络极其脆弱，必要时俄罗斯可能会利用电子干扰或赛博攻击手段阻止"伊斯兰国"和反政府武装的通信以及与外界的联系。

（二）电子防御

俄罗斯各种电子战装备都能提供良好的自卫能力，"克拉苏哈－4"电子战系统也是俄军部署在叙利亚拉塔基亚机场防空系统的重要组成部分。在俄罗斯苏－24战机被土耳其F－16击落后，俄军表示将依靠部署在叙利亚的电子战系统对作战飞机和飞行员提供保护。

（三）反侦察和反监视

俄罗斯在叙利亚的所有军用飞机和军事行动都在北约监控之中，为避免被侦察，俄罗斯部署了"克拉苏哈－4"等电子战系统，必要时能致盲北约飞机和卫星的侦察。

（四）态势感知和作战支持

俄罗斯部署的先进电子战装备更多的是为俄提供北约和以色列在该地区的军事装备及行动的情报，提供详细的态势感知，并对"伊斯兰国"和反政府武装的辐射源进行侦察、定位，形成电子战斗序列，为战机空袭提供目标指示。

（五）战略威慑

俄罗斯通过在叙利亚和伊拉克境内的两个基地部署电子侦察和干扰系统，基本上可以控制所有叙利亚空域，并对北约战机进行监视和干扰，同时还可以破坏以色列部署在戈兰高地的侦察和通信网络，干扰其无人机的应用。俄罗斯电子战装备具有很强的威慑作用，也具有很大的攻击灵活性，既可实施一定的电子攻击，也可避免发生直接武力冲突导致局势失控。

第六节　本章小结

本章先后介绍了陆战、海战和空战中的电子对抗力量、装备及其电子对抗方法。除以上三种典型作战场景外，根据不同的作战武器运用和作战目的等，还存在多种电子对抗的典型场景，如导弹战中的电子对抗、防空作战中的电子对抗、登陆与抗登陆作战中的电子对抗、突破导弹防御系统时的电子对抗等，不同场景下电子对抗的特点、电子设备和武器系统以及电子对抗的方法都各有侧重，限于篇幅，这里不作一一介绍。可以肯定的是，在电子对抗作战中，结合具体的作战场景，正确、灵活地运用电子对抗设备和原则，会对夺取现代信息化战争主动权起到显著作用。

思考题

（1）试列举国外陆战的典型电子对抗装备，都有什么特点？是如何应用的？

（2）试列举国外空战的典型电子对抗装备，都有什么特点？是如何应用的？

（3）试列举国外海战的典型电子对抗装备，都有什么特点？是如何应用的？

（4）试分析现代战场中的一个电子对抗典型案例。

第七章
电子对抗评估

第一节　电子对抗评估概述

随着各种新技术、新体制电子对抗装备不断涌现，现代的电子对抗技术已发展到了相当高的水平。电子干扰与抗干扰作为对立统一体，正是在这种相互制约、相互促进的过程中共同发展的。早期定性的电子对抗效果评估准则给出的评估结果显得过于笼统，已不能满足需要，当前对抗双方都要求评估结果定量化、客观化和体系化。

一般而言，电子干扰效果评估与电子信息装备抗干扰性能评估可以定义为针对电子信息装备在电磁干扰环境下性能水平的下降程度从两个不同侧面进行定量评估的一整套评估准则、指标集合和操作方法。电子干扰效果与抗干扰性能评估准则和方法的研究，将直接影响对电子干扰设备和电子信息系统的综合评价，而且对于电子攻防对抗中的双方选择合适的干扰/抗干扰样式，以及对于干扰机和电子信息装备的设计，有着重要的指导作用。此外，电子对抗效果评估也为更高层次的效能评估提供分系统评估结果的数据支撑。

由于电子信息战的对抗过程是一个不完全信息动态博弈过程，其中既有复杂的技术因素，同时也含有大量不确定因素、模糊因素或者人为因素，所以对其效果及效能评估的难度相当大。目前，美国、英国、俄罗斯等一些发达国家均建立了与此相应的学科，并投入大量人力和资金进行该学科领域的研究。由于此类问题的研究，尤其是相关应用都属于国家重点机密，所以在公开的文献和资料中都难以查找。

第二节　电子对抗评估方法

一、电子对抗装备效能评估基本方法

目前电子对抗评估方法分三大类，即解析法、试验统计法和作战模拟法，这三类方法也是作战效能评估的基本方法。这三类方法各有长短，在实践中各有其适用范围，还常常混合使用，取长补短。

（一）解析法

解析法的特点是根据描述效能指标和给定条件（常常是低层次的效能指标和作战环境条件）之间的函数关系的解析表达式来计算效能指标值。这个解析表达式可以直接根据军事运筹理论来建立，也可以由数学方法建立的效能方程中得到。例如，应用概率论方法可建立不计对抗条件下射击效能的静态评估公式；应用排队论方法可建立不计对抗条件下射击效能的动态评估公式；应用兰彻斯特战斗理论可建立计入对抗条件下射击效能的评估公式。

解析法的优点是公式透明性好，易于理解，计算较简单，并且能够进行变量间关系的分析，便于应用。它的缺点是考虑因素少，只在严格限定的假设条件下有效，因而比较适用于不考虑对抗条件下的系统效能评估和简化情况下系统效能的宏观分析。

解析法的具体实现方法包括 ADC 法、层次分析法、模糊评估法、SEA 方法、结构评估法、经验假设法、量化标尺评估法、阶段概率法、程度分析法、信息熵评估法等。

（二）试验统计法

统计法的特点是运用数理统计方法，依据试验所获得的有效信息来评估系统效能。其前提是试验数据的随机特性可以清楚地用模型表示并相应地加以利用。常用的统计方法有抽样调查、参数估计、假设检验、回归分析和相关分析等。

统计法不仅能给出系统效能的评估值，还能显示武器装备性能、作战规则等因素对效能指标的影响，从而为改进武器装备性能和优化作战使用规则提供定量分析依据。对许多武器装备来说，统计法是评估其效能指标，特别是射击效能的基本方法。

（三）作战模拟法

作战模拟方法的实质是以计算机仿真模型为基础，在给定数值条件下运行模型来进行作战仿真试验，由试验所得到的关于作战进程和结果的数据直接或经过统计处理后给出效能指标的评估值。作战模拟方法能较详细地考虑影响实际作战过程的诸多因素，因而特别适用于进行武器装备或作战方案效能指标的预测评估。

作战模拟对于武器装备作战效能的评估具有不可替代的重要作用。武器装备的作战效能评估要求考虑对抗条件和交战对象，考虑各种装备的协同作用、武器装备的作战效能诸属性在作战全过程中的体现以及在不同规模作战中效能的差别。简言之，只有在对抗条件下以具体的作战环境和一定的兵力编成作为背景，才能有效地评估武器装备的作战效能。

二、电子对抗装备效能评估基本模型

电子对抗装备效能评估模型可分为两种基本类型：一是较为普遍的乘法模型，它是几个关键属性测量值的乘积，得出单个的、总的效能量度值；二是加法模型，先将加权系数乘以各个不同的关键属性测量值，然后将得到的加权属性量值相加，也得出单个的、总的效能量度值。

1. 乘法模型

乘法模型建立在以下前提基础上：系统完成特定任务的效能是几个关键系统属性的积，这些属性的测量值表示为概率。根据乘法模型，最有效的系统是在规定时间内具有最高完成任务概率的系统。下面主要介绍几种评估作战效能的乘法模型。

（1）HABAYEB 模型

HABAYEB 模型是美国海军航空军事分部军事指挥与控制技术管理人员提出的一种模型。这种模型通过战备（SR）、可靠性（R）和设计充分性（DA）这三个关键系统属性来评定系统效能（SE），其表达式为：

$$P_{SE} = P_{SR} \cdot P_R \cdot P_{DA} \tag{7.1}$$

其中：P_{SE} 为系统有效的概率；

P_{SR} 为在任何时刻，整个系统按要求完成使用准备的概率和在特定任务条件下使用时满足操作要求的准备概率；

P_R 为系统在规定条件下操作而没有发生任务期间功能故障的概率；

P_{DA} 为系统在设计规格要求内工作时，成功地完成任务的概率，这是系统性能水平的度量。

表 7.1 给出了 HABAYEB 模型提供的上述三个关键属性所属的较低一级属性的层次排列。

表 7.1　HABAYEB 模型系统属性的层次排列

战备	可靠性	设计充分性
可运输性	可靠性	生存能力
可靠性	耐久性	易损性
可用性	质量	作战适用性
保障性	–	相互适应性
维修性	–	兼容性
质量	–	耐久性
–	–	质量

（2）BALL 模型

BALL 模型是美国海军学院用来衡量飞机在特定演习试验中作战效能的模型，它由以下方程表示：

$$MOMS = MAM \cdot S$$

式中：$MOMS$ 为任务成功的量度；

MAM 为任务完成的量度，它是系统进攻能力的效能属性；

S 为生存能力，它是系统防御能力的效能属性。

这两个属性的数值范围都在 0 和 1 之间。其中，生存概率 P_S 为：

$$P_S = 1 - P_k \tag{7.2}$$

$$P_k = P_h \cdot P_{kh} \tag{7.3}$$

式中：P_h 为系统被命中的概率；

P_{kh} 为在命中情况下系统被杀伤的概率。

$MOMS$ 方程只提供了作战环境中系统的简单效能度量和生存能力对任务成功的影响，它可以用来说明任务完成量度值与生存能力之间的折中关系。例如，在许多作战情况中，有意减少完成任务的量度值，以提高生存能力，在这种情况下，具有较大生存能力的系统就可能有较小完成任务的量度值。

（3）OPNAVINST 模型

该模型是美国海军 3000.12 号指令文件中提供的模型。它考虑作战能力（C_o）、作战可用性（A_o）和作战可靠性（D_o）三个对确定系统效能十分重要的关键系统属性，其表达式为：

$$SE = C_o A_o D_o \qquad\qquad (7.4)$$

式中：C_o 为作战能力，是指系统作战特性（包括距离、有效载荷、精度）和对抗威胁的组合能力，用杀伤概率、交换比等表示；

A_o 为作战可用性，是系统在规定作战环境下能随时执行规定任务的准备概率；

D_o 为作战可靠性，又称任务可靠性，是系统从任务开始一直保持到任务结束的良好状态。

这个模型可用于演习（或作战试验）的作战效能评估，重点强调作战可用性的重要作用。

（4）MARSHALL 模型

MARSHALL 模型是美国海军航空作战中心根据上述 HABAYEB 模型和 BALL 模型而提出的，它将作战可用性（A_o）、任务可靠性（R_m）和生存能力（S）以及完成的任务量度（MAM）组合起来，推导系统效能（SE），其表达式为：

$$SE = A_o \cdot R_m \cdot S \cdot MAM \qquad\qquad (7.5)$$

式中：A_o 为作战可用性，包括后勤准备，指系统在需要时可供使用的概率；

R_m 为任务可靠性，是系统在规定任务范围的条件下，能可靠地执行任务的概率；

S 为生存能力，是系统避开或抵抗敌方攻击而不降低其功能的能力；

MAM 为完成任务量度，是任务效能属性，即在给定 A_o、R_m 和 S 时，系统完成预定任务的概率。

MARSHALL 模型是一种确定和评定总系统效能的复合方法。

（5）GIORDANO 模型

GIORDANO 模型是美国海军应用科学实验室提出的一种模型，其系统效能（E）方程为：

$$E = P_c P_t \qquad\qquad (7.6)$$

式中：P_c 为性能水平，是指系统作战特性（距离、有效载荷和精度等）和对抗威胁的复合能力，用杀伤概率、交换比等表示；

P_t 为性能的时变性，是系统性能随时间变化的参数，用时间长短加上性能表示。

GIORDANO 模型是一种以统一方式处理各种选定属性，并把与分系统（或单元）性能有关的属性看作是系统总性能一部分的方法。

2. 加法模型

加法模型仅以 ASDI 模型为例，这种模型是美国航空工程学院航空系统设计实验室使用的模型。它是一个判定五方面系统属性的方程，这五方面属性分别为经济承受能力、生存能力、战备、任务能力和安全，这些属性组合成一个系统效能的总度量，即总的评定准则（OEC）：

$$OEC = a \ (LCC/LCC_{BL}) \ + b \ (MCI/MCI_{BL}) \ +$$
$$c \ (EAI/EAI_{BL}) \ + d \ (P_{swrv}/P_{swrvBL}) \ + e \ (A/A_{BL}) \quad (7.7)$$

其中，$a \sim e$ 都是重要的系数，它们相加的和等于 1，五个属性的涵义分别是：

寿命周期费用（LCC）为经济承受能力总的量度，即政府在寿命周期以内采办的总费用。

任务能力指标（MCI）为任务能力总的量度，即系统完成任务（满足或超过所有任务要求）的能力。

发动机产生的磨损指标（EAI）为安全性的总量度，即根据系统操作的总次数来估计磨损对发动机产生 A 级故障的影响。

生存概率（P_{swrv}）为生存能力的总量度，即系统躲避探测和避免受破坏而造成损失。

固有可用性（A）为战备的总量度，即系统在随时执行任务时保持最初的可操作程度和可用状态。

在武器系统进行竞标时，ASDI 模型可以用于比较它们的效能。一般地，挑选出一个基准系统，将其所有因素的值规定为 1，然后将所有竞标系统同这个基准系统进行比较。例如，如果基准系统 A 的生存能力为 0.90，那么具有 0.45 生存能力的系统 B 对于这一系数的效能量度值为 0.50。对于系统的每个属性都用上述方法进行比较处理，并最终做出综合评估。

ASDI 方程的一个主要问题是在确定加权系数时带有主观性。由于这些系数基本上是人们选择最优系统的量度，因此，总价值准则便成为优先选择系统的量度而不是系统作战效能的量度。

三、电子对抗装备效能评估具体实现方法

（一）层次分析（AHP）法

层次分析（Analytic Hierarchy Process，简称 AHP）法是一种实用的多准则决策方法，该方法以其定性与定量相结合处理各种决策因素的特点，以及系统、灵活、简洁的优点，在诸多领域内得到了广泛的重视和应用。

所谓层次分析法，即根据问题的性质和要达到的目标分解出问题的组成因素，并按因素间的相互关系及隶属关系，将因素层次化，组成一个层次结构模型，然后按层分析，最终获得最低层因素对于最高层（总目标）的重要性权值，或进行优劣性排序。层次分析法强调了思维方式层次结构的特点，可以将复杂的问题分解成低阶分层的有序结构，通过构造两两比较矩阵计算各子指标层的相对权重，从而得到系统的效能值，起到了化繁为简的作用。同时，用专家评分或调查的办法构造判断矩阵来确定权重的方式，既有效地综合了专家的经验，也体现了定性和定量相结合的特点。

层次分析法的主要缺陷是：过分简化了指标体系各层次之间的聚合关系，指标聚合方式太过单一，只考虑了加权求和方式。显然，一些作战能力的指标聚合并不能用 AHP 法中采用的加权求和的方式来进行。某些下层指标以"与"关系聚合到上层指标，即对于上层作战能力而言，每个下层作战能力都是关键因素，只要其中一个为零，则上层作战能力为零。

AHP 法大体可分为四个步骤进行：

（1）分析系统中各因素之间的关系，建立系统的递阶层次结构。

（2）对同一层次的各元素关于上一层次中某一准则的重要性进行两两比较，构造两两比较判断矩阵。

（3）由判断矩阵计算被比较元素对于该准则的相对权重。

（4）计算各层元素对系统目标的合成权重，并进行排序。

AHP 法作为一种效能评估方法，目前还不够完善，从理论研究和应用上还有待进一步发展和完善。

（二）Lanchester 方程法

Lanchester 方程法是基于兰切斯特战斗理论的一种效能评估方法。它在一些简化的假设前提下，建立了一系列描述交战过程中双方兵力变化数量关系的微分方程组，通过战斗效能比和交换比等指标的计算得出效能评估结果。

Lanchester 方程法主要用于作战效能评估领域，其优点是将战斗过程中的因素量化，并用确定性的解析方程描述客观约束条件。但是现代战争具有复杂多变等特点，该方法只考虑了理想情况下的战场因素，所以难以反映出随机因素和模糊因素的影响。

（三）模糊综合判断法

模糊综合判断法是在模糊集理论的基础上，应用模糊关系合成原理，对被评判对象隶属等级状况进行综合评判的一种方法。其优点是可以较好地解决包含难以精确定量表达的评价因素的评估问题，而且无须通过参照其他评估对象的评估结果的相对排序来确定评估等级。其缺点是不能给出明确物理意义的定量评估结果，并且隶属函数的建立在很大程度上依靠经验，需要在实践中反复修正，才能得出适合具体问题的隶属函数。

（四）系统效能分析（SEA）法

系统效能分析（System Effectiveness Analysis，SEA）法，是指通过提出系统、环境、使命的概念，从中抽取出原始参数的一种方法。原始参数是给定环境中系统和使命的基本特征，其值决定了系统的行为并使系统的结构特性化。处于原始参数级的系统和使命分别存在于两个空间之中，因此，首先必须提出合理的性能指标集，所谓性能指标（Measures of Performance，MOP），是指描述与使命相关的系统性能的可测量的量，其值依赖于表示系统、环境和使命特征的参数的值。然后，通过某种映射关系将二者纳入 MOP 空间，从而分别形成系统轨迹和使命轨迹。同时，性能轨迹是性能指标在 MOP 空间的取值集合。系统轨迹是性能指标在系统运行时的实值取值范围，而使命轨迹则是依据使命要求对性能指标集所做的适当规定。

从系统轨迹和使命轨迹的几何关系出发，可以得出效能指标，即两种轨迹相交部分占系统轨迹的百分比，也就是系统满足使命要求的程度，它刻画了系统完成给定任务的能力高低，即系统的效能。

SEA 法的优点是能够充分体现出系统结构、组织和战术的变化对系统效能的影响，具有较高的有效性和广泛的适用性。该方法的不足是缺乏可操作性，细节表现能力差，很难反映出众多复杂因素对系统的影响。

（五）指数法

指数法是多种指标的平均综合反映，且指数的量是相对的，可以用来衡量武器装备的效能。指数法是一种静态的定量分析方法，反映的是一种平均的潜在作战效能。其优点是采用简单的效能类比方法，既与传统的量度方法接近，又弥补了传统方法的不足。该方法的不足之处是只考虑主要敏感因素，且对专家经验的依赖性较大，具有一定的主观性。

（六）神经网络评估法

神经网络评估法的基本原理是将系统基本的效能指标的量化值作为神经网络的输入向量，将系统的效能值作为神经网络的输出量，用足够多的经过专家认可的样本训练该网络，经过自适应学习，使其实际输出逼近期望输出，经测试满足要求后，该网络确定的整套权值与阈值就编码在网络内部，这时，网络就成为一个智能的"黑箱"，能对该类型的其他装备系统进行效能评估。

神经网络评估法的优点是具有较强的自适应和学习能力，且精度高。主要缺点是没有给出学习样本获取的明确途径，而且评估结果建立在学习样本基础之上，具有一定的主观性。

（七）专家调查法

专家调查法（Expert Investigation Method）是以专家作为获取信息的对象，依靠专家的知识和经验进行预测、评价的方法。专家调查法可区分为专家个人调查法和专家会议调查法。

专家个人调查法的最主要方法是特尔菲法，它是 20 世纪 60 年代由美国兰德公司首先提出的。这种方法的主要过程是：确定预测题目；确定被征询专家组成人员；制定调查表；进行逐轮征询和轮询反馈；做出预测结论。专家会议调查法的调查对象大体与专家个人调查法一致，只是征询意见时采取会议方法。优点是不同的意见可以直接进行交流，有助于对重大问题达成共识，且时效好。

专家调查法常在数据缺乏的情况下使用，如对新技术项目的预测和评价、对非技术因素起主要作用的项目的预测和评价，应用专家调查法十分有效。在复杂的社会、军事、经济、技术问题的预测、方案选择、相对重要性比较等方面经常使用专家调查法。

（八）WSEIAC 法

WSEIAC 是美国工业界武器系统效能咨询委员会的英文简称。WSEIAC 规定，系统效能指标是武器系统可用度 A、任务可信度 D 和作战能力 C 的函数，即

$$E = A \cdot D \cdot C \tag{7.8}$$

式中：$E = [e_1, e_2, \cdots, e_m]$ 为系统效能指标向量；e_i（$i = 1, 2, \cdots, m$）是对应于系统第 i 项任务要求的效能指标。

$A = [a_1, a_2, \cdots, a_n]$ 为 $1 \times n$ 维可用度（或有效性）向量，是系统在执行任务开始时刻可用程度的量度，反映武器系统的使用准备程度。A 的任意分量 a_j（$j = 1, 2, \cdots, n$）是开始执行任务时系统处于状态 j 的概率，j 是就可用程度而言系统的可能状态序号。一般来讲，系统可能状态由各子系统的可工作状态、工作保障状态、定期维修状态、故障状态、等待备件状态等组合而成。显然，系统处于可工作状态的概率是可能工作时间与总时间的比值。可用度与武器系统可靠性、维修性、维修管理水平、维修人员数量及其水平、器材供应水平等因素有关。

D 称为任务可信赖度或可信度，表示系统在使用过程中完成规定功能的概率。由于系统有 n 个可能状态，则可信度 D 是一个 $n \times n$ 矩阵（又称可信赖性矩阵）。

$$D = \begin{bmatrix} d_{11} & d_{12} & \cdots & d_{1n} \\ d_{21} & d_{22} & \cdots & d_{2n} \\ \vdots & \vdots & \ddots & \vdots \\ d_{n1} & d_{n2} & \cdots & d_{nn} \end{bmatrix} \tag{7.9}$$

式中 d_{ij}（$i = 1, 2, \cdots, n, j = 1, 2, \cdots, n$）是使用开始时系统处于 i 状态而在使用过程中转移到 j 状态的概率，显然：

$$\sum_{j=1}^{n} d_{ij} = 1 \tag{7.10}$$

当武器系统在使用过程中不能修理时，开始处于故障状态的系统在使用过程中不可能再开始工作。任务可信度直接取决于武器系统可靠性和使用过程中的修复性，也与人员素质、指挥因素等有关。

C 代表系统运行或作战的能力，表示在系统处于可用及可信状态下，系统能达到任务目标的概率。一般情况下，系统能力 C 是一个 $n \times m$ 矩阵：

$$C = \begin{bmatrix} c_{11} & c_{12} & \cdots & c_{1m} \\ c_{21} & c_{22} & \cdots & c_{2m} \\ \vdots & \vdots & \ddots & \vdots \\ c_{n1} & c_{n2} & \cdots & c_{nm} \end{bmatrix} \qquad (7.11)$$

其中，c_{ij}（$i = 1, 2, \cdots, n, j = 1, 2, \cdots, m$）表示系统在可能状态 i 下达到第 j 项要求的概率。在操作正确的情况下，它取决于武器系统的设计能力。

第三节　电子对抗评估基本准则

一、信息准则

信息准则是从信息的角度出发，认为电子信息系统的工作过程实际上是一个信息的传输过程。比如，在雷达对抗中，在雷达的回波信号中含有目标信息，雷达接收机通过对回波信号中目标信息的提取，来获得目标的各种参数值。因此，雷达信号中所含目标信息的大小，决定了雷达对目标探测能力的大小。信息准则正是从这一观点出发，用干扰前后电子信息系统信号中所含信息量的变化来衡量干扰效果。

信息准则常用于对压制性干扰的效果评估。对压制性干扰来说，可用干扰信号熵来估价干扰信号的品质，因为熵是随机变量或随机过程不确定性的一种测度。根据定义，随机变量（干扰信号）的熵为：

$$H(J) = -\sum_{i=1}^{n} P_i \log P_i \qquad (7.12)$$

离散随机变量 J 的有限全概率矩阵为：

$$J = \begin{pmatrix} J_1, & \cdots, & J_n \\ P_1, & \cdots, & P_n \end{pmatrix} \qquad (7.13)$$

式中：J_i 为随机变量的数值；

P_i 为随机变量出现的概率。

压制性干扰信号的熵越大，干扰信号品质越好。用熵表示随机变量的不确定性很方便，只要知道随机变量或随机过程的概率分布即可求出熵。引用熵作为压制性干扰的品质特性，在估价干扰信号的潜在干扰能力时，可以不用考虑被干扰装备对它们的处理方法。

如果随机变量是连续分布的，那么它的熵可用概率分布密度表示，即

$$H(J) = -\int_{-\infty}^{+\infty} p(J)\log p(J)\,\mathrm{d}J \tag{7.14}$$

多维随机变量可用多维概率分布密度表示：

$$H(J) = -\int_{-\infty}^{+\infty}\cdots\int_{-\infty}^{+\infty} p(J_1,\cdots,J_n)\log p(J_1,\cdots,J_n)\,\mathrm{d}J_1\cdots\mathrm{d}J_n \tag{7.15}$$

对于欺骗性假目标干扰信号的品质，也可用类似的方法描述，采用真目标和假目标的条件熵之差来度量，但是必须知道它们的统计特性。

可见，信息准则的核心是通过计算干扰信号的熵来评价它的品质，进而评估可能产生的干扰效果。这种评估准则和方法运算简单，理论清楚，但需要知道干扰信号的概率分布，这在实际中并不容易做到。信息准则只能在相同功率条件下评价干扰信号本身的质量优劣，估价一种潜在的干扰能力，且没有考虑雷达的抗干扰措施等其他一些影响最终干扰效果的因素，因此，评估结果并不能准确地反映真实的干扰效果。

二、功率准则

功率准则又称信息损失准则，它通过电子信息系统被有效干扰时，干扰与信号的功率比或其变化量来评估干扰效果。通常用压制系数、自卫距离等功率性的指标来表征。

对于不同的电子装备类型，有效干扰的含义也不相同。对于搜索类电子装备来说，有效干扰指使电子装备的发现概率下降到某一数值；对于跟踪类电子装备来说，有效干扰指使其跟踪误差增大到一定的倍数（如 3 ~ 4 倍），或使其跟踪误差信号的频谱特性变坏，使其失去跟踪能力；有效干扰也可以用受因干扰覆盖住的装备观测空间体积或面积来度量，或用因干扰覆盖住的空间体积（或面积）与整个观测空间体积（或面积）之比来表示。

功率准则在理论分析和实测方面比较方便，主要适用于压制式干扰（包括隐身）的干扰效果评估，因为有源压制式干扰的实质就是功率对抗。对于欺骗式干扰，功率准则也是干扰效果评估的必要条件。但功率准则只取决于干扰设备和被干扰装备的参数，特别是只侧重于考虑功率性因素，对于其他因素基本不予考虑，更没有考虑干扰对抗的最终结果，因此，它对干扰效果的评价是不全面的，具有一定的局限性。尽管如此，功率准则仍是目前应用最广泛的

一种干扰和抗干扰效果度量的方法。

三、概率准则

概率准则有时也被称为战术运用准则或效能准则，是从被干扰对象在电子干扰条件下完成给定任务的概率出发来评估干扰效果。一般是通过比较被干扰对象在有无干扰条件下，完成同一任务（或性能指标）的概率来评估干扰效果。比较的基准值是无干扰条件下被干扰对象完成同一任务的概率。

对于目标搜索类电子装备，可以采用目标发现概率作为干扰效果评估指标，以电子装备发现概率的下降程度来评估干扰效果。压制性干扰通常以各种调制的噪声干扰为基本样式，强干扰作用于雷达、光电等设备的接收机后，可使接收机通道中的信噪比降低，造成相应探测装备的信号检测系统无法提取出目标信息。因此，压制性干扰的本质是降低电子装备对目标的发现概率。

对于无线电制导导弹武器系统，其战术技术指标中以对目标的杀伤概率为一级指标，所有性能指标受干扰后最终都会反映到杀伤概率的变化上，所以可以选择杀伤概率作为干扰效果评估指标，依据导弹武器系统在有无干扰条件下对目标的杀伤概率之比来评估电子干扰对导弹武器系统的干扰效果。

例如，1966年在越南战场上，越南军队的地空导弹武器系统在美军的电子干扰下，杀伤概率下降到0.7%，而在正常情况下可达90%，有无干扰条件下导弹武器系统杀伤概率的比值为0.077。此后，当越军采取了反干扰措施后，导弹的杀伤概率又上升到30%，有无干扰条件下导弹武器系统杀伤概率的比值上升到0.33。

杀伤概率直接反映了导弹武器系统攻击目标的有效程度，概率准则将电子干扰对导弹武器系统的干扰效果和导弹的作战使命联系起来，通过比较导弹武器系统在有无干扰条件下的杀伤概率，可以直观反映电子干扰的战术效果。因此，概率准则也被称为战术运用准则或效能准则，被认为是一种比较理想的干扰效果评估准则。

应用概率准则存在的主要问题有：

（1）在被干扰对象的各项会受电子干扰影响的性能指标中，除了上述雷达、光电等装备的发现概率、导弹武器系统的杀伤概率等本来就是以概率形式给出的少数指标外，大多数指标都不是以概率形式表征的。如果将这些指标改用完成给定任务的概率来表征，显然很不直观。如果把这些概率变化量再转化为原来指标的变化量，即使可行，也可能存在相当大的数据处理难度和工作量，还不如直接采用这些指标更加简单方便和直观明了。因此，对于这些性能指标，则不适合应用概率准则来评估干扰效果。

（2）概率指标是统计指标，必须建立在大量的统计数据的基础上，因此，需要在相同条件下进行多次重复试验才能获得。然而，在许多情况下，由于试验环境不可控制，或者试验条件、试验费用以及时间所限等各种因素，不可能实现多次重复试验，所以也就不能应用概率准则。

由此可见，不是任何情况下都可以应用概率准则来评估干扰效果的，概率准则的应用需要考虑具体的评估试验条件。

四、效率准则

效率准则通过比较被干扰对象在有无干扰条件下同一性能指标的变化来评估干扰效果，一般可以采用有无干扰条件下同一性能指标的比值表征干扰效果。因此，效率准则的比较基准是被干扰对象在无干扰条件下同一性能指标的值。例如，对于雷达装备，可以依据受干扰后雷达装备对目标的探测距离相对于无干扰条件下的探测距离下降的程度，来评估干扰机对雷达装备的干扰效果。

电子干扰的目的是使被干扰对象的工作性能下降，所以应用效率准则评估干扰效果具有直观明了的显著特点。利用效率准则，通过直接比较被干扰对象在有无干扰条件下同一性能指标的检测数据，就可得出对干扰效能的评估结果，因此，效率准则还具有简便、易于实现的优点。效率准则采用的干扰效果评估指标可以是被干扰对象的任何一项会受电子干扰影响的战术技术性能指标，而不论其是否具有概率特性。在这些性能指标中，不具有概率特性的指标不需要特意变换为概率形式，所以也就不需要通过大量重复试验去检测，或经过复杂的数据处理而得到。因此，与概率准则相比，采用效率准则评估干扰效果更为直观、简单和方便。

如果效率准则采用的干扰效果评估指标是具有概率特性的性能指标，则这种效率准则同时也属于概率准则。因此，概率准则可以看作是效率准则的一种特例，故而有时也将概率准则称为效率准则。

五、时间准则

在特定条件下，电子信息系统的各个环节完成任何一项工作都需一定的时间，例如雷达系统，其在发现目标、跟踪目标、识别目标、信号处理时都需要时间。反应时间的早晚能够直观地反映电子信息系统性能的优劣。当干扰作用于电子信息系统时，各个环节的反应时间将有所延迟。如果抗干扰措施的效果好，延时将比较小，反之则很大。因此，时间准则是一种直观且有效的电子干扰与抗干扰效能评估准则。

应该指出的是，对于抗压制性干扰来说，在回波信号中检测出目标回波信号并转入跟踪的时间即为有效截获跟踪时间；对于抗欺骗性干扰来说，在噪声中检测到目标并转入跟踪并不是所谓的有效截获跟踪时间，因为检测到的目标有可能是假目标，必须是检测到真实目标信号并转入跟踪，此时的时间才能称为有效截获跟踪时间。

第四节　雷达干扰/抗干扰评估指标体系

一、遮盖性干扰评估指标和方法

评估遮盖性干扰效能的指标有探测距离、雷达暴露区、干扰效率、预警时间、压制系数、可见度因子、可见度损失、干扰因子、自卫距离、检测概率 - 距离曲线、发现时间的统计分布、雷达分辨单元体积的扩大因子及干扰效果因素等。

（一）探测距离

探测距离即雷达在各个方向、不同高度上对目标的探测距离 $R(\theta, \varphi)$，其中 θ、φ 分别表示目标相对雷达的俯仰角和方位角。

（二）雷达暴露区

雷达有/无干扰时，以雷达为中心，对指定目标的探测距离所围成的区域 Ω，即为雷达暴露区。

$$\Omega = \iint R(\theta, \varphi)\,\mathrm{d}\theta\mathrm{d}\varphi \tag{7.16}$$

在地平面的投影为：

$$S = \int_{-\pi}^{\pi} R(\theta, \varphi)\,\mathrm{d}\varphi \tag{7.17}$$

（三）干扰效率

干扰效率为有无干扰情况下的雷达暴露区的比值。

$$\eta = \frac{\Omega_{\text{干}}}{\Omega_{\text{无}}} \times 100\% \tag{7.18}$$

（四）预警时间

预警时间为被雷达发现目标到达雷达处的时间。

$$T_W = \frac{R_{\max}}{v} \tag{7.19}$$

其中：$R_{\max}$ 是雷达对目标的最大发现距离；

　　　v 为目标相对雷达的径向速度。

（五）压制系数

遮盖性干扰主要针对搜索雷达，干扰的效果表现为雷达对目标检测概率的降低或信息流量的减少。评估干扰效果，必须确定检测概率下降到何种程度才表明干扰有效。通常，取检测概率 $P_d = 0.1$ 作为有效干扰的衡量标准，即当检测概率下降到低于 0.1 时，认为对雷达的干扰有效。定义压制系数为：

$$K_a = \left(\frac{J}{S} \right)_{\min, P_d = 0.1} \tag{7.20}$$

它表示使雷达检测概率 P_d 下降到 0.1 时，接收机中放输入端通带内的最小干扰 – 信号功率比，其中 J 表示受干扰雷达输入端的干扰信号功率，S 表示受干扰雷达输入端的目标回波信号功率。压制系数可以用来比较各种干扰信号的优劣，压制系数越小，表明对雷达干扰有效所需的干扰信号功率越小，说明干扰效果越好。不过，由于压制系数仅考虑了干扰信号与目标回波信号的关系，用它来衡量干扰机的干扰性能并不全面。

（六）可见度因子

图 7.1 给出了雷达接收机的简化模型。雷达检测能力按 Neyman-Pearson 准则，可由识别系数 V 来描述。识别系数又称可见度因子，其定义为：在噪声背景下，当目标检测器的输出端提供预定的发现概率和虚警概率时，幅度检波器输入端所需的最小单个回波脉冲功率 S_2 和噪声功率 N_2（或干扰背景下的干扰功率 J_2）之比，即

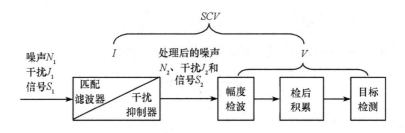

图 7.1　雷达接收机简化模型

$$V = \left(\frac{S_2}{N_2}\right)_{i,\min}\qquad(7.21)$$

当有外界干扰时，干扰功率一般远大于噪声功率，所以可见度因子又可以表示为：

$$V = \left(\frac{S_2}{J_2}\right)_{i,\min}\qquad(7.22)$$

由可见度因子的定义可知，可见度因子越大，干扰效果将越好。

（七）可见度损失

干扰条件下，雷达在预定的发现概率和虚警概率条件下检测回波所允许的最大干信比，称为雷达干扰中的可见度 SCV（区别可见度因子），记为：

$$SCV = \left(\frac{J_0}{S}\right)_{\max}\qquad(7.23)$$

当雷达采取抗干扰措施后，所需干扰功率就会增大。用 J_1 表示采取抗干扰措施后的输入端平均干扰信号功率，J_0 是抗干扰措施实施前的输入端的平均功率，它们满足使雷达接收机输出端信噪比不变的条件。SCV 变为：

$$SCV = \left(\frac{J_1}{S}\right)_{\max}\qquad(7.24)$$

在保持接收机输出端信干比不变的条件下，称采用中干扰抑制器前后的平均干扰功率之比为干扰抑制器的改善因子。为简化讨论，忽略自然杂波的影响，将改善因子表示为：

$$I = J_1/J_0\qquad(7.25)$$

改善因子可以在同一部雷达上比较不同干扰抑制器的相对结果，也可在不同雷达上比较同一种干扰抑制器的相对效果，改善因子较大，表明干扰抑制器的相对效果较好。

联系式（7.22）、式（7.23）和式（7.25），则有：

$$SCV = \frac{I}{V} \tag{7.26}$$

定义可见度损失 L_{scv} 为：在噪声干扰环境下，回波信号的门限功率 S'_{1min} 与无噪声干扰时的门限功率 S_{1min} 之比。

当无噪声干扰时，由于：

$$V = \left(\frac{S}{N_0}\right)_{min} = \frac{S_{1min}}{kT_0B_nF_n} \tag{7.27}$$

式中：k 为玻尔兹曼常数，$k = 1.38 \times 10^{-23}$ J/K；

$\quad\quad T_0$ 为室温 290K；

$\quad\quad B_n$ 为雷达的带宽；

$\quad\quad F_n$ 为接收机噪声系数，是个无量纲的量。

故而可得：

$$S_{1min} = KT_0B_nF_nV \tag{7.28}$$

又因为

$$S'_{1min} = (J_1 + N_1) \times \frac{V}{I} \tag{7.29}$$

所以有如下式子成立：

$$L_{scv} = \frac{S'_{1min}}{S_{1min}} = \frac{J_1 + N_1}{KT_0B_nF_n} \times \frac{1}{I} \tag{7.30}$$

或

$$L_{scv}（dB）= J_1 + N_1 - I - KT_0B_nF_n \tag{7.31}$$

这种准则的物理概念是：无干扰时，达到一定 SCV 所对应的雷达回波信号功率为 S_{1min}，而有干扰时，仍旧达到此 SCV，则对应的回波信号功率变成了 S'_{1min}。那么，这个量变化的相对大小可以用来衡量干扰信号的干扰效果，如果 L_{scv} 较大，即要达到同样的 SCV，回波信号需要增加的量较大，则表明干扰效果较好。

（八）干扰因子

图 7.2 给出了干扰过程模型。当存在人为干扰时，匹配滤波器输出的信干比为：

$$(S/J) = P_s / (P_c + P_n + P_j) \tag{7.32}$$

其中：S 为回波功率；

P_n 为接收机内部噪声功率;

P_c 为接收机所接收的环境杂波功率;

P_j 为进入雷达接收机的干扰功率。

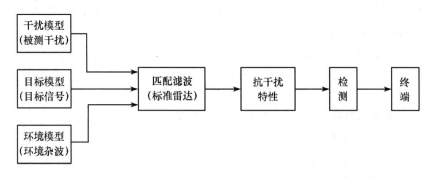

图 7.2　干扰过程流程建模示意图

由压制系数的定义 $K_a = (P_j/P_s)_{min}$ 和可见度因子的定义 $F_{scv} = (P_s/P_n)_{min}$,可以将 K_a 记为:

$$K_a = \frac{C}{F_{scv}\eta} \tag{7.33}$$

其中:C 是常数;

　　　η 是噪声质量因子。

针对雷达采取的抗干扰措施,引入了抗干扰改善因子的概念。抗干扰改善因子是斯蒂芬·L. 约翰斯顿(S. L. Johnston)于 1974 年提出来的,定义为:在雷达未采取抗干扰措施时,雷达输出端的干信比与雷达采用某种抗干扰措施后雷达输出端干信比的比值,即

$$D = \left(\frac{S}{J}\right)_K \bigg/ \left(\frac{S}{J}\right)_O \tag{7.34}$$

抗干扰改善因子的 K_a 倍是干扰因子,因此干扰因子越大,干扰效果就会越好,其中关键是抗干扰改善因子的测量。不同的干扰样式对不同的抗干扰措施的对抗效果不尽相同。所以,在讨论雷达对抗效果评估时,应考虑建立统一标准的问题。

(九)自卫距离

随着目标与雷达间的距离减少,干信比逐渐减小。当干信比等于雷达在干扰中的可见度时,雷达能以一定的检测概率发现目标,此时,二者之间的距离称为"最小隐蔽距离"(对干扰机而言),或"烧穿距离",又称"自卫距离"

（对雷达而言）。定性地说，自卫距离越小，干扰效果越好。

根据自卫距离，还可以定义相对自卫距离，即

$$R'_j = \frac{R_j}{R_m}\tag{7.35}$$

式中：R_m 为无干扰时雷达的最大作用距离；

R_j 为有干扰时雷达的最大作用距离。

数学仿真试验时，进行同样战情下的试验 N 次，设发现距离分别为 R_1，R_2，…，R_N，则可以认为：

自卫距离

$$R_z = \frac{\sum_{i=1}^{N} R_i}{N}\tag{7.36}$$

相对自卫距离

$$\bar{R}_z = \frac{R_z}{R}\tag{7.37}$$

式中 R 为无干扰时对真实目标的发现距离。

"自卫距离"是与一定的雷达检测概率相对应的，通过预先设置不同的检测概率值，即使是同一次飞行试验，也可以得到不同的自卫距离。事实上，在一次目标检测的实践中，不能确定雷达究竟是以多大的概率来发现目标的，也就是不能得到检测目标的后验概率，而只能认为在发现目标的临界状态时，雷达检测概率大约为 $0.2 \sim 0.8$。所以，在实际中可以取 $P_d = (0.2 + 0.8)/2 = 0.5$ 对应的雷达与目标间的距离作为自卫距离的取值。

自卫距离的评估指标由于综合性强，易于测量，在实际中，尤其是在野外试验场试验中得到了较好的应用。

（十）检测概率 – 距离曲线

当重点考察空间中某一点（设为 R_0）处的干扰效果时，按照检测概率的物理意义，在此种战情下进行 N（N 必须满足大样本的条件）次仿真，如果检测到真实目标的次数为 M，则可以得到检测概率：

$$P_d = \frac{M}{N}\tag{7.38}$$

这样，选取多个点，通过数学仿真求得其检测概率，若样本点不够，再通过插值可以得到检测概率 – 距离曲线。

（十一）发现时间的统计分布

"发现时间"可以认为是一个随机变量，设开始试验的时刻为零，到真实目标被雷达系统发现的时间间隔为 T。进行 N 次试验，设 T_1，T_2，$\cdots$，T_n 是总体 T 的一个样本，容易得到样本均值和样本方差，并可以应用直方图或者经验函数来得到发现时间的统计分布，并在此基础上进行参数的区间估计。

比较干扰前后发现这个目标的时间变化，可以得到干扰效果的一种评估，公式如下：

$$\Delta T\% = \frac{T' - T}{T} \times 100\% \tag{7.39}$$

式中：T' 为实施干扰后雷达系统发现目标的时间。

可以看到，这种评估指标不但对压制性干扰有效，对欺骗干扰的干扰效果评估也适用。

（十二）雷达分辨单元体积的扩大因子

干扰覆盖的空间体积，称为压制区或雷达的分辨体积，在这个体积内，雷达无法从干扰中检测出目标。雷达分辨单元的体积扩大因子定义为：

$$K_v = \frac{V_1}{V_0} \tag{7.40}$$

式中 V_1 和 V_0 分别表示有、无干扰条件下的雷达分辨单元体积，且有：

$$V_0 = \frac{1}{2} R_s^2 \alpha \beta \tau \tag{7.41}$$

式中：R_s 为雷达的最大作用距离；

α 为方位角波束宽度；

β 为仰角波束宽度；

τ 为雷达脉冲宽度。

如果对雷达实施大功率遮盖性干扰，雷达的分辨体积将会扩大。如果干扰扇面在方位角上宽度扩大为 α'，在仰角上宽度扩大为 β'，c 为光速，则有：

$$K_v = \frac{2R_1 \alpha' \beta'}{c \tau \alpha \beta} \tag{7.42}$$

因此，K_v 越大，表明干扰效果越好。

（十三）干扰效果因素

雷达抗干扰品质因素（Q_{ECCM}）一般可以作为一种抗干扰效果评估准则，其定义是：雷达在干扰环境中对典型目标在雷达所要求的作用距离处，接收机实际输出的回波信号功率与干扰功率之比。即

$$Q_{ECCM} = (P_s/P_j)_{out} \tag{7.43}$$

式中：P_s 为目标回波信号功率；

P_j 为干扰功率；

下标 out 表示雷达接收机的输出端。

考虑到雷达采取了抗干扰措施，可以用抗干扰改善因子 D_j 与雷达接收机输入端信干比来表示 Q_{ECCM}，有：

$$Q_{ECCM} = D_j \ (S/J) \tag{7.44}$$

这样就可以把雷达方程与干扰方程引入到 Q_{ECCM} 中。

Q_{ECCM} 作为抗干扰效果度量标准，与雷达其他性能指标具有一定的联系，说明这种方法具有一定的合理性。考虑到干扰与抗干扰的矛盾关系，可以用雷达接收机输出端的实际干信比来度量干扰效果，并将其定义为干扰效果因素（Q_{ECM}），显然，Q_{ECM} 越大，表示干扰效果越好。有：

$$Q_{ECM} = \frac{1}{Q_{ECCM}} \tag{7.45}$$

通过研究发现，对于搜索雷达，Q_{ECM} 越大，对目标的检测概率越小，即，Q_{ECM} 能够体现干扰的功效，特别是 Q_{ECM} 与雷达诸项工作性能指标关系密切、直观、清晰。因此，将其作为评定雷达有源遮盖性干扰效果的准则较为合适、可靠。更重要的是，数学仿真试验和野外靶场试验能较为方便、准确地测得各种功率性指标，从这个意义上讲，将 Q_{ECM} 作为干扰效果评估准则是切实可行的。

二、欺骗性干扰评估指标和方法

欺骗性干扰的效果一般是以假乱真，使跟踪雷达跟踪到假目标，或是使雷达产生较大的跟踪误差，甚至丢失目标。现有的欺骗式干扰效果评估准则大多从干扰的效能出发评估干扰效果，几种典型的欺骗性干扰评估指标有：跟踪误差、压制系数、干扰有效概率、欺骗干扰成功率、欺骗干扰条件下"发现真实目标的时间"和"稳定跟踪真实目标的时间"的统计分布、模糊综合评判等。

（一）跟踪误差

欺骗性干扰的主要对象是跟踪雷达，用跟踪雷达的主要性能指标（例如跟踪误差）的变化来衡量干扰效果是最为直接的，跟踪误差越大，表明干扰效果越好。同样，需要规定"有效干扰"的定义。有效干扰所对应的跟踪误差与干扰对象有关，不过要测量跟踪误差有一定的难度。

（二）压制系数

同遮盖性干扰的压制系数一样，它用来比较各种干扰信号的优劣。其定义为：在规定跟踪误差下，输入端所需的干扰－信号功率比。使雷达有同等的跟踪误差，所需干信比越小，说明欺骗式干扰所产生的干扰信号品质越好。

（三）干扰有效概率

在欺骗干扰条件下，无论采用何种欺骗样式，反映干扰对雷达的作用效果只具有两种状态：受欺骗（干扰有效）和不受欺骗（干扰无效）。在某种干扰作用下，雷达受欺骗的概率称为干扰有效概率 P_j；雷达不受欺骗的概率称为干扰无效概率 Q_j，显然有：

$$P_j + Q_j = 1 \tag{7.46}$$

欺骗性干扰电子对抗模型如图 7.3 所示。

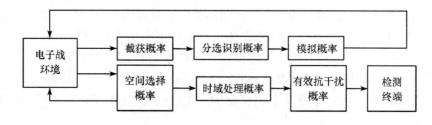

图 7.3　欺骗性干扰电子对抗模型

在某种欺骗式干扰作用下，设干扰机截获雷达信号的概率为 P_{j1}，分选识别目标信号各参数的概率为 P_{j2}，模拟目标信号相似程度的概率为 P_{j3}；雷达利用空间选择法选择出假目标的概率为 P_{r1}，利用时域处理识别假目标的概率为 P_{r2}；雷达有效抗干扰的概率为 P_{r3}，则欺骗干扰对雷达的有效干扰概率为：

$$P_j = P_{j1} P_{j2} P_{j3} (1 - P_{r1})(1 - P_{r2})(1 - P_{r3}) \tag{7.47}$$

得到 P_j 后，就可判断出干扰效果的好坏。可是，要通过上式求得 P_j，需要得到若干概率值，而这些概率值需要用统计的方法确定，从可操作性方面来看，利用干扰有效概率判断干扰效果好坏并不是一种理想的方法。

（四）欺骗干扰成功率

对欺骗干扰进行效果评估，通常采用概率论的方法通过统计试验得出统计指标——"欺骗干扰成功率"。在某种典型战情下进行 N（N 必须满足大样本的条件）次仿真，如果欺骗干扰成功的次数为 M，则可以得到此种战情下欺骗干扰成功率。

$$P_{deceptV} = \frac{M}{N} \qquad (7.48)$$

所谓"欺骗干扰成功"，可从以下两个角度理解：

（1）真目标不能被雷达系统在有限的时间内发现、跟踪和识别，使真目标达到其作战目的。

（2）使得雷达系统不能正常工作（比如系统饱和）或者雷达系统误把假目标（有源或者无源）作为真目标跟踪并且进行拦截，从系统性能角度看，这使得防御代价增大，欺骗干扰也起到了作用。

（五）欺骗干扰条件下"发现真实目标的时间"的统计分布

雷达系统具有一定的区分真假目标的能力，所以，多假目标欺骗、有源诱饵欺骗和无源重诱饵等干扰的作用在相当程度上能延迟雷达系统发现真实目标的时间，为完成作战任务赢得时间。故而可以用与前面评估遮盖性干扰效果类似的方法来得到"欺骗干扰引起的发现真实目标的时间延迟"，作为欺骗干扰效果评估的指标。

（六）欺骗干扰条件下"稳定跟踪真实目标的时间"的统计分布

欺骗干扰消耗了雷达系统有限的资源，使得雷达系统对真实目标建立稳定跟踪的时间也延迟，因而可以利用欺骗干扰条件下"稳定跟踪真实目标的时间"的统计分布来对干扰效果进行评估，其主要是考虑这种分布的均值、方差等各种估计量。

（七）模糊综合评判

有些学者把模糊理论引入电子对抗领域中，认为电子对抗领域中许多问题都具有固有的模糊性，比如"什么是干扰有效"的问题。一些文献中还建立了一些评估干扰/抗干扰效果的模糊综合模型，实践证明，利用模糊的方法评估欺骗性干扰的干扰效果具有一定的优势。同样，对遮盖性干扰效果的评估也可以采用模糊的处理方法。

（八）神经网络评估法

神经网络是一个具有高度非线性的超大规模连续时间动力系统，其最主要的特征是连续时间非线性动力学、网络的全局作用、大规模并行分布处理及高度的鲁棒性和学习联想能力。同时，它又具有一般非线性动力系统的共性，即不可预测性、吸引性、耗散性、非平衡性、不可逆性、高维性、广泛联结性和自适应性等。因此，神经网络实际上是一个超大规模非线性连续时间自适应信息处理系统。

第五节　通信干扰/抗干扰评估指标体系

通信对抗评估可以分为工程级对抗评估和战术级对抗评估两大类，如图7.4 所示。

一、工程级对抗评估

（一）误码率

1. 模型分析

误码率是指在传输的码元总数中发生差错的码元数与总的码元数的比率。传输误码率的增加意味着正确传输的信息量减少，通信线路的效能降低，当误码率达到某一值时，就认为通信已被破坏，干扰有效。

2. 指标实现流程

设仿真中传输的总的码元数为 N，传输中发射差错的码元数为 N_e，则误码率为：

$$R = \frac{N_e}{N} \tag{7.49}$$

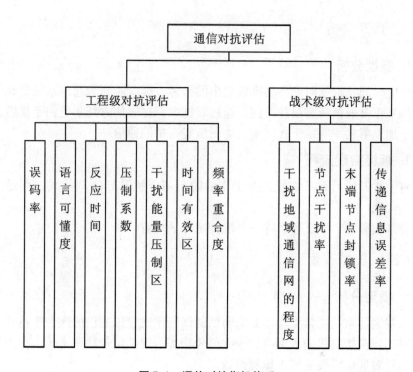

图 7.4 通信对抗指标体系

在多次蒙特卡罗试验条件下，取其统计平均值。

（二）语言可懂度

1. 模型分析

通信系统受干扰作用之后最为直观的表现是通信接收端语言可懂度下降。语音信号受干扰之后，可懂度降低的本质在于音节清晰度下降。研究表明，影响音节清晰度的因素有四种：音频频谱范围、混响、信号失真和信噪比。在这四种因素中，对于给定的通信系统，干扰的作用主要体现在信噪比的降低和信号失真度的增加上。

2. 指标实现流程

语言可懂度的评估属于主观评估的范畴。可以将标准的人声通过仿真系统，由专家对系统输出的声音进行评估，可分为低水平可懂度、中水平可懂度和高水平可懂度三级。

（三）反应时间

1. 模型分析

反应时间是根据时间评估准则提出的指标。反应时间为通信系统受到干扰后，恢复正常通信所需要的时间。通信对抗中，在通信方判断受到干扰后，会采用增加发射功率等抗干扰措施，力图恢复正常的通信。

2. 指标实现流程

将干扰开始后系统恢复正常工作的时刻与干扰开始时刻相减，可得到本指标。

在多次蒙特卡罗试验条件下，取其统计平均值。

（四）压制系数

1. 模型分析

压制通信系统正常工作使数字通信的误码率或模拟通信的误信率达到一定程度时，通信接收机输入端内的干扰信号功率与通信信号功率之比，称为该种干扰信号对通信系统的端内压制系数。

2. 指标实现流程

设数字通信的误码率或模拟通信的误信率达到设定程度时，通信接收机输入端内的干扰信号功率为 P_I，信号功率为 P_S，则压制系数为：

$$K = \frac{P_I}{P_S} \qquad (7.50)$$

在多次蒙特卡罗试验条件下，取其统计平均值。

（五）干扰能量压制区

1. 模型分析

干扰能量压制区就是一个空间区域，在该区域范围内，被压制的接收装置输入端（在其通带范围内）的干扰功率与信号功率之比，不小于压制系数。

2. 指标实现流程

计算被压制的接收装置输入端（在其通带范围内）的干扰功率与信号功率之比不小于压制系数的区域范围。

在多次蒙特卡罗试验条件下，取其统计平均值。

（六）时间有效区

1. 模型分析

干扰压制时间比是指干扰重合时间与信号驻留时间的比值，表示通信信号与干扰信号在时域上的重合度。信号传播时间、干扰反应时间、干扰信号传播时间越长，干扰压制时间比就越小。

2. 指标实现流程

设干扰重合时间为 T_I，信号驻留时间为 T_S，则时间有效区为：

$$V = \frac{T_I}{T_S} \tag{7.51}$$

在多次蒙特卡罗试验条件下，取其统计平均值。

（七）频率重合度

1. 模型分析

频率重合度是指通信信号与干扰信号在频域上的重合程度，主要取决于干扰设备对通信信号的处理。

2. 指标实现流程

设干扰信号与通信信号的重合带宽为 B_I，通信信号的带宽为 B_S，则频率重合度为：

$$F = \frac{B_I}{B_S} \tag{7.52}$$

在多次蒙特卡罗试验条件下，取其统计平均值。

二、战术级对抗评估

（一）干扰地域通信网的程度

1. 模型分析

干扰地域通信网的程度，通常指地域通信网中各级指挥所、通信中心及各通信分系统遭我方干扰的比率及程度。具体指标包括遭干扰的各级指挥所、通信中心及各通信分系统的数量占展开工作的各级指挥所、通信中心及各通信分系统数量的比率，和各级指挥所、通信中心及各通信分系统遭干扰的时间占各自总工作时间的比率。

2. 指标实现流程

这里分别给出数量比指标和时间比指标的实现流程。

设遭干扰的各级指挥所、通信中心及各通信分系统的数量为 N_I，展开工作的各级指挥所、通信中心及各通信分系统数量为 N_T，则干扰地域通信网数量比为：

$$R_n = \frac{N_I}{N_T} \tag{7.53}$$

设各级指挥所、通信中心及各通信分系统遭干扰的时间为 T_I，总工作时间为 T_T，则干扰地域通信网时间比为：

$$R_n = \frac{T_I}{T_T} \tag{7.54}$$

在多次蒙特卡罗试验条件下，取其统计平均值。

（二）节点干扰率

1. 模型分析

节点干扰率是指在一定时间内，敌方地域通信网遭我方干扰的程度。节点干扰率越大，干扰效果越好。具体指标包括遭干扰的节点数量占展开工作的节点数量的比率和节点遭干扰的时间占总工作时间的比率。

2. 指标实现流程

这里分别给出数量比指标和时间比指标的实现流程。

设遭干扰的节点的数量为 N_I，展开工作的节点数量为 N_T，则节点干扰率数量比为：

$$R_n = \frac{N_I}{N_T} \tag{7.55}$$

设节点遭干扰的时间为 T_I，总工作时间为 T_T，则节点干扰率时间比为：

$$R_n = \frac{T_I}{T_T} \tag{7.56}$$

在多次蒙特卡罗试验条件下，取其统计平均值。

（三）末端节点封锁率

1. 模型分析

末端节点封锁率是指在一定时间内，敌方地域通信网与上级、战略网、友邻网等的联系节点遭我方干扰的程度。末端节点封锁率越大，干扰效果越好。具体指标包括遭封锁的末端节点数量占展开工作的末端节点数量的比率和末端节点遭封锁的时间占总工作时间的比率。

2. 指标实现流程

指标实现流程的两个指标分别为数量比指标和时间比指标。

设遭封锁的末端节点数量为 N_I，展开工作的末端节点数量为 N_T，则末端节点封锁率数量比为：

$$R_n = \frac{N_I}{N_T} \tag{7.57}$$

设末端节点遭封锁的时间为 T_I，总工作时间为 T_T，则末端节点封锁率时间比为：

$$R_n = \frac{T_I}{T_T} \tag{7.58}$$

在多次蒙特卡罗试验条件下，取其统计平均值。

（四）传递信息误差率

1. 模型分析

传递信息误差率是指在一定时间内，在遭干扰压制的情况下，地域通信网各通信线路传递的各种信息的总误差率。传递信息误差率越大，说明我方发现敌方通信部署并掌握其通信规律的程度越大，对其干扰破坏的程度越大，因而干扰效果越好。传递信息误差率具体包括数字信息的误码率、语音信息的失真度、图像信息的失真度和传真信息的失真度等指标。

2. 指标实现流程

根据不同的通信设备，分别计算其数字信息的误码率、语音信息的失真度、图像信息的失真度和传真信息的失真度等。

第六节　光电干扰/抗干扰评估指标体系

光电对抗的评估主要有脱靶量的评估和基于图像特征的评估，如图 7.5 所示。

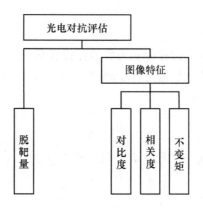

图 7.5　光电对抗评估指标

（一）脱靶量

1. 模型分析

光电制导武器弹着点的脱靶量指的是光电制导武器弹着点的位置矢量与目标的位置矢量之间的误差。脱靶量是反映光电制导武器战术性能的关键指标，对制导武器的干扰直接影响其脱靶量。

2. 指标实现流程

设光电制导武器弹着点的位置矢量为 R_M，目标位置矢量为 R_T，则脱靶量为：

$$E = R_M - R_T \tag{7.59}$$

在多次蒙特卡罗试验条件下，取其统计平均值。

（二）图像特征

1. 模型分析

基于图像特征的干扰效果评估可以分为对比度评估、相关度评估、不变矩评估等。当基于对比度特征进行跟踪的成像制导系统受到干扰时，可以用对比度评估其干扰效果；当基于相关度特征进行跟踪的成像制导系统受到干扰时，可以用相关度评估其干扰效果；当基于不变矩特征进行跟踪的成像制导系统受到干扰时，可以用不变矩评估其干扰效果。

2. 指标实现流程

当基于对比度特征进行跟踪的成像制导系统受到干扰时，可以用对比度评估其干扰效果。以质心跟踪为例，图 7.6 是它的算法框图。

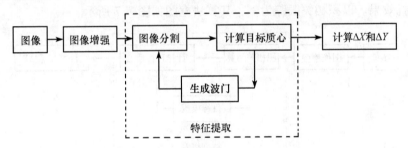

图 7.6 对比度跟踪的成像制导系统

输入的数字图像经图像增强后，首先计算波门内图像 $f(x,y)$ 的分割阈值 T，然后用阈值 T 对目标图像进行分割处理，将原来的图像 $f(x,y)$ 变成二值图像 $g(x,y)$。即

$$g(x,y) = \begin{cases} 0, & f(x,y) < T \\ 1, & f(x,y) > T \end{cases} \tag{7.60}$$

则目标质心的坐标为：

$$x_0 = \frac{\sum\limits_{x=0}^{N-1}\sum\limits_{y=0}^{N-1} xg(x,y)}{\sum\limits_{x=0}^{N-1}\sum\limits_{y=0}^{N-1} g(x,y)}, \quad y_0 = \frac{\sum\limits_{x=0}^{N-1}\sum\limits_{y=0}^{N-1} yg(x,y)}{\sum\limits_{x=0}^{N-1}\sum\limits_{y=0}^{N-1} g(x,y)} \tag{7.61}$$

由此即可计算出目标质心与光轴中心的偏差 ΔX 和 ΔY，然后由该信号驱动伺服机构跟踪目标。

假设用烟幕干扰成像制导系统，干扰前目标被正确跟踪，则干扰前后波门内图像的分割阈值分别为 T_1、T_2，干扰前后波门内目标的图像分别为 $m_1(x,y)$、$m_2(x,y)$，其均值分别为 $\overline{m_1(x,y)}$、$\overline{m_2(x,y)}$。

目标只有被正确地从背景中分割提取出来时，才有可能被正确跟踪，所以干扰前有 $m_1(x,y) \geqslant T_1$。另外，如果干扰后 $m_2(x,y) \leqslant T_1$，目标就会被当作背景剔除掉，此时因为无法从图像中提取出目标，所以就无法正确跟踪目标。据此可定义干扰系数为：

$$k = \frac{T_2 - \overline{m_2(x,y)}}{\max(T_2, \overline{m_2(x,y)})} \tag{7.62}$$

由上可知，$-1 \leqslant k \leqslant 1$，当 $k > 0$ 时，有干扰效果，k 越大则表明干扰效果越好。

当基于相关度特征进行跟踪的成像制导系统受到干扰时，可以用相关度评估干扰效果。以积相关跟踪为例，其算法框图如图 7.7 所示。

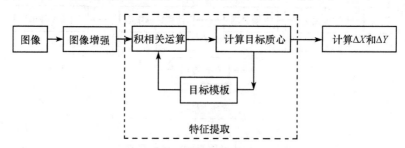

图 7.7 相关度跟踪的成像制导系统

输入的数字图像经图像增强后，首先要计算目标模板 $M(x,y)$ 和图像 $S(x,y)$ 的相关系数 $R(x,y)$。

$$R(x,y) = \frac{\sum_{u=0}^{U}\sum_{v=0}^{V} M(u,v)S(x+u,y+v)}{\sqrt{\sum_{u=0}^{U}\sum_{v=0}^{V} M^2(u,v) \sum_{u=0}^{U}\sum_{v=0}^{V} S^2(x+u,y+v)}} \tag{7.63}$$

由相关系数 $R(x,y)$ 的最大值可以得到配准中心的位置 (x_0, y_0)，即为目标的中心。

$$(x_0, y_0) = \max[R(x,y)] \tag{7.64}$$

由此可计算出目标中心与光轴中心的偏差 ΔX 和 ΔY，然后由该信号驱动伺服机构跟踪目标。

假设干扰前目标被正确跟踪，干扰前后目标处的相关系数分别为 $R(x_1, y_1)$、$R(x_2, y_2)$，干扰前后图像的最大相关系数分别为 $R(x_{m1}, y_{m1})$、$R(x_{m2}, y_{m2})$。

显然，这里有 $R(x_1, y_1) = R(x_{m1}, y_{m1})$。另外，由相关跟踪的原理可知，如果施放干扰后 $R(x_2, y_2) < R(x_{m2}, y_{m2})$，跟踪系统就无法正确地跟踪目标，即被干扰。据此可定义干扰系数 $k = \dfrac{R(x_{m2}, y_{m2}) - R(x_2, y_2)}{R(x_{m2}, y_{m2})}$，可知 $0 \leqslant k \leqslant 2$，当 $k > 0$ 时，有干扰效果，k 越大则表明干扰效果越好。

第七节　本章小结

本章围绕雷达、通信、光电等电子装备和系统的工作性能及作战效能，就评估方法、评估准则和评估指标体系三大方面进行了详细介绍，相关的方法和模型具有典型性和代表性，在电子对抗领域的众多教学和科研实践中均得到了实际应用。

需要指出的是，相对于其他领域的研究来说，评估具有一定的主观性，因为评估的主体是人，评估准则的制定和评估指标体系的构建也都是人根据一定的目的而开展的。即便评估对象完全相同，不同的人可能得出的评估结果也不尽相同，从而导致目前电子对抗评估领域尚未形成一套公认的理论体系和实施标准。另外，随着电子对抗技术及装备的快速发展，尤其是新技术的应用、新体制装备的出现、新的战术战法的应用，以及复杂电磁环境的加剧，电子对抗评估领域面临新的挑战和需求，相应的评估方法和评估指标不断涌现，有些尚处于理论研究阶段，有些则已实际应用，这里没有一一进行介绍，感兴趣的读者可以参阅相关文献。

思考题

（1）电子对抗装备效能评估的基本方法有哪三大类？分别具有哪些优缺点？

（2）层次分析法的基本步骤包括哪些？有什么主要缺陷？

（3）电子对抗评估的基本准则有哪些？适用场合分别是什么？

（4）雷达遮盖性干扰/抗干扰评估指标主要有哪些？

（5）雷达欺骗性干扰/抗干扰评估指标主要有哪些?

（6）通信干扰/抗干扰工程级评估指标有哪些?

（7）通信干扰/抗干扰战术级评估指标有哪些?

（8）光电干扰/抗干扰评估指标有哪些?

第八章
典型电子对抗评估案例分析：
雷达对抗评估

第一节　概　述

雷达对抗是典型的"矛"与"盾"的促进体，随着各种新技术的不断涌现，现代雷达对抗技术已发展到了相当高的水平，尤其在弹道导弹突防背景下，攻防双方的对抗手段先进，内容丰富，体现出了当今科技发展的最新水平。雷达电子战对抗效果包括多个方面，例如干扰与抗干扰、隐身与反隐身、识别与反识别、数据融合与反融合等，雷达对抗与反对抗作为对立统一体，正是在这种相互制约、相互促进的过程中共同发展的。早期定性的对抗（主要是干扰/抗干扰）效果评估准则给出的评估结果显得过于笼统，已不能满足需要，对抗双方都希望评估结果定量化、客观化和体系化。有关雷达对抗效果评估准则和方法的研究，对于电子攻防对抗双方选择合适的对抗样式，以及对于新型干扰机和新体制雷达系统的设计，都有着重要的指导作用。

本章主要以雷达对抗为例，让学生通过实际案例深入理解电子对抗评估流程、指标计算、结果分析等。

第二节　雷达对抗评估基本方法

干扰/抗干扰是雷达对抗的主要表现形式，因此，雷达对抗性能的评估主要是进行干扰和抗干扰性能的评估，这是一对矛盾的两个不同方面。对这个问题的描述，应对应两种不同的角度：一种是雷达的角度，一种是干扰系统的角度。与此相对应，"评估指标集合"也可以依照这两个主要的角度来建立，而对应于不同评估角度，"体系性"的体现也有所不同。

从干扰的角度来看，典型的体系结构如图8.1所示。

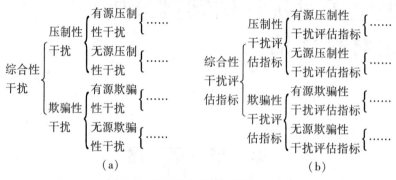

(a)　　　　　　　　　　　　(b)

图8.1　从干扰角度划分的体系结构

与此对应的评估指标空间具有"内涵包含式"的体系性，如图8.1（b）所示，具体而言，综合性干扰的评估指标可以涵盖压制性干扰和欺骗性干扰的评估指标，但是它的针对性和有效性不如下一级的指标；同样，压制性干扰的评估指标也涵盖下一级的有源压制性干扰和无源压制性干扰的评估指标。

从雷达抗干扰角度审视同一对抗过程，这种体系性体现为"分系统级联的体系性"。如图8.2所示，从雷达角度建立的评估指标的体系性不是内涵上的涵盖关系，而是"小系统指标级联合成大系统指标"的关系。

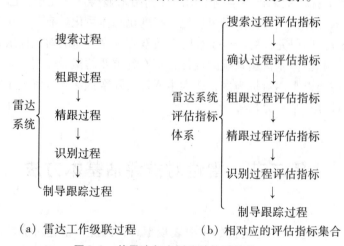

（a）雷达工作级联过程　　　（b）相对应的评估指标集合

图8.2　从雷达角度划分的体系结构

　　就广泛意义上的雷达系统而言，与其对抗的目标突防过程可以大致级联分解为"搜索—确认—初始跟踪—稳定跟踪—识别—制导拦截弹"，在这个过程中还有失踪处理等雷达任务。在每一个过程中都可能体现对抗措施对其影响以及采取反对抗措施后的改善效果。值得指出的是，对于不同的雷达系统，根据其特定的任务要求，会有特定的工作过程，而这些工作过程都是以上级联工作过程的子集。所以以雷达对抗的评估指标集合也可以按照此过程进行对偶映射而建立。不妨令 S 为搜索过程的评估指标子集，包括目标发现距离统计分布及均值、方差和置信区间，用户指定距离点之外的目标发现概率以及检测概率曲线；C 为确认过程评估指标，即目标截获时间；CT 为粗跟过程的评估指标子集，包括目标建立粗跟的距离统计分布及相关统计量，目标建立粗跟的概率；PT 为精跟过程的评估指标子集，包括目标建立精跟的距离统计分布及相关统计量，目标建立精跟的概率。CT 和 PT 的公共评估指标还包括信噪比曲线、任意段内的跟踪精度以及平均精度。另外，作为补充，从干扰角度针对有源多假目标这种典型欺骗干扰样式也给出了评估指标子集 JI，包括多假目标形成的虚假航迹数目和相控阵雷达系统资源（包括时间和能量）裕度等。由上述指标张成的评估指标空间 $\Psi = \{S, C, CT, PT, JI\}$，它是真实评估对象空间的对偶空间，由一系列具有层次结构而且经过适当的简化处理后的指标组成，其中评估指标的个数 N 称为评估指标空间 Ψ 的维数。图 8.3 给出了雷达对抗性能评估指标集合中各个指标的名称。

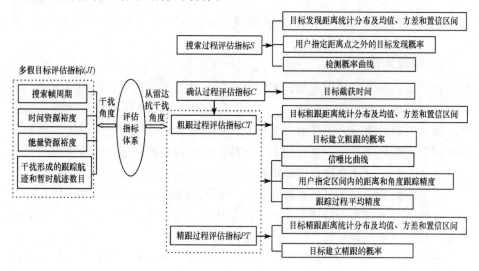

图 8.3　雷达电子战评估指标集合

一、搜索阶段评估指标

（一）发现目标的距离统计分布

1. 模型分析

雷达系统的目的是探测各种目标，对目标探测的性能可以用雷达方程表示。设 σ 为目标的散射截面积，P_t 为雷达发射功率，G_t 为发射天线增益，λ 为雷达波长，R 为目标与雷达距离，L_r 为雷达接收综合损耗，L_t 为雷达发射综合损耗，L_{Atm} 为电磁波在大气中传输的损耗，G_r 为接收天线增益，T_e 为接收系统的等效噪声温度，B 为接收机噪声带宽，$(S/N)_{\min}$ 为检测需要的接收机最小信噪比，k 为波耳兹曼常数，则有：

$$R_{\max}^4 = \frac{P_t G_t G_r \sigma \lambda^2}{(4\pi)^3 L_r L_t L_{Atm} k T_e B (S/N)_{\min}} \tag{8.1}$$

这就是通常所用的雷达方程。

2. 指标实现过程

设试验次数共 M 次，每次的发现距离依次为 R_i（$i = 1, 2, \cdots, M$），可以利用建立直方图的方法完成指标的实现。

（二）自卫距离和相对自卫距离

1. 模型分析

搜索雷达系统的威力范围其实包括了其高低角搜索范围、俯仰角搜索范围以及自卫距离（最大发现距离），指标体系应由雷达系统一些重要性能参数组成，这些参数的值因为干扰而发生变化，能体现出雷达受干扰的程度。高低角和俯仰角搜索范围是由空基或地基、天线阵的数目以及扫描方式等决定的，与干扰无关，所以只是选取自卫距离作为威力范围的内容加以讨论。

自卫距离的定义为：随着被掩护的目标飞行器与雷达之间的距离的减小，干信比逐渐减小，当干信比等于雷达在干扰中的可见度（SCV）时，雷达能以一定的检测概率发现目标。此时，两者之间的距离称为"最小隐蔽距离"（对干扰机而言），或者"烧穿距离"（对雷达而言）。而相对自卫距离则指雷达自卫距离与其作用距离的比值。由干扰方程可得自卫距离的理论表达式为：

$$R_{SSJ} = \sqrt{\frac{P_t G_t B_J F^2 (\alpha) F_A L_t \sigma K_J}{4\pi P_J G_J B_R F_J (\alpha) r_J}} \qquad (8.2)$$

其中：P_t 为雷达发射功率；

G_t 为发射天线增益；

B_J 为干扰信号带宽；

$F(\alpha)$ 为雷达信号传播损耗因子；

F_A 为雷达抗干扰改善因子；

L_t 为雷达发射综合损耗；

σ 为目标的雷达截面积；

K_J 为接收机干信比；

P_J 为干扰机发射功率；

G_J 为干扰机天线增益；

B_R 为雷达带宽；

$F_J(\alpha)$ 为干扰信号传播损耗因子；

r_J 为干扰信号的极化损耗。

2. 指标实现过程

在干扰情况下得到目标发现距离统计直方图之后，通过计算得出相应统计指标，包括均值、标准差和置信区间等。

（三）在用户关心的多个距离段内成功发现各个目标的比率

1. 模型分析

用户有时候关心的不是雷达对各个目标发现的距离，而是在多个指定距离点 L_i （$i=1，2，\cdots，N$）之外发现目标的比率 DP_i，因而，可以在上面指标的基础上得到本指标。需要指出的是，在这里用了"比率"而不是"概率"，也就是说，即使少量样本也可以得到本指标，并且当样本数目满足大样本条件后，可以认为这个比率等于概率。

2. 指标实现过程

首先由用户指定关心距离，然后统计在此距离之后发现目标的次数，最后除以总的试验次数，即可得到 DP_i。

$$DP_i = \frac{C (R_j \leqslant L_i)}{M}, \qquad j=1，2，\cdots，M \qquad (8.3)$$

其中：$C(\cdot)$ 表示括号内事件发生的次数统计；

R_j 表示第 j 次试验的自卫距离。

（四）各个目标检测概率和距离的关系曲线

1. 模型分析

由雷达信号理论可知，目标检测概率 P_d 一般可写为：

$$P_d = \int_{V_t}^{\infty} \frac{v}{\sigma_n^2} \exp[-(v^2 + A^2)/2\sigma_n^2] I_0(vA/\sigma_n^2) \mathrm{d}v \qquad (8.4)$$

其中：V_t 为检测门限；

A 为信号幅度；

σ_n^2 为噪声方差；

$I_0(\cdot)$ 为第一类零阶修正 Bessel 函数。

实际上，检测门限 $V_t = 2\sqrt{2\sigma_n^2 \ln(1/P_{fa})}$，信噪比 $SNR = A^2/\sigma_n^2$，因此检测概率 P_d 本质上是关于虚警概率 P_{fa} 和信噪比 SNR 的函数。通过各种近似并考虑目标起伏，可以得出几种 Swerling 起伏模型下检测概率的解析式，在此不一一列举。

由雷达方程可知，在不考虑 RCS 起伏影响的情况下，雷达接收天线口面处的回波信噪比与雷达 – 目标之间距离成平方关系，而信噪比和检测概率之间的关系服从上面的讨论，所以在得到了各次蒙特卡洛的发现距离之后，经过拟合可以得出目标检测概率和距离的关系曲线。

2. 指标实现过程

利用战情编辑或编译参数（包含目标和雷达信息）按照雷达方程计算 SNR，再利用 SNR 计算检测概率；也可通过多次试验数据，得到发现距离之后，经过拟合可以得到目标检测概率和距离的关系曲线。

二、确认阶段评估指标

确认阶段的评估指标主要为雷达截获目标时间。

1. 模型分析

理想情况下应在四维坐标（距离、方位角、俯仰角和速度）上为跟踪雷达提供具有足够精确的目标指示信息，以便跟踪雷达在开始跟踪前把它的关心分辨单元对准目标。在这种场合下，搜索过程就是等待回波信号上升到超过检测门限的过程。然而指示信息既不完整也不准确，具有可以按统计方法来描述的有限分布的误差，这些指示信息包括光学指示、搜索雷达指示、链式雷达指示、来自轨道参数的指示、方向探测器指示、手控指示等。

相控阵雷达的波束形状是笔形波束，以各种方式成功地捕获目标以后，还需要几个步骤才能变换成跟踪方式。在这些步骤中，任何一步的失败都将导致目标的丧失，而且搜索过程必须再次开始。

此外，确认数据率的选择对于尽快并且正确起始航迹有着重要影响。一方面，确认数据率，尤其是起始航迹时的确认数据率过高时，目标在空间移动的距离相当小，观测误差的影响可能使得航迹起始不准确；另一方面，如果确认数据率过低，则目标可能穿越搜索波位，使得确认失败，或者目标突防深度加深，不利于防御系统及时建立跟踪。

定义雷达系统从发现目标到建立跟踪过程的时间为目标截获时间 T_C，用来衡量确认过程的时间长短，即

$$T_C = \frac{\sum_{i=1}^{M} (T_{ti} - T_{fi})}{M} \tag{8.5}$$

其中：T_{ti} 表示第 i 次仿真中建立跟踪的时刻；

T_{fi} 表示相应发现目标的时刻。

2. 指标实现过程

记录每次蒙特卡洛仿真中的发现目标时刻和建立粗跟时刻，两者相减得到该次试验中的目标截获时间，然后计算统计值。

三、跟踪阶段评估指标

（一）对目标建立粗跟的距离统计分布

1. 模型分析

截获过程结束之后，跟踪雷达对目标建立了跟踪，但此时的跟踪并不稳定，因为各种因素的影响（比如信噪比起伏、目标机动等）可能使得目标重新丢失，此时对应的跟踪过程称为"粗跟"过程。

定义"粗跟"的内涵为：

条件1：信噪比大于 S_{CT}。

条件2：至少连续 N_{CT} 次有效跟踪照射或跟踪持续时间大于 t_{CT}。

条件3：跟踪的新息统计量小于某个门限 T_{CT}。

2. 指标实现过程

通过多次蒙特卡洛仿真，可以得到对各个真实目标建立粗跟对应的距离值，然后可以对目标建立粗跟的距离统计分布。

（二）成功建立粗跟的比率

1. 模型分析

在多次试验中，由于目标 RCS 过小，且目标机动或者干扰的影响，雷达系统对于目标建立跟踪也是一个随机概率事件，为了衡量成功建立粗跟的概率，提出了指标"成功建立粗跟的比率"。

2. 指标实现过程

进行 N 次相同战情的蒙特卡洛试验，如果跟踪雷达能够成功对此目标建立粗跟的次数为 M 次（还有 $N-M$ 次因为干扰等原因而在整个过程中都不能建立粗跟），则对此目标成功建立粗跟的比率为 $\dfrac{M}{N}$，当试验样本数目满足大样本条件时，则可以认为此比率就是成功建立粗跟的概率。

（三）对目标建立精跟的距离统计分布

1. 模型分析

经过若干时间的粗跟过程，当下列条件满足后，可以认为雷达系统对目标的跟踪已经进入了"精跟"过程。

定义"精跟"的内涵为：

条件1：信噪比大于 S_{PT}（一般 $S_{PT} > S_{CT}$）。

条件2：至少连续 N_{PT} 次有效跟踪或跟踪持续时间大于 t_{PT}（一般 $N_{PT} > N_{CT}$ 或 $t_{PT} > t_{CT}$）。

条件3：跟踪的新息统计量小于某个门限 T_{PT}（一般 $T_{PT} < T_{CT}$）。

2. 指标实现过程

通过多次蒙特卡洛仿真，可以得到对各个真实目标建立精跟对应的距离值，然后可以对目标建立精跟的距离统计分布。

（四）成功建立精跟的比率

1. 模型分析

在多次试验中，由于目标 RCS 过小，且目标机动或者干扰的影响，雷达系统对于目标建立跟踪也是一个随机概率事件，为了衡量成功建立精跟的概率，提出了指标"成功建立精跟的比率"。

2. 指标实现过程

进行 N 次相同战情的蒙特卡洛试验，如果跟踪雷达能够成功对此目标建立精跟的次数为 M 次（还有 $N-M$ 次因为干扰等原因而在整个过程中都不能建立精跟），则对此目标成功建立精跟的比率为 $\frac{M}{N}$，当试验样本数目满足大样本条件时，则可以认为此比率就是成功建立精跟的概率。

（五）信噪比和距离关系曲线

1. 模型分析

在不考虑 RCS 起伏影响的情况下，雷达接收天线口面处的回波信噪比与雷达－目标之间距离呈平方关系，也就是说，信噪比与距离的关系曲线大体上服从平方关系，但是由于目标起伏、大气衰减等原因，信噪比曲线在局部是起伏的。

通过录取信噪比数据，可以真实反映实体目标所在单元的信噪比变化情况。如果需要，可以进一步扩展为任意指定距离单元（包括假目标所在距离单元、由仿真战情实时指定数据录取的位置）信噪比变化情况。

2. 指标实现过程

在每次蒙特卡洛试验中，对各个目标依次读取所有航迹，将其距离和对应的信噪比记录下来。遍历该目标的所有航迹后，得到本次仿真中该目标的信噪比曲线。

（六）指定距离段内的跟踪精度

1. 模型分析

跟踪精度包括距离跟踪精度和角度跟踪精度，可以用距离跟踪精度、方位跟踪精度和俯仰跟踪精度三个指标来评价，也可在笛卡尔直角坐标系下进行衡量，但没有球坐标这么直观。

2. 指标实现过程

设一共进行 M 次蒙特卡洛仿真试验，每次试验的探测航迹均需和目标真实航迹进行配对。设 $\{\hat{R}_i(k), \hat{A}_i(k), \hat{E}_i(k)\}$ 是第 i 次试验情况下第 k 时刻得到的目标探测航迹（距离、方位、俯仰），第 k 时刻目标的真实数据为 $\{R(k), A(k), E(k)\}$，则第 k 时刻目标的平均距离跟踪误差、方位跟踪误差和俯仰跟踪误差分别为：

$$\Delta\tilde{R}(k) = \frac{1}{M}\sum_{i=1}^{M}|R(k) - \hat{R}_i(k)| \tag{8.6}$$

$$\Delta\tilde{A}(k) = \frac{1}{M}\sum_{i=1}^{M}|A(k) - \hat{A}_i(k)| \tag{8.7}$$

$$\Delta\tilde{E}(k) = \frac{1}{M}\sum_{i=1}^{M}|E(k) - \hat{E}_i(k)| \tag{8.8}$$

上面的计算式采用的是集平均方法，需要采集 M 次蒙特卡洛仿真试验的数据，并且每次试验时航迹的持续时间也不一样。一种简化的方法是用时间平均代替集平均，即利用一小段时间的平均值来估计跟踪精度。

（七）指定距离段内的新息统计量

1. 模型分析

误差可以按照其来源和依赖目标特性、传播条件或跟踪器本身的参数进行分类。新息统计量可以用来衡量跟踪滤波器对机动目标的跟踪能力，好的跟踪滤波器的新息较小且满足一定的分布。

2. 指标实现过程

设第 $(k-1)$ 时刻状态变量的预测值为 $\hat{X}(k|k-1)$，则第 k 时刻的观测方程为：

$$Y(k) = H(k)X(k) + V(k) \tag{8.9}$$

式中 $H(k)$ 是观测矩阵，$V(k)$ 是零均值、方差为 $R(k)$ 的高斯白噪声，$Y(k)$ 是观测向量。定义观测量 $Y(k)$ 与预测观测量 $H(k)\hat{X}(k|k-1)$ 之差为滤波残差向量 $d(k)$，即

$$d(k) = Y(k) - H(k)\hat{X}(k \mid k-1) \qquad (8.10)$$

其对应的协方差矩阵为：

$$S(k) = H(k)P(k \mid k-1)H^{\mathrm{T}}(k) + R(k) \qquad (8.11)$$

其中 $P(k \mid k-1)$ 为一步预测协方差矩阵。

假定观测维数是 n_y，残差向量 $d(k)$ 的范数为：

$$g(k) = d^{\mathrm{T}}(k)S(k)d(k) \qquad (8.12)$$

可以证明，新息统计量 $g(k)$ 服从自由度为 n_y 的 χ^2 分布。

（八）不丢失目标的最远距离

1. 模型分析

对于编号为 i 号的真实目标，在整个过程中，可能发生多次失跟，然后也可能重新捕获。此指标关心的是对于某条航迹，如果直到最后阶段，目标不再发生失踪，那么这条航迹的起始点对应的距离。如果是在仿真过程中实时评估，这个指标是不能得到的，因为不能确定目标是否可能在以后的阶段发生失踪，但是如果采用事后评估的方法，则可以得到此指标。

2. 指标实现过程

对某个指定的目标，依次读取各条探测航迹，如果直到最后阶段，目标不再发生失踪，那么这条航迹的起始点对应的距离就是"不丢失目标的最远距离"。

四、失跟与再截获阶段评估指标

（一）目标补充搜索的比率

1. 模型分析

由于目标信噪比起伏和受到干扰，以及目标机动等诸多原因的影响，在跟踪过程中可能发生目标的丢失，需要进行"补充搜索"。

2. 指标实现过程

进行 N 次相同战情的蒙特卡洛试验，如果相控阵雷达在跟踪过程中对此目标发生补充搜索的次数为 M 次（还有 $N-M$ 次不发生补充搜索），则此目标发生补充搜索的比率为 $\dfrac{M}{N}$，当试验样本数目满足大样本条件时，则可以认为此比率就是目标发生补充搜索的概率。

（二）补充搜索后重新截获的比率

1. 模型分析

即使采用最好的转换程序或者已经成功地锁住目标，但由于衰落或类似的原因，目标也可能丢失。跟踪雷达和它的指示系统应当有迅速重新捕获这种丢失目标的手段，这不仅要依靠来自外部的原始指示数论，而且还要依靠以前捕获过程中和任何接着发生的跟踪过程中所获得的任何信息。

2. 指标实现过程

设编号为 i 的目标在 N 次蒙特卡洛仿真中发生补充搜索的次数为 M，而重新截获的次数为 L，则发生补充搜索后重新捕获的比率为 $\dfrac{L}{M}$，当样本数目满足大样本条件时，可以认为这个比率等于概率。

五、多假目标评估指标

多假目标干扰对相控阵雷达的干扰作用体现在以下多方面：对于相控阵雷达任务调度系统，大量的假目标将使得任务调度和分配计算机饱和而无法正常工作，或者使得雷达发现真实目标时间延后；对于信号处理系统，假目标的存在抬升了 CFAR 检测中参考单元的电平，造成真目标检测门限的抬升和检测概率的下降，经过对干扰信号进行调制，还可以欺骗雷达的测距、测速分系统；对于数据处理系统，大量假目标将使得数据处理计算机饱和或者航迹关联发生困难而产生错批和混批现象，或者错误地截获跟踪假目标，甚至对它发射导弹拦截。

与此相对应，多假目标干扰效果评估也从多个侧面开展：

（一）搜索帧周期

1. 模型分析

搜索帧周期 T_S 是指搜索完整一帧的时间，不但包括扫描所有波位的时间，也包括在此过程中其他类型雷达任务的执行时间。与此相区别的是"帧扫描周期 T_C"，它是指仅仅执行搜索任务，完成一帧扫描任务的时间。多假目标干扰效果越好，产生的各种非搜索类任务请求数目越多，系统的搜索帧周期则越长，此时相控阵雷达系统对应的"距离损失 ΔR"越大，这在目标高速突防背景下是极其不利的。

2. 指标实现过程

仿真时对相控阵雷达的调度系统进行实时记录，观察搜索帧周期 T_S 相对于干扰的变化情况。

（二）相控阵雷达系统时间资源裕度

1. 模型分析

相控阵雷达一般采用 TAS（Tracking Add Scanning）的工作模式，所以其系统资源优先满足优先级较高的雷达任务。搜索任务（不包括失踪处理）作为一种常驻任务，其优先级在仿真系统中往往最低。可以用搜索任务所消耗时间占所有系统时间资源的比例来反映系统当前任务的饱和程度，称为"相控阵雷达系统时间资源裕度 R_t"。

$$R_t = 1 - \frac{T_s}{T_a} \tag{8.13}$$

其中：T_s 表示搜索任务所消耗的时间；

　　　T_a 表示系统时间资源。

2. 指标实现过程

在指标实现上，只要记录每个非搜索任务的驻留时间，就可以计算出某个时间段内相控阵雷达系统时间资源裕度。

（三）相控阵雷达系统能量资源裕度

1. 模型分析

相控阵雷达的另外一项重要资源是能量资源。"能量资源裕度 R_e"指标定义为总的发射时间和全部时间之比，它从一个侧面反映了相控阵雷达系统能量资源被消耗的情况，可以用来刻画多假目标干扰效果。

2. 指标实现过程

$$R_e = \frac{\sum\limits_{i=1}^{N} D_i \tau_i}{\sum\limits_{i=1}^{N} D_i} \tag{8.14}$$

其中：D_i 是第 i 个雷达任务的驻留周期；

　　　τ_i 是相应的占空比。

（四）多假目标欺骗干扰形成的跟踪航迹平均数目

1. 模型分析

相对于真实目标回波，假目标干扰信号功率往往更强。如果假目标信号旁瓣能量甚至主瓣能量泄漏到真实目标进行 CFAR 处理的参考单元之内，则背景电平的抬升将造成真实目标自动检测的困难，也就是说，多假目标干扰尤其是密集多假目标干扰，对于相控阵雷达信号处理系统不但具有欺骗作用，同时也往往具有压制效果，使得目标检测概率下降。因此，多假目标干扰对于目标信号的压制作用可以利用前面提出的搜索阶段指标进行评估，这里不再提出新的评估指标。

多假目标干扰会形成多条跟踪航迹，这是其典型的欺骗作用。

2. 指标实现过程

该指标含义是指把蒙特卡洛仿真中多次试验的多假干扰形成的跟踪航迹累加，然后除以蒙特卡洛仿真的重复次数。

$$L = \frac{\sum_{i=1}^{M} T_i}{M} \tag{8.15}$$

其中：T_i 为第 i 次仿真中干扰形成的跟踪航迹数目；

　　　M 为蒙特卡洛仿真的重复次数。

（五）多假目标欺骗干扰形成的暂态航迹平均数目

1. 模型分析

有源多假目标干扰不但会形成跟踪航迹，而且还会形成大量的暂态航迹。这些暂态航迹都比较短，但是大量的暂态航迹会影响数据处理计算机的处理能力，而且密集的航迹给数据关联带来了困难。

2. 指标实现过程

根据录取的事后数据，记录未和真实目标轨迹相匹配的航迹数目，航迹持续时间小于某一预定门限，可以归为暂时航迹的范畴。

第三节　雷达对抗典型战情想定

考虑某近程导弹突防场景，假定导弹发射点的经纬度为（0°，0°），高程为 0 米，发射方位角为 0°，即向正北方向发射。弹道导弹关机点参数为：关机速度 2000m/s，距地面高度 100km，并且弹道倾角取最佳弹道倾角。此外，假定相控阵雷达部署位置的经纬度为（0°，5.65°），雷达天线阵面的法线在雷达站球坐标系中的方位角为 180°，即正对着目标来袭方向。

表 8.1 给出了各种想定典型战情中的目标参数和干扰类型，相控阵雷达和干扰装置的具体参数略。

表 8.1　典型战情的目标参数与干扰类型

名称	目标 RCS（m^2）	干扰类型
战情 1	0.5	无
战情 2	0.05	无
战情 3	0.5	宽带射频噪声干扰
战情 4	0.5	密集多假目标干扰

第四节　雷达对抗结果评估与分析

一、无干扰、无隐身情况下的仿真试验与效果评估

图 8.4 给出了无干扰、无隐身情况下的仿真试验及评估结果。由图可知，在既没有采取隐身措施，也没有施放电子干扰的情况下，相控阵雷达平均约在 80.15km 处发现目标，并且平均在 57.83km 和 52.44km 分别建立粗跟和精跟。在 30 次试验中，对目标成功发现、建立粗跟和精跟的次数都达到 30（即成功率 100%）。跟踪精度也相当高，距离、方位角和俯仰角的平均精度为 {5.42m，0.17°，0.04°}，跟踪过程收敛快，在整个跟踪过程中没有发生失踪。

可见，在想定的战情下，相控阵雷达能够很好地探测与跟踪突防导弹。

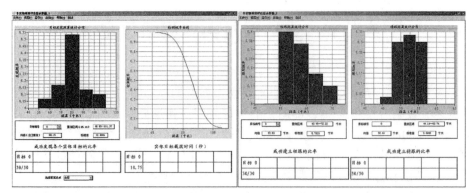

(a) 评估结果-1　　　　　　　　(b) 评估结果-2

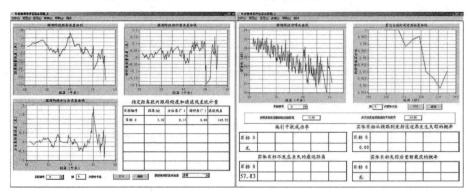

(c) 评估结果-3　　　　　　　　(d) 评估结果-4

图 8.4　战情 1 评估结果

二、无干扰、隐身情况下的仿真试验与效果评估

图 8.5 给出了无干扰、有隐身情况下的仿真试验及评估结果，目标的 RCS 从正常的 $0.5\mathrm{m}^2$ 减小为 $0.05\mathrm{m}^2$。由图可知，在目标采取隐身措施后，相控阵雷达发现目标、建立粗跟及精跟的距离分别缩短至 35.93km、29.08km 和 27.25km，并且在试验样本数目为 30 的蒙特卡洛仿真中，只有 25 次可以建立精跟，而且跟踪精度比较无隐身、无干扰情况有所下降，分别为 ｛11.67m，$0.27°$，$0.06°$｝。可见，在想定战情中，由于目标采取了隐身措施，导弹的突防能力有了一定的增强，如果能够进一步减小突防目标的 RCS，则雷达电子战

的突防性能也将得到进一步提高。

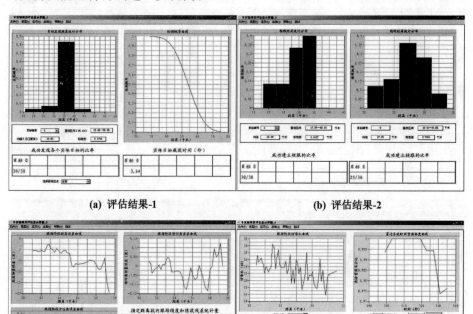

(a) 评估结果-1　　　　　　　　　(b) 评估结果-2

(c) 评估结果-3　　　　　　　　　(d) 评估结果-4

图 8.5　战情 2 评估结果

三、自卫噪声压制干扰情况下的仿真试验与效果评估

图 8.6 给出了自卫式噪声压制干扰情况下的仿真试验及评估结果。由图可知，在想定战情下，由于突防方采取了射频噪声干扰，其压制距离缩短到平均 31.51km，而建立粗跟的距离为 22.96km，在试验样本数目为 30 的蒙特卡洛仿真中，建立粗跟的次数为 3，建立精跟的次数为 0，此外，距离跟踪精度下降为 26.79m。可见，在想定战情下，由于射频噪声干扰的作用，导弹对相控阵雷达的突防能力较强，如果能够进一步加大干扰信号的功率，则相控阵雷达电子战的突防效果将得到进一步提升。

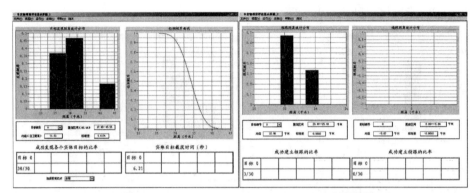

(a) 评估结果-1   (b) 评估结果-2

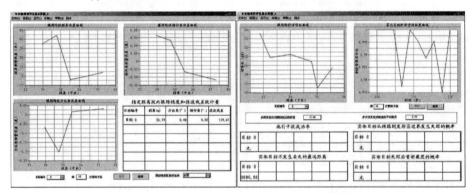

(c) 评估结果-3   (d) 评估结果-4

图 8.6　战情 3 评估结果

四、密集有源多假目标干扰情况下的仿真试验与效果评估

图 8.7 给出了密集有源多假目标干扰情况下的仿真试验及评估结果。由图可知，在想定战情下，由于多假目标干扰对于相控阵雷达调度系统的影响，突防目标的发现距离从无干扰情况下的 80.15km 下降到 72.61km，而且复杂密集的多目标环境造成了相控阵雷达不能对突防目标建立粗跟和精跟。此外，在每次试验中平均建立了 16.57 条跟踪航迹，这些都是虚假目标形成的，平均多达 207.67 条的暂态航迹也使系统的时间资源裕度下降，最低到 75% 左右。可见，密集多假目标干扰不但形成了多条欺骗航迹，而且对于真实目标的检测和有效跟踪也造成了困难。

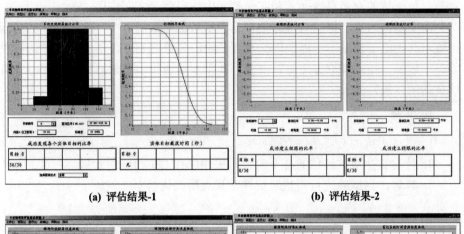

(a) 评估结果-1   (b) 评估结果-2

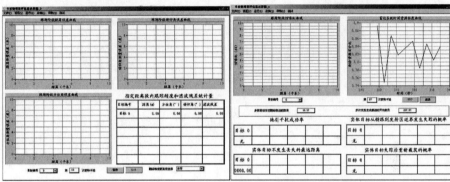

(c) 评估结果-3   (d) 评估结果-4

图 8.7 战情 4 评估结果

通过上述四种战情下的评估指标计算可以看到，雷达对抗评估能够有效评价雷达的能力和对抗措施的能力，并且各个阶段的指标只能反映局部性能，只有综合运用指标体系，才能正确评估雷达对抗双方的性能，促进双方的进步和发展。

第五节　本章小结

本章围绕雷达对抗效能评估实例，从雷达对抗阶段划分、评估方法、评估指标计算等方面进行了详细介绍，相关的方法和模型具有典型性和代表性，在雷达对抗领域的众多科研平台和实验教学中均得到了实际应用。

需要指出的是，雷达对抗评估只是电子对抗评估的一个特例，其评估指标可能与其他电子装备不一样，但是其评估阶段划分准则、评估方法、评估流程等是一致的，相关理论方法可以借鉴，其重点是通过本章学习能够掌握电子对抗评估的一般性流程。

思考题

1. 雷达对抗的必要条件有哪些？
2. 针对雷达对抗评估的各个阶段可采用哪些对抗措施进行破坏？
3. 通过仿真试验进行雷达对抗评估具有哪些优势？

附　录

实验：雷达对抗试验及其评估

一、实验目的

（1）掌握雷达对抗的过程及其实施。

（2）掌握雷达对抗评估指标的建立与计算方法。

（3）了解雷达对抗评估结果的作用及其效果。

二、实验背景

针对某一要地防空背景，开展雷达对抗效能评估实验，蓝方地区一个防空营部署一部远程警戒雷达，红方地区一个飞机编队携带自卫式干扰进行低空突防，飞机编队按照预定的航线飞行，途中开启噪声压制干扰，远程警戒雷达进行搜索跟踪，其间发现目标，并采用相应的抗干扰措施，通过多次对抗评估干扰措施和干扰战术、雷达抗干扰措施的性能，进而衡量双方的作战效能。仿真实验场景如附.1所示。

三、实验设备

（1）相控阵雷达数字仿真系统（硬件平台为高性能工作站）。

（2）干扰信号数字仿真系统（硬件平台为高性能工作站）。

（3）数据采集与评估仿真系统（硬件平台为高性能工作站）。

（4）分布式仿真平台软件 KD-RTI。

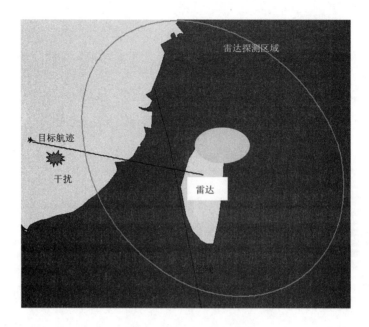

附.1　雷达对抗实验场景

四、实验原理

（一）计算自卫距离

按照目标实体数目循环处理；按照每个目标的蒙特卡罗仿真次数循环处理；按照每次蒙特卡罗仿真生成的航迹数目循环处理；指定探测航迹和指定目标文件时间配对；指定探测航迹和指定目标文件角度配对；指定探测航迹和指定目标文件距离配对；如果时间、角度、距离匹配都成功；记录目标对应的自卫距离，其流程如附.2所示。

（二）计算各个目标检测概率曲线

记录目标编号；取出每次被发现的仿真编号，根据仿真编号得到发现距离点；对取出的发现距离点进行排序，取出最大值和最小值；根据最大值和最小值将整个距离区间分为5个子区间6个端点；统计发现距离落在各端点距离之外的次数，进而计算对应的比率；曲线拟合，其流程如附.3所示。

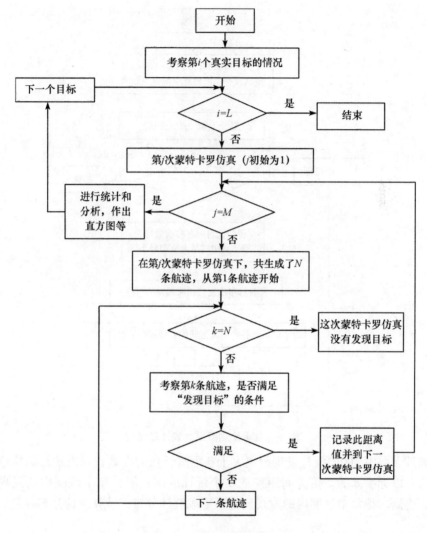

附.2　自卫距离计算流程

（三）计算发现距离统计分布以及被发现比率

取出目标编号，检查该目标的发现次数是否达到要求，达不到要求则循环此步；取出每次发现的距离进行记录，并进行累计求均值，再根据均值求取标准差；对记录的发现距离排序；记录设置的距离近点；如果设置的距离近点数为0，则表示默认的全程，全程的发现次数就是前面计算的结果；如果设置的

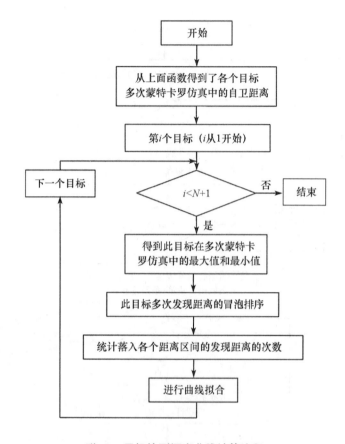

附.3 目标检测概率曲线计算流程

距离近点数不为 0，统计发现距离大于各距离近点的次数；以发现距离均值为中心、以标准差的 2 倍为间距生成 5 个统计区间；统计每个区间内的发现次数，进而求得每个区间内的发现比率，形成统计分布；计算统计分布参数。

五、实验步骤

（一）实验分组

本实验分为两个组，红方和蓝方，每组三个人，分别负责相控阵雷达数字仿真系统和干扰信号数字仿真系统的操作，对抗结束后双方共同操作数据采集与评估仿真系统，分析对抗的性能，最后由老师评判此次对抗的获胜方。

（二）实验实施

（1）首先运行 KD-RTI 软件，然后运行相控阵雷达数字仿真系统、干扰信号数字仿真系统、数据采集与评估仿真系统，并加入联邦。

（2）操作相控阵雷达数字仿真系统，加载战情文件和设定雷达参数，设定蒙特卡罗仿真次数 N，点击运行，雷达开始搜索目标过程。

（3）开启干扰信号数字仿真系统的干扰功能，释放噪声干扰信号，并与目标信号叠加，共同提供给雷达接收处理。

（4）数据采集与评估仿真系统一直处于数据采集状态，主要记录雷达探测目标的结果数据。

（5）蒙特卡罗仿真 N 次之后，相控阵雷达数字仿真系统、干扰信号数字仿真系统停止运行。

（6）操作数据采集与评估软件，加载战情文件和雷达参数，计算目标发现概率、自卫距离等评估指标。

（7）改变干扰参数，再次蒙特卡洛仿真 N 次，计算目标发现概率、自卫距离等评估指标。

（8）分析不同干扰参数条件下评估指标的差异，从而评价雷达系统应对干扰的能力。

（三）总结讨论

根据多次的对抗实验结果，由老师组织大家讨论干扰措施的有效性和雷达抗干扰措施的有效性，包括技术和战术两个层面，并讨论评估指标能否客观反映双方的作战效能。

思考题

（1）雷达采用哪些措施能改善自卫距离评估指标？

（2）干扰的哪些参数会影响自卫距离评估指标？

（3）为更好地计算概率曲线，蒙特卡洛仿真次数如何确定？

参 考 文 献

[1]　韩春久. 电子对抗兵作战指挥学［M］. 北京：解放军出版社，2010.

[2]　闫宗广. 电子对抗概论［M］. 北京：解放军出版社，1999.

[3]　中国人民解放军总参谋部. 电子对抗专业兵共同训练教材［M］. 北京：解放军出版社，2002.

[4]　张新国. 电子对抗基础［M］. 武汉：第二炮兵指挥学院教学工厂，2004.

[5]　闫宗广. 电子对抗战术学［M］. 北京：解放军出版社，1997.

[6]　中国人民解放军总参谋部. 电子对抗连（排）指挥军官训练教材［M］. 北京：解放军出版社，2002.

[7]　汤怀松，杨劫. 高技术局部战争电子对抗研究［M］. 北京：国防大学出版社，2002.

[8]　高东华，俞跃，李伟，等. 舰艇电子对抗战术［M］. 北京：国防大学出版社，2004.

[9]　张格学. 雷达对抗战术［M］. 合肥：中国人民解放军电子工程学院，2002.

[10]　兰州军区电子对抗团. 信息时代电子对抗新探［M］. 北京：军事谊文出版社，2001.

[11]　王雪松，肖顺平，冯德军，等. 现代雷达电子战系统建模与仿真［M］. 北京：电子工业出版社，2010.

[12]　周颖. 基于战区弹道导弹突防的雷达干扰效果模糊综合评估［D］. 国防科学技术大学，2001.

[13]　陈永光，李修和，沈阳，等. 组网雷达作战能力分析与评估［M］. 北京：国防工业出版社，2006.

[14]　王国玉，肖顺平，汪连栋，等. 电子系统建模仿真与评估［M］. 长沙：国防科技大学出版社，1999.

［15］ 王国玉，汪连栋，王国良，等. 雷达电子战系统数学仿真与评估［M］. 北京：国防工业出版社，2004.

［16］ M A Richards, et al. Principles of Modern Radar, Volume I – Basic Principles［M］. SciTech Publishing, Raleigh, NC, 2010.

［17］ 孙仲康，周一宇，何黎星. 单多基地有源无源定位技术［M］. 北京：国防工业出版社，1996.

［18］ 黄柯棣，邱晓刚，段红，等. 略论军用仿真技术面临的需求与发展的方向［J］. 系统仿真学报，2001.

［19］ 曾洪祥. 雷达电子战系统建模仿真技术和作战效能评估的研究［D］. 国防科技大学，2000.

［20］ 周颖. 相控阵雷达调度研究［D］. 国防科技大学研究生院，2006.

［21］ 张光义，赵玉清. 相控阵雷达技术［M］. 北京：电子工业出版社，2006.

［22］ 丁鹭飞，耿富录. 雷达原理：第三版［M］. 西安：西安电子科技大学出版社，2002.

［23］ David. K. Barton. 雷达系统分析与建模［M］. 南京电子技术研究所，译. 北京：电子工业出版社，2007.

［24］ 王象. 相控阵雷达建模方法与仿真应用研究［D］. 国防科学技术大学，2007.

［25］ 宋济慈. 对组网雷达的协同干扰方法研究［D］. 国防科技大学，2013.

［26］ 黄光才. 对双基地雷达的干扰方法研究［D］. 国防科技大学，2011.

［27］ 甄晓鹏. 对双/多基地雷达的欺骗干扰方法研究［D］. 国防科技大学，2015.

［28］ Chernyak V. S. Fundamentals of Multisite Radar Systems（Multistatic Radars and Multiradar Systems）. Gordon and Breach Scientific Publishers, 1998.

［29］ 杨振起，张永顺，骆永军. 双（多）基地雷达系统［M］. 北京：国防工业出版社，1998.

［30］ Cherniakov M. Bistatic Radar：Principles and Practice［M］. Wiley, 2007.

［31］ Willis N. J., Griffiths H. D. Advanced in Bistatic Radar［M］. Scitech Publishing Inc, 2007.

［32］ 中国人民解放军空军. 俄罗斯空军电子对抗训练［M］. 内部教材, 2007.

［33］ 彭勃, 刘念光. 复杂电磁环境下集团军作战训练研究［M］. 北京：国防大学出版社, 2008.

［34］ 空司电子对抗部. 外军航空兵电子对抗与作战训练［M］. 内部教材. 1999.

［35］ 冯小平, 李鹏, 杨绍全. 通信对抗原理［M］. 西安：西安电子科技大学出版社, 2009.

［36］ 赵国庆. 雷达对抗原理［M］. 西安：西安电子科技大学出版社, 1999.

［37］ 栗苹. 信息对抗技术［M］. 北京：清华大学出版社, 2007.

［38］ 胡礼鸿. 超短波通信对抗系统［M］. 合肥：中国人民解放军电子工程学院, 1990.

［39］ 王红星, 曹建平. 通信侦察与干扰技术［M］. 北京：国防工业出版社, 2006.

［40］ 编写组. 电子战技术与应用：通信对抗篇［M］. 北京：电子工业出版社, 2006.

［41］ Richard A. poisel. 通信电子战系统导论［M］. 吴汉平, 陈永光, 王可人, 等译. 北京：电子工业出版社, 2003.

［42］ Richard A. poisel. 现代通信干扰原理与技术［M］. 楼才义, 王国宏, 张春磊, 等译. 北京：电子工业出版社, 2014.

［43］ 张承铨. 国外军用激光仪器手册仁［M］. 北京：兵器工业出版社, 1989.

［44］ 李世祥. 光电技术对抗［D］. 国防科技大学, 2000.

［45］ 中国人民解放军总装备部. 高技术武器装备知识手册［M］. 北京：国防工业出版社, 2002.

［46］ 吕海宝. 激光光电检测［M］. 长沙：国防科技大学出版社, 2000.

［47］ 宋丰华. 现代光电器件技术及应用［M］. 北京：国防工业出版社, 2004.

［48］ 高卫, 黄惠明, 李军. 光电干扰效果评估方法［M］. 北京：国防工业出版社, 2007.

［49］ 吕越广, 方胜良. 作战实验［M］. 北京：国防工业出版社, 2007.

［50］ 王莹, 马富学. 新概念武器原理［M］. 北京：兵器工业出版社, 1997.

［51］ 王政德. 信息作战概论［M］. 北京：解放军出版社, 2005.

［52］　王铭三. 通信对抗原理［M］. 北京：解放军出版社，1999.

［53］　朱庆厚. 无线电监测与通信侦察［M］. 北京：人民邮电出版社，2005.

［54］　栗苹，徐国范，苑秉成，等. 信息对抗技术［M］. 北京：清华大学出版社，2008.

［55］　姚富强. 通信抗干扰工程与实践［M］. 北京：电子工业出版社，2008.

［56］　张小飞，汪飞，徐大专. 阵列信号处理的理论和应用［M］. 北京：国防工业出版社，2010.

［57］　蒋建中. 现代测向原理［M］. 郑州：中国人民解放军信息工程大学，2002.

［58］　沈涛. 光电对抗原理［M］. 西安：西北工业大学出版社，2015.

［59］　付小宁，王炳健，王荻. 光电定位与光电对抗［M］. 北京：电子工业出版社，2012.

［60］　李云霞，蒙文，马丽华. 光电对抗原理与应用［M］. 西安：西安电子科技大学出版社，2009.

［61］　李世祥. 光电对抗技术［M］. 长沙：国防科技大学出版社，2000.

［62］　中国人民解放军总参谋部第四部. 光电对抗专业士官训练教材［M］. 北京：解放军出版社，2002.

［63］　中国人民解放军总参谋部第四部. 光电对抗专业兵训练教材［M］. 北京：解放军出版社，2002.

［64］　西物高技术信息开发部. 最新光电对抗技术特种文献选编：第三分册［M］. 西物高技术信息开发部，2003.

［65］　西物高技术信息开发部. 最新光电对抗技术特种文献选编：第二分册［M］. 西物高技术信息开发部，2003.

［66］　西物高技术信息开发部. 最新光电对抗技术特种文献选编：第一分册［M］. 西物高技术信息开发部，2003.

［67］　徐起. 光电对抗［M］. 武汉：华中师范大学出版社，2000.

［68］　光电子与光电对抗教研室. 激光对抗教程［M］. 合肥：中国人民解放军电子工程学院，2003.

［69］　蔡晓霞，陈红，徐云. 通信对抗原理［M］. 北京：解放军出版社，2011.

［70］　孙晋华. 通信对抗“背靠背”战术训练研究［M］. 北京：解放军出版社，2010.

［71］　杨小牛. 通信电子战：信息化战争的战场网络杀手［M］. 北京：电子

工业出版社，2011.

[72] 冯小平，李鹏，杨绍全. 通信对抗原理 ［M］. 西安：西安电子科技大学出版社，2009.

[73] 郭黎利，孙志国. 通信对抗应用技术 ［M］. 哈尔滨：哈尔滨工程大学出版社，2007.

[74] 阿达米. EW103：通信电子战 ［M］. 北京：电子工业出版社，2010.

[75] 王瑞. 通信对抗：讲义 ［M］. 武汉：通信指挥学院，2008.

[76] 张青春，蒋东星，喻鹏. 海军通信对抗 ［M］. 武汉：海军工程大学，2007.

[77] Richard A. Poisel. 通信电子战系统目标获取 ［M］. 楼财义，陈鼎鼎，译. 北京：电子工业出版社，2008.

[78] 郭黎利，孙志国. 通信对抗技术 ［M］. 哈尔滨：哈尔滨工程大学出版社，2004.

[79] 编写组. 电子战技术与应用 ［M］. 北京：电子工业出版社，2005.

[80] 郝坦锁，李科海. 通信对抗技术 ［M］. 西安：中国人民解放军西安通信学院，2003.

[81] 中国人民解放军总参谋部第四部. 通信对抗专业士官训练教材 ［M］. 北京：解放军出版社，2002.

[82] 中国人民解放军总参谋部第四部. 通信对抗专业兵训练教材 ［M］. 北京：解放军出版社，2002.

[83] 陈西豪. 通信对抗 ［M］. 西安：中国人民解放军空军工程大学电讯工程学院，2002.

[84] 付小宁，王炳健，王荻. 光电定位与光电对抗 ［M］. 北京：电子工业出版社，2012.

[85] 李世祥. 光电对抗技术 ［M］. 长沙：国防科技大学出版社，2000.